"十四五"职业教育河南省规划教材

园林树木栽培与养护

第3版

柴梦颖　石　娜　主编

中国农业大学出版社
·北京·

内 容 简 介

《园林树木栽培与养护》(第3版)根据《"十四五"职业教育规划教材建设实施方案》要求修订。教材编写采用校企合作模式下的项目＋典型岗位工作任务模式，通过6个项目拓展、24个典型工作任务、14个实训及6个知识巩固，把园林树木栽植关键技术、后期养护管理重要措施等实践者的素质培养与知识理解、技能实践内容相结合；每个项目还增加了相关思政案例，每个任务也通过第二课堂活动来培养学生的文化自信及热爱生态环境的情怀；教材还包含17个相关微视频，内文插图彩色印刷，实现教材多位一体的新形态升级。本教材可供高等职业教育园林、园艺等专业的学生及教师使用，也可供相关培训及自学人员等参考使用。

图书在版编目(CIP)数据

园林树木栽培与养护 / 柴梦颖，石娜主编. -- 3版. -- 北京：中国农业大学出版社，2025.1.

ISBN 978-7-5655-3306-8

Ⅰ. S68

中国国家版本馆CIP数据核字第20240V7S16号

书　名　园林树木栽培与养护　第3版
　　　　Yuanlinshumu Zaipei yu Yanghu
作　者　柴梦颖　石　娜　主编

策划编辑　张　玉　　　责任编辑　张　玉　贺晓丽
封面设计　中通世奥图文设计
出版发行　中国农业大学出版社
社　址　北京市海淀区圆明园西路2号　　　邮政编码　100193
电　话　发行部 010-62733489，1190　　　编辑部 010-62732617，2618
　　　　出版部 010-62733440　　　读者服务部 010-62732336
网　址　http://www.caupress.cn　　　E-mail　cbsszs@cau.edu.cn
经　销　新华书店
印　刷　天津鑫丰华印务有限公司
版　次　2025年1月第3版　2025年1月第1次印刷
规　格　185 mm×260 mm　16开本　16.75印张　413千字
定　价　48.00元

第3版编审人员

主　编　柴梦颖（河南农业职业学院）

　　　　石　娜（周口职业技术学院）

副主编　曹艳春（河南职业技术学院）

　　　　郭　嘉（内江职业技术学院）

　　　　衡　静（河南农业职业学院）

参　编　邹华珍（江西农业工程职业学院）

　　　　梅韶玲（宁德职业技术学院）

　　　　管　虹（潍坊职业学院）

　　　　张若晨（运城农业职业技术学院）

　　　　张振华（绿洲生态环境有限公司）

主　审　周士锋（河南农业职业学院）

第2版编审人员

主　编　柴梦颖（河南农业职业学院）

副主编　郭　嘉（内江职业技术学院）

李卫琼（云南农业职业技术学院）

衡　静（河南农业职业学院）

贾会茹（廊坊职业技术学院）

主　审　李保印（河南科技学院）

第3版前言

根据园林类专业人才培养方案及国家相关专业教学标准，园林树木栽培与养护课程是园林类专业的核心课程。《园林树木栽培与养护》第 2 版教材自出版以来，得到了国内相关职业院校的师生及园林从业者的认可，在 2022 年被评为首批"十四五"职业教育河南省规划教材。

随着信息技术在生活与教育教学上的广泛应用，园林绿化行业养护管理设备与技术不断创新，学生与园林从业者的有效学习方式、获得知识与技能的途径正在悄然改变，相应地，教材的相关内容、关键知识及技能、素养提升等表现形态也需要进行调整更新。党的二十大报告提出，推进职普融通、产教融合、科教融汇，优化职业教育类型定位。经过与使用教材的兄弟院校教师沟通与交流，结合企业生产实际和产业发展方向，我们修订编写了第 3 版，新版教材具有以下特色：

1. 与国家职业教育改革同频共振，多方位融入相关思政案例

以习近平新时代中国特色社会主义思想为指导，全面落实《国家职业教育改革实施方案》《职业教育提质培优行动计划（2020—2023 年）》《关于推动现代职业教育高质量发展的意见》《中国教育现代化 2035》等文件精神，立足落实立德树人根本任务，本教材结合高等职业教育及园林相关行业专业特点，响应人与自然和谐共生、美丽中国梦、生态文明建设、乡村振兴、国家公园等国家战略号召，以区域生态系统、城市绿地系统、风景区、城市公园、滨水区、住宅小区的绿化等为依托，各项目的培养目标以"素养目标"为首要任务，强调知识够用、技能适用，并以思政案例引导学生把所学知识落实在分析与解决生产实践问题的活动中。

2. 培养学生文化自信及热爱生态环境的情怀

在每个工作任务后面，根据该任务的目标设置第二课堂活动，结合"二十四节气"中的"雨水""白露""霜降"与"惊蛰"及"移树无时，莫教树知""山坡朝阳地发暖，春栽宜早不宜晚"等相关农谚、俗语以及树木栽植的程序、生长发育等相关经验的总结，引导学生体味中华民族劳动人民智慧的结晶；鼓励学生用时下流行的"抖音""快手"等短视频平台，有目的地展示园林人视角下的树木生长规律、养护技术关键节点、园林应用及栽植养护的新技术、新规范，身体力行地参与乡村振兴、生态文明建设和美丽中国的行动。

3. 体现新技术、新工艺，配套了数字化教学资源

增加17个树木栽培与养护关键技术节点、新技术及先进设备的应用、古树名木文化传承等微视频二维码及相关彩色图片，调整践行“立德树人”任务的“三维”培养目标顺序，充分利用现代信息技术，与合作企业共同录制园林种植工程施工、养护管理的规范操作流程及关键技术节点。

本次教材修订是根据校企合作模式，以项目十典型岗位工作任务模式，把园林树木栽植环节关键技术、后期养护管理重要措施等实践者的素质培养与知识理解、技能实践内容分为6个项目、24个任务及第二课堂活动、6个项目拓展、14个实训、6个知识巩固等。本次修订编审工作分工如下：项目一园林树木的自然特性认知、项目四园林树木的整形的修剪由柴梦颖、石娜、邹华珍、曹艳春负责编写，项目二园林树木的栽植由曹艳春负责编写，项目三大树移植及项目六常见园林用途的园林树木栽培养护技术的前3个任务由郭嘉、梅韶玲、张振华负责编写，项目五园林树木的常规养护管理由衡静、石娜、张若晨负责编写，项目六常见园林用途的园林树木栽培养护技术的后4个任务由石娜、曹艳春、管虹负责编写。

本教材文字精炼，通俗易懂，注重理论联系实际，应用性、可操作性强，具有很强的校企合作教学适用性，可供高等职业院校园林、园艺、风景园林等专业的学生及教师使用，也可供相关培训及自学人员等参考使用。

本次教材修订，参考和借鉴了大量相关专家、学者的著作和文献，河南农业职业学院周士锋教授、南阳职业学院李少武和周付元老师、河南农业职业学院孟庆英副教授、绿洲生态环境有限公司张振华副高级工程师等在审稿、图片修改与重绘、施工视频录制等方面提供了很多帮助和支持，我们同时也在园林吧、中国花卉网、百度网、中国科学家博物馆、中国园林博物馆等网站参考借鉴了大量资料，在此一并深表感谢！但由于地域差异和编者水平有限，再加上时间仓促，书中如有错误或疏漏之处，敬请读者批评指正！

编　者

2024年3月

第2版前言

目 录

数字资源目录

项目一

园林树木的自然特性认知

素养目标

☞ 培养学生良好的职业素养，引导学生树立正确的职业道德观；

☞ 培养学生的责任意识，激发学生热爱生活、热爱大自然的情感；

☞ 培养学生的团队合作意识，加强建设“美丽中国、生态园林”的理想信念。

知识目标

☞ 熟悉常见树体结构类型及其各部分特点；

☞ 理解园林树木生命周期中生长与衰亡的变化规律，了解掌握各时期的特点及养护要点；

☞ 理解园林树木的地上部分与地下部分的相关性、年周期，对一些生长不良的原因有一定程度的认识。

技能目标

☞ 能分析常见园林树木枝芽类型和特点；

☞ 能根据园林树木生长与更新特点来判断园林树木的生命周期和年周期，并熟悉常见园林树木的最佳观花期、最佳观果期及最佳观叶期。

任务1 园林树木的树体结构与枝芽类型

一、园林树木的树体结构与树体骨架构成

园林树木树体一般由树根、树干和树冠三部分组成(图 1-1)，树干和树冠被称为地上部分，树根被称为地下部分，地上部分和地下部分的交界处则称为根颈。

(一)树干

树干是树体的中轴部分，下接根部，上承树冠。树干可分为主干和中干，但有些树种或经整形定干的树体则没有中干。

1. 主干

树木从第一个分枝点至根颈的部分，是树体上、下营养循环运转所必经的总渠道，是贮藏有机物的场所之一。灌木仅具有极短的主干，灌丛不具有主干，而呈丛生枝干，藤木的主干为主蔓。

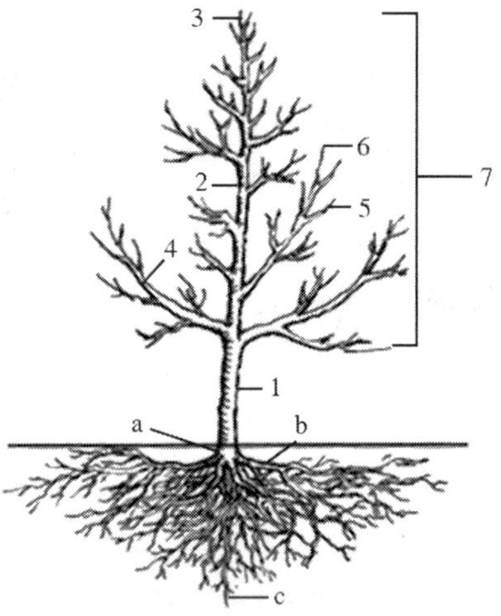

图 1-1　树体结构示意图

1.主干　2.中心干　3.中央领导干　4.主枝
5.侧枝　6.主枝延长枝　7.树冠
a.根颈　b.侧根　c.主根

2.中干

中干又叫中心干，是主干在树冠中的延长部分，即位于树冠中央直立生长的大枝。中干领导全树冠各类枝条的生长。

(二)树冠

树冠是主干以上枝叶部分的统称，包括主枝、侧枝和延长枝等。多数园林乔木树种的树冠形成可参考树木生命周期中生长与衰亡规律；竹类和丛生灌木类的树种以地下芽萌生成丛生枝干，枝条中下部的芽较饱满，抽枝较旺盛，单枝生长很快达到其最大值，并很快出现衰老，有些竹类的每一条枝干的生长特性与乔木有些类似，但多数与乔木不同；藤本类园林树木的主蔓生长势很强，幼时很少分枝，壮年后才会出现较多分枝，大多随攀缘或附着物的形态而变化，不能形成自己的冠形，这给利用藤本植物进行园林植物造型提供了合适的材料。

1.主枝

主枝是着生在中心干上面的主要枝条，是构成树冠的主要部分。

2.侧枝

侧枝是着生在主枝上的主要枝条。它们是从主枝上分生出来的主要大枝，从侧枝上分生出来的主要大枝叫副侧枝。

3.骨干枝

骨干枝是组成树冠骨架永久性枝的统称，如中干、主枝、侧枝等。它们支撑树冠全部的侧生枝及叶、花、果，在生理上主要起运输和贮藏水分、养分的作用。

4.延长枝

延长枝是各级骨干枝先端的延长部分，延长枝在树木幼年期、青年期生长量较大，起扩大树冠的作用。其枝龄增长后，转变为骨干枝的一部分。

5.小侧枝

小侧枝是自骨干枝上分生的较细的枝条。它们可能是单一枝或再分生小枝群，通常能分化花芽，并开花结实。

(三)树体骨架的形成

枝、干构成树木地上部分的主体，对树体骨架的形成起着重要作用。了解树体骨架的形成，对树木整形修剪，调整树体结构以及观赏作用的发挥，均具有重要意义。树木的整体形态构造，依枝、干的生长方式，可大致分为以下 3 种主要类型(图 1-2)：

1.单干直立型

单干直立型具有明显的与地面垂直生长的主干。它包括乔木和部分灌木树种。

这类树木顶端优势明显，由主枝、延长枝及细弱侧枝等三类枝构成树体的主体骨架。通常树木以主干为中心轴，着生多级饱满、充实、粗壮、木质化程度高的骨干主枝，起扩大树冠、塑造树型、着生其他次级侧枝的作用。由于顶端优势的影响，主干和骨干主枝上的多数芽为隐芽，长期处于潜伏状态。由骨干主枝顶部的芽萌发，形成延长枝（实际上，也会有部分芽萌发成细弱侧枝，或开花枝），进一步扩展树冠。延长枝进一步生长，有的能加入到骨干枝的行列。延长枝上再着生细弱侧枝，完善树体骨架。细弱枝相对细小，养分有限，可直接着生叶或花。有的枝也可以改良成营养枝，供给繁殖用的材料或形成生殖枝，开花结果。

各类树种寿命不同，通常细弱枝更新较频繁，但随着树龄的增加，主干、骨干主枝以及延长枝的生长势也会逐渐转弱，从而使树体外形不断变化，观赏效果得以丰富。

(a) 单干直立型　　(b) 多干丛生型　　(c) 藤蔓型

图 1-2　树体骨架类型

2. 多干丛生型

多干丛生型以灌木树种为主。由根颈附近的芽或地下芽抽生形成几个粗细接近的枝干，构成树体的骨架，在这些枝上再萌生各级侧枝。

这类树木离心生长相对较弱，顶端优势也不十分明显，通常植株低矮，芽抽枝能力强。有些种类反而枝条中下部芽较饱满，抽枝旺盛，使树体结构更紧密，更新复壮容易。这类树木主要靠下部的芽逐年抽生新的枝干来完成树冠的扩展。

3. 藤蔓型

这类树木有一至多条从地面生长出来的明显主蔓，它们的藤蔓兼具单干直立型和多干丛生型树木枝干的生长特点。但藤蔓自身不能直立生长，因而无确定冠形。

藤蔓型树种，如凌霄、紫藤等，主蔓自身不能直立生长，但其顶端优势仍较明显，尤其是在幼年时，主蔓生长很旺，壮年以后，主蔓上的各级分枝才明显增多，其衰老更新特性常介于单干直立型和多干丛生型之间。

二、园林树木的枝芽类型

(一)枝的类型

依不同分类方法，园林树木枝条有以下几种类型：

(1)根据枝条在树体上的位置，园林树木枝条可分为主干、中心干、主枝、侧枝、延长枝等。

(2)根据枝条在母枝上的着生姿势及其相互关系，园林树木枝条可分为直立枝、斜生枝、水平枝、下垂枝、内向枝、重叠枝、平行枝、轮生枝、交叉枝、并生枝等。

凡是垂直地面直立向上生长的枝条，称为直立枝、直立枝不仅影响树冠的通风透光，也容易造成树势很快衰弱；和水平线呈一定角度向上生长的枝条，称为斜生枝；水平生长的枝条，称为水平枝；先端向下生长的枝条，称为下垂枝；倒逆姿势生长的枝条，称为逆行枝；向树冠内生长的枝条，称为内向枝；两枝同在一个垂直面上，上下相互重叠的枝条，称为重叠枝；两个枝同在一个水平面上，互相平行生长的枝条，称为平行枝；多个枝的着生点相距很近，好像多个枝从一点发出，并向四周放射状伸展，称为轮生枝或放射性枝；两个相互交叉枝条，称为交叉枝；自节位的某一点或一个芽并生出两个或两个以上的枝条，称为并生枝；在主干上发出的枝，称为干生枝；由树干基部长出来的一年生枝，称为萌蘖枝；在剪口以下第二、第三芽萌发生长直立旺盛，与延长枝竞争生长的枝条，称为竞争枝；当年生长势过于旺盛的发育枝，称为徒长枝，表现直立、节间长、叶片大而薄、枝上的芽不饱满、停止生长晚，多数由隐芽受刺激萌发而成，常在水平枝背上发生，幼年树在主干上易发生徒长枝，而成年树多在骨干枝衰弱或受刺激部位以下发生徒长枝。

(3)根据在生长季内抽生的时期及先后顺序，园林树木枝条可分为春梢、夏梢、秋梢及一次枝、二次枝等。早春休眠芽萌生的枝梢称为春梢；7—8 月份抽生的枝梢称为夏梢；秋季抽生的枝梢称为秋梢。春季萌芽后第一次抽生的枝条称为一次枝，当年在一次枝上抽生的枝条称为二次枝。

(4)根据枝龄，园林树木枝条可分为新梢、一年生枝、二年生枝等。落叶树木，凡直接着生叶的枝或落叶以前的当年生枝称为新梢，常绿树木自春至秋当年抽生的部分称为新梢，当年抽生的枝自落叶后至翌春萌芽以前称为一年生枝，一年生枝自萌芽后到第二年春为止称为二年生枝。

(5)根据性质和用途，园林树木枝条可分为营养枝、徒长枝、叶丛枝、开花枝(结果枝)、更新枝、辅养枝等。所有生长枝总称为营养枝，包括长生长枝、中生长枝、短生长枝；生长特别旺盛，枝粗叶大、节间长、芽小不饱满、含水分多，组织不充实，往往直立向上生长的枝条称为徒长枝；枝条节间短，叶片密集，常呈莲座状的短枝称为叶丛枝；着生花芽的枝条称为开花枝；用来替换衰老枝的新枝称为更新枝；着生在中心干的层间和主枝上侧枝之间，暂时保留以协助树体制造营养的大枝称为辅养枝。

(二)芽的类型

依照芽在树体上着生的位置以及芽的性质、构造和生理状态等标准，可把树木的芽分为以下几种类型(图 1-3)：

1. 顶芽、腋芽和不定芽

一般生长在枝条上的具有一定位置的芽称为定芽，其中着生在枝顶端的叫顶芽，着生在叶腋处的称为腋芽。叶腋处通常有一个芽，也有几个芽生长在同一个叶腋内的，例如有的树木叶腋内有 3 个横向并列芽，如桃树、梅树等；有的为纵列 2～4 个叠生芽，如紫荆的花芽。悬铃木、火炬树等的腋芽，被膨大的叶柄基部覆盖，称为柄下芽。

与定芽相对应的为不定芽，是指从老茎、老根和叶片上所产生的芽，例如樱桃树干上及枣树、洋槐根上形成的芽。一些树体受伤后，也可在伤口附近产生不定芽，例如根茎及截干或砍伐后的树桩上所产生的芽。在生产实践上，可以利用不定芽产生的特点，通过扦插、压条进行大量的繁殖。

2.活动芽和休眠芽

一株树木上数目众多的芽，在生长过程中通常只有顶端几个芽（顶芽及近顶端的几个腋芽）萌发形成枝条或花，这类芽称为活动芽；其他不萌发的芽，称为休眠芽。休眠芽以后可能萌发，也可能始终处于休眠状态。

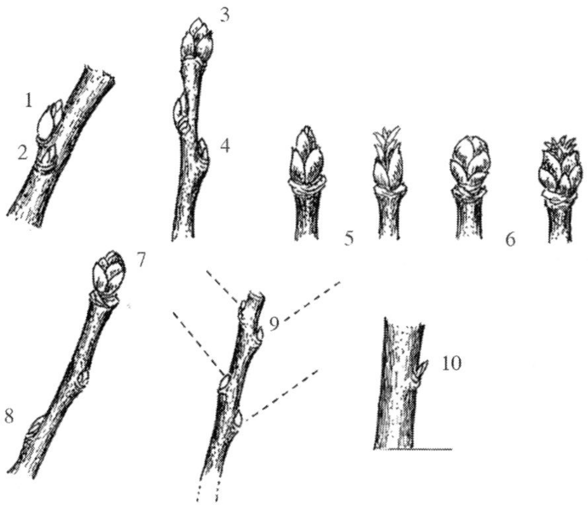

图 1-3　芽的类型

1.主芽　2.副芽　3.顶芽　4.侧芽　5.叶芽　6.花芽
7.顶花芽　8.腋花芽　9.定芽　10.不定芽

3.早熟性芽、晚熟性芽和潜伏芽

按照芽的生理特点分类，当年形成、当年萌发的芽称为早熟性芽；当年形成、必须等到第二年才能萌发的芽称为晚熟性芽；当年形成后在第二年甚至连续数年不萌发的芽称为潜伏芽。

4.单芽和复芽

依同一芽眼内芽的数量分，在一个芽眼内只着生一个明显芽的称为单芽，如苹果、梨、山楂等；在同一芽眼内着生两个以上明显芽的称为复芽，如桃、杏、梅、李等。

5.主芽和副芽

依芽在叶腋间的位置和形态分，位于叶腋中央而又最充实的芽称为主芽；位于主芽上方或两侧的芽称为副芽。副芽的大小、形状和数目因树种而异。核果类树木（桃、杏等），副芽在主芽的两侧。仁果类树种（苹果、海棠等），副芽隐藏在主芽基部的芽鳞内，呈休眠状态。核桃树的副芽在主芽的下方。

6.叶芽、纯花芽和混合芽

依芽的性质来划分，萌发后形成枝叶的芽称为叶芽（枝芽），如榆树；萌发后只开花或产生花序的芽称为纯花芽，如小檗；如果一个芽萌发后既可形成枝叶，又能开花，则称为混合芽，如苹果、梨和海棠的芽。

7.鳞芽与裸芽

芽的外面包有鳞片的称为鳞芽，温带及寒带地区的树木，如杨树、松树等的芽，都是鳞芽。鳞片上有角质和毛茸，有的甚至还分泌有树脂，可以使芽内蒸腾减少至最低限度，对芽顺利越冬可起到保护作用。生长在亚热带或湿润的热带地区树木的芽，外面无鳞片，仅为幼叶所包裹，如枫杨和胡桃的雄花芽，都是裸芽。

第二课堂活动

调查、统计所在区域各类绿地园林树种的应用情况，录制小视频，讲解乔木、灌木的各种树体结构、枝芽类型，分析自然属性为乔木的树种在绿地中呈现灌木状和自然属性为灌木的树种长成乔木状的原因。

任务2 园林树木的生命周期

一、园林树木生命周期中的生长与衰亡规律

树木的生命周期是指树木从繁殖(如种子萌发、扦插等)开始，经过幼年、青壮年、成年、老年直至个体生命结束为止的整个生活史，它反映了树木个体生长发育的全过程。树木在同化外界物质的过程中，通过细胞分裂、扩大和分化，导致体积和重量不可逆的增加称为生长，建立在细胞、组织和器官分化基础上的结构和功能变化称为发育。树木是多年生植物，其发生、发展与衰亡不但受一年中温度、湿度等因素随季节变化的影响，而且还受不同年份的温度、湿度等因素历史变化的影响。自然生长的树木，从繁殖开始，年复一年地经历萌芽、生长发育、休眠的年生长过程，进而从幼年到成年、老年，最终死亡而完成其生命周期，呈现以下生长衰亡规律(图1-4)：

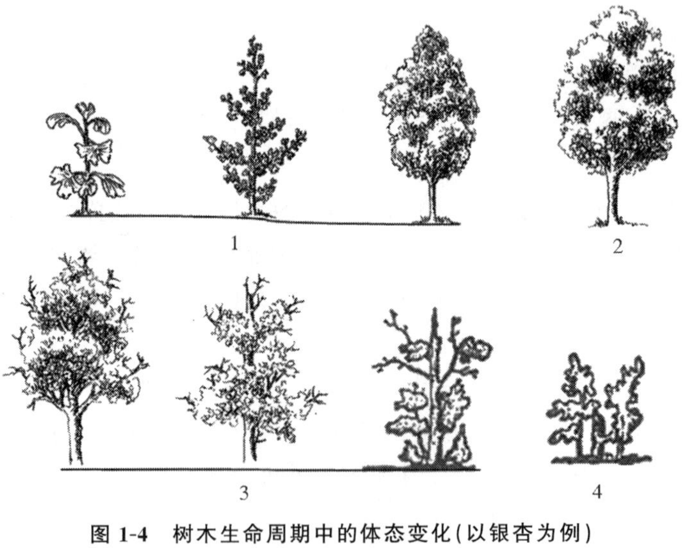

图1-4 树木生命周期中的体态变化(以银杏为例)

1.幼年期、青壮年期 2.成年期 3.老年更新期 4.第二轮更新初期

(一)离心生长与离心秃裸

1.离心生长

树木自播种发芽或经营养繁殖成活后,以根颈为中心,根和茎均以离心的方式进行生长。即根表现向地性,在地下逐年产生新根并形成各级骨干根和侧生根,向纵深发展;地上芽按背地性发枝,向上生长并形成各级骨干枝和侧生枝,向空中发展。这种由根颈向两端不断扩大其空间的生长,称为离心生长。树木因受遗传性和树体生理以及所处土壤条件等的影响,其离心生长有局限性,也就是说根系和树冠只能达到一定的大小和范围。

2.离心秃裸

根系在离心生长过程中,随着年龄的增长,骨干根上早年形成的须根,由基部向根端方向出现衰亡,这种现象称为自疏。同样,地上部分,由于不断地离心生长,外围生长点增多,枝叶茂密,使内膛光照等条件恶化,壮枝竞争养分的能力强;而内膛骨干枝上早年形成的侧生小枝,由于所处的位置得到的养分较少,长势较弱。侧生小枝起初有利于积累养分,开花结实较早,但寿命短,逐年由骨干枝基部向枝端方向出现枯落,这种现象叫自然打枝。这种在树体离心生长过程中,以离心方式出现的根系自疏和树冠的自然打枝,统称为离心秃裸。有些树木(如棕榈类的许多树种),由于没有侧芽,只能以顶端逐年延伸向上离心生长,而没有典型的离心秃裸,但从叶片枯落而言仍是按离心方向的。

(二)向心更新与向心枯亡

随着树龄的增加,由于离心生长与离心秃裸,造成地上部分大量的枝芽生长点及其产生的叶、花、果都集中在树冠外围,由于受重力影响,骨干枝角度变得开张,大枝重心外移,甚至弯曲下垂。离心生长造成分布在远处的吸收根与树冠外围枝叶间的运输距离增大,使枝条生长势减弱。当树木生长接近其最大树体时,某些中心干明显的树种,其中心干延长枝发生分杈或弯曲,称为截顶或结顶。

当离心生长日趋衰弱,具有长寿潜伏芽的树种,常在主枝弯曲高位处,萌生直立旺盛的徒长枝,开始进行树冠的更新。徒长枝仍按离心生长和离心秃裸的规律形成新的小树冠,俗称“树上长树”。随着徒长枝的扩展,加速主枝和中心干的先端出现枯梢,全树由许多徒长枝形成新的树冠,逐渐代替原来衰亡的树冠。当新树冠达到其最大限度以后,同样会出现先端衰弱、枝条开张而引起的优势部位下移,从而又可萌生新的徒长枝来更新。这种更新和枯亡的发生,一般都是由外(冠)向内(膛)、由上(顶部)而下(根部),所以被称为向心更新和向心枯亡。

当树木主干枯亡后,有些潜伏芽寿命长的树种,根颈或根蘖萌条又可以进行类似小树时期的离心生长和离心秃裸,并按上述规律进行第二轮的生长与更新。有些实生树能进行多次这种循环更新,但树冠一次比一次矮小,直至死亡。根系也发生类似的相应更新,但发生较晚,而且由于受土壤条件影响较大,周期更替不那么规则。

树木离心生长的持续时间、离心秃裸的快慢、向心更新的特点与树种、环境条件及栽培技术有关。

二、不同类别树木的更新特点

不同类别的树木,其更新能力和方式有很大差别,其表现常有以下 5 种情况。

(一)具有潜伏芽的树种

树种潜伏芽的寿命是其向心更新的决定性因素。具有长寿潜伏芽的树种,可靠潜伏芽所萌生的徒长枝进行多次主侧枝的更新。但如果潜伏芽寿命短,一般很难自然发生向心更新,若人为地更新,锯掉衰老枝后,也很难发出枝条来,即使有枝条发出,树冠也多不理想,如紫叶李、樱花、桃等。藤本类大多数具有潜伏芽,先端离心生长通常比较快,主蔓基部易光秃,在消除顶端优势后,侧芽易萌发,可以进行向心更新,如凌霄、紫藤等。

(二)没有潜伏芽的树种

如马尾松、油松、黑松等松属的许多种,只有离心生长和离心秃裸,虽有侧枝,但没有潜伏芽,也就不会出现向心更新。而多半出现顶部先端枯梢衰老时,易受病虫侵袭造成整株死亡。

(三)只有顶芽无侧芽的树种

只具顶芽无侧芽的树种,只有顶芽延伸的向上离心生长,而无侧枝的离心秃裸,也就无向心更新,如棕榈类树种等。

(四)根蘖更新的树种

有些乔木除靠潜伏芽更新外,还可靠根蘖更新,如泡桐、银杏等;有些只能以根蘖更新,如乔木状竹类,当年萌发的竹笋在短期内就达到离心生长最大高度,地上部分不能向心更新,而以竹鞭萌蘖更新。

(五)灌木类树种

灌木离心生长时间短,地上部分枝条衰亡较快,寿命多不长,有些灌木干、枝也可向心更新,但多以从茎枝基部及根上发生萌蘖更新为主,如黄杨、石楠、法国冬青、海桐等;有些藤木类树种如五叶地锦等的更新类似灌木。

三、个体树木的生命周期

个体树木的生长发育过程一般表现为"慢—快—慢"的"S"形曲线式生长规律,即开始阶段的生长比较缓慢,随后生长速度逐渐加速,直至达到生长速度的高峰,随后会逐渐减慢,最后完全停止生长而死亡。

不同树木在其一生的生长过程中,各个生长阶段出现的早晚和持续时间的长短会有很大差别。相对来说,阳性速生树种的生长高峰期出现较早,持续时间相对较短,而耐阴树种的生长高峰期出现较晚,但延续期较长。在园林树木中,可根据树高加速生长期出现的早晚划分为速生树种、中速生树种和慢生树种。

在城市及园林绿地规划设计中,应根据树种生长特性合理配置速生树种与慢生树种,以保持良好的长期绿化和美化效果。如果不了解树木在生长速度方面的差异,树种配置往往不合理,初期的效果尚好,若干年后就会由于缺乏对树种生长速度差异的预见性,原来的设计意图就会变得面目全非。

四、园林树木生命周期中各时期的特点及栽培管理要点

根据树木一生的生长发育规律,可以大致将实生的园林树木的生命周期划分为 5 个时期,因树种、繁殖方法、养护技术不同,有的树木个体可能只有 4 个时期。

1.种子期(实生树特有)

这一时期是从卵细胞受精形成合子开始，至种子萌发时为止，对植物种族的繁衍具有重要的意义。

种子期可以分为前后两个阶段：前一阶段是从卵细胞受精到种子成熟的种子形成过程，是植物体生命过程中最重要的阶段。此阶段内，胚内将形成植物种的全部特性，这些特性将在以后种子发育成植株时表现出来，同时，应避免外界环境对种子形成的不良影响，尤其气温低、风大、雨水过多或过于干旱、土壤性质不适合等都会造成种子质量低劣。所以，应给母树提供良好的生长条件，如供给充足的营养，防止土壤过于干旱或积水等，以保证种子的形成和发育良好。后一阶段是从种子脱离母体到开始萌发。有些树种种子成熟后，只要有适宜的条件就能发芽，如白榆、枇杷等。有些树种的种子成熟后脱离母体，即使在适宜的环境条件下，一般也不立即发芽，必须经过一段时间的休眠，这是种子在系统发育过程中形成的一种适应外界不良环境条件、延续种子生存的特性，此时为了维持种子的生活力，必须为种子创造适宜的贮藏条件。树种和原产地不同，其休眠的长短有差别，如杨树、柳树等树木的种子没有休眠期，女贞约60 d，黄栌 120～150 d，桑树、山荆子、沙棘等约 30 d。可见，种子期的长短因树种、品种、贮藏条件等不同而存在差异。

树木产生种子，是长期自然选择的结果，是树木延续物种的需要。这一时期，园林树木的栽培管理工作主要任务是促进种子形成、安全贮藏和在适宜的环境条件下播种并使其顺利发芽。

2.幼年期

幼年期是指繁殖成独立植株后，由于植株个体生长、营养积累和内源激素不足而不能开花，要经过一定年限的营养生长，扩大树体的营养空间、促进营养物质的积累、内源激素增加后，才能进行花芽诱导而开花的时期。幼年期是树木地上、地下部分进行旺盛的离心生长时期，树木的树高、冠幅、根系长度和根幅增长很快，体内逐渐积累起大量的营养物质，为从营养生长转向生殖生长打下基础。

幼年期持续时间的长短主要与树种遗传特性和营养繁殖树的营养体起源、母树的发育阶段和部位有关。除少数种类，如枸杞、矮生紫薇、月季等当年播种当年开花外，绝大多数树种需要较长时间，一般为 3～5 年，如桃三、杏四、李五等；有些树木幼年期长达 20～40 年，如银杏、云杉、冷杉等；红松达 60 年及以上。通常，有性繁殖的树木幼年期较长。而一些无性繁殖的树木，营养体若用成熟枝条，是取自发育阶段已经成熟的营养繁殖的母树，或实生成年母树树冠成熟区外围的枝条，在成活时就具备了开花的潜能，经过一定年限的营养生长就能开花结实；利用实生幼年树的枝条或成年植株下部的幼年区的萌生枝条、根蘖枝条繁殖形成的新植株，因其发育阶段同样处于幼年期，即使进行开花诱导也不会开花，其长短取决于所采枝条幼年期的长短。乔木的营养繁殖多用处于幼年阶段的枝条，以延长营养生长的时间，而花灌木的营养繁殖多用成熟的枝条，以利于尽早观花、观果。

在幼年期，园林树木的遗传性尚未稳定，易受外界环境的影响，可塑性较强。所以，在此期间应根据园林建设的需要搞好定向培育工作，如养干、促冠、培养树形等。轻修剪，多留枝条，为提早开花做好准备。控制顶芽，有利于侧芽萌芽和侧枝生长，增加分枝级次，有利于缓和生长势，促进花芽分化。园林中的引种栽培、驯化也适宜在该期间进行。

3.青壮年期

这一时期是从树木第一次开花至花、果性状逐渐稳定时为止。青壮年期内树木的离心生长仍然较快，生命力亦很旺盛；能年年开花结实，但数量较少，花和果实尚未达到本品种固有的标准性状。此时期树木遗传性已渐趋稳定，可塑性大为降低。所以，此期间的栽培养护过程中，应给予良好的环境条件，并加强土壤、水、肥的管理，使树木一直保持旺盛的生命力，促进树体内营养物质积累。如果生长过旺，应少施氮肥，多施磷肥和钾肥，必要时应用适宜的化学抑制剂。花灌木应采取合理的整形修剪，调节树木长势，培养骨干枝和丰满优美的树形，为壮年期的大量开花结实打下基础。

若过重修剪，会从整体上削弱树木的总生长量，减少了光合产物的积累，同时又在局部上刺激了部分枝条进行旺盛的营养生长，大量消耗贮藏养分，抑制树木多开花。而轻度修剪，加大骨干枝的角度，使枝条开张，可在促进树木健壮生长的基础上促进开花，改善树冠内通风透光条件。

4.成年期

这一时期是从树木生长势自然减慢到树冠外缘出现干枯时为止，树木不论是根系还是树冠都已扩大到最大限度，各方面已经成熟，植株粗大，花、果数量多，花、果性状已经完全稳定，并充分反映出树种、品种的固有性状；树木遗传保守性最强，性状最为稳定，对不良环境的抗性较强。树冠已定型，是观赏的盛期，经济效益、社会效益、生态效益最高。成年期的后期，骨干枝离心生长停止，离心秃裸现象严重，树冠顶部和主枝先端出现枯梢。根系先端也干枯死亡。

在这个阶段，树木可通过发育的年周期而反复多次地开花结实，维持树木旺盛的生长发育、防止树木早衰、延长树木观赏时间是壮年期树木栽培管理工作的重点。为此，应加强土、肥、水管理和整形修剪等措施恢复树势，使其继续旺盛生长，避免早衰。对于观花、观果的树木要防止隔年开花结实的大小年现象发生。

5.衰老死亡期

这一时期是从树木生长发育显著衰退到死亡为止。进入衰老期，树木生长势减弱，出现明显的离心秃裸现象，树冠内部枝条大量枯死，丧失顶端优势，树冠截顶，光合能力下降；根系以离心方式出现自疏，吸收功能明显下降。此时，树木营养生长显著减弱，枝条纤细而且生长量很小，开花结实量大为减少，更新复壮能力很弱，骨干枝、骨干根从高级次逐步回缩枯死，树体对逆境的抵抗力差，极易遭受病虫及其他不良环境条件的危害导致死亡。

衰老期树木的管理任务视栽培目地的不同采取不同的栽培技术措施。对于潜伏芽及萌蘖更新能力强的树木，可以通过平茬进行萌蘖更新，并加强病虫害防治、土肥水管理，促发新根，以恢复树木的长势或帮助更新和复壮，返老还童；更新能力差的树种可砍伐挖除，重新栽植。

总之，在以上各个时期中，自始至终贯穿着新生与衰老、复壮和死亡的矛盾，只不过这些矛盾的发展趋势和比重有所变化而已。总的规律是，在成年期以前，新生的趋势大于衰老的趋势；成年期以后，则衰老的趋势大于新生的趋势。

树木各个时期的长短以及通过各个发育阶段时期的速度，是受树种的起源、遗传基因以及外界环境条件综合影响的。各个时期是渐变的，从量变到质变。因此，应结合具体情况进行判断，确定某个年龄时期，以便根据不同的年龄特点采取正确的养护管理措施。

第二课堂活动

树木的寿命究竟有多长？树木是地球上最长寿的生物之一，研究发现树木中寿命最长的是乔木，其次是灌木和藤本。目前我国南京的一棵桧柏已有1 500岁的高龄，相传是六朝时期留下来的，名曰“六朝松”；山东曲阜孔庙里的圆柏已有2 400多年的历史；山东莒县定林寺中有一棵银杏树，已活了3 000多年。请通过调查找出学校里最古老的树木，拍摄它春夏秋冬的季相变化，从中感受到时光流转的痕迹和树木栉风沐雨的坚忍和伟大。

任务3　园林树木的年周期

一、园林树木的物候期

树木的系统发育及形态形成过程，大都是在年复一年的四季变化和昼夜周期变化的环境条件下进行的。这两种呈周期性变化的外界条件，必然影响其营养和生命活动的性质，常表现为生命活动的内在节律。树木为适应环境形成的，如萌芽、抽枝展叶或开花、新芽形成或分化、果实成熟、落叶、休眠等有节律的与季节性气候变化相适应的器官动态变化时期，称为树木的物候期。

（一）研究树木物候期的意义

我国是世界上最先从事物候观测的国家之一，至今还保存有多年前的物候观测资料。物候观测不仅在气候学、地理学、生态学等学科领域内具有重要意义，在园林植物栽培中也有重要作用，主要表现在：

(1)了解各种园林树木的开花物候期，可以通过合理的树种配置，使树种间的花期相互衔接，做到四季有花，提高园林风景的质量。

(2)为科学地制定工作年历和有计划地安排生产提供依据。

(3)为确定绿化造林时期和树种栽植的先后顺序提供依据，如春季芽萌发物候期早的树木先栽，较晚的可以迟栽，既保证了树木的适时栽植，提高栽植成活率，又可以合理地安排劳动力，缓解春季劳动力紧张的矛盾。

(4)为育种原材料的选择提供科学依据，如进行杂交育种时，必须了解育种材料的花期、花粉成熟期、柱头适宜授粉期等，才能进行成功的杂交。

做好物候观测预报，能使园林树木的应用和管理达到科学性与艺术性的统一，更好地发挥园林树木的功能。了解了树木的年生长发育规律，对于园林设计、园林树木的栽植与养护具有十分重要的作用。

（二）树木物候期的基本特性

1.顺序性

树木物候期的顺序性是指树木各个物候期有严格的时间先后次序的特性。例如，只有先萌芽和开花，才可能进入果实生长和发育时期；先有新梢和叶片的营养生长，才有可能出现花芽的分化。树木进入每一物候期都是在前一物候期的基础上生长与发展的，同时又为进入下一物候期做好了准备。树木只有在年周期中按一定顺序顺利通过各个物候期，才能完成正常的生长发育。不同树种的不同物候期通过的顺序不同。比如腊梅、梅花等树种先花后叶，紫薇、木槿等树种先叶后花等。

2.不一致性

树木物候期的不一致性也称为不整齐性，是指同一树种不同器官物候期开始时间不一致，结束时间也不相同，通过的时间长短也各不一样，如花芽分化、新梢生长的开始期、旺盛期、停止生长期各不相同。另外，不同树种的同一物候期也不一致，如在柳树、国槐、刺槐、火炬树、榆树、杏树、桃树、梨树、苹果树、臭椿、花椒、丁香、榆叶梅、迎春、月季、葡萄16种树木物候期观察中发现：萌芽物候期开始最早的是柳树和榆树2个树种，国槐、刺槐、火炬树和葡萄4个树种萌芽物候期开始较晚，晚于榆树半个月左右。同一树种在相似的小生境中物候期会出现较大差异，其中尤以国槐最为明显，树冠变为夏相的时间，最早和最晚相差达5 d。同一树种在不同小生境中物候期也会不同，最明显的是丁香，路边空旷处较院落避风处物候期晚2～6 d。树龄不同也会导致物候期不同，花椒幼树的物候期较壮龄树晚6～10 d。

3.重演性

同一树种同一物候期在同一年内会多次出现。如多次开花类别的树种，月季、米兰、茉莉花、四季石榴、四季桂、无花果等一年内多次开花；还有在外界环境条件变化（自然灾害、病虫害、栽培技术不当）的刺激和影响下，树木某些器官发育终止而刺激另一些器官的再次活动，如非正常落叶导致晚熟性芽当年萌发，产生二次开花、二次生长等，这种现象反映出树体代谢功能紊乱与异常，影响正常的营养积累和翌年正常生长发育。

4.重叠性

树木在同一时间，同一植株上可同时进行着几个物候期。如贴梗海棠在夏季果实形成期，大部分枝条上已经坐果，但仍有部分枝条上开花，同时枝梢在生长。

二、园林树木的年周期及其各时期的养护要点

树木每年随环境的周期变化而出现的形态和生理机能的规律性变化周期，称为树木的年生长周期。具体指树木自春季休眠芽萌发，经夏、秋生长，冬季再以休眠芽越冬到第二年春天休眠芽萌发前。物候期是树木年周期的直观表现，可作为树木年周期划分的重要依据。

（一）落叶树种的年周期

落叶树种有明显的物候季相变化，其年周期可明显地分为生长期和休眠期，从春季开始萌芽生长，至秋季落叶前为生长期。树木在落叶后，至次年萌芽前，为适应冬季低温等不利的环境条件，处于休眠状态，为休眠期。在生长期和休眠期之间，又各有一个过渡期。即从生长转入休眠期和从休眠转入生长期。这两个过渡时期，历时虽短，但很重要。在这两个时期中，某些树木的抗寒性、抗旱性等对变动较大的外界条件，常出现不适应而使树体受到危害，这在大陆性气候地区，表现尤为明显。根据其一年中生长发育的基本规律与物候期特点，落叶树年周期划分为以下几个时期，各时期的特点及管理措施不同。

1.生长期

越冬后的树木，当有适合的温度、水分，一定时间后树液开始流动，有些树种(如葡萄、核桃等)会出现明显的“伤流”。北方树种芽膨大所需要的温度较低，当日平均气温稳定在3 ℃以上时，经一定时期，达到一定的累积温度即可。原产于温暖地区的树木，其芽膨大所需的积温较高。花芽膨大所需积温比叶芽低。树体贮存养分充足时，芽膨大较早，且整齐，进入生长期也快。树木在此期抗寒能力降低，遇到突然降温，萌动的花芽和枝干易受冻害。土壤含水量较低时，易出现枯梢现象。当浇水过多时，也影响地温上升而推迟发芽。

休眠芽萌发是树木一年中开始生长的标志。其实根的生长比萌芽要早。不同树木在不同条件下每年萌芽次数不同。其中以休眠芽的萌发最为整齐，这与上一年积累的营养物质为萌芽提供了充足的营养有关。

从树木萌芽生长到秋后开始落叶为止为树木的生长期。在此期间，树木随季节变化，会发生一系列极为明显的变化，如萌芽、抽枝展叶或开花、结实等，并形成许多新器官。此期是园林树木营养生长和生殖生长的主要时期，也是其生态效益与景观效益发挥得最好的时期。

每种树木在生长期中，都按其固定的物候顺序进行一系列的生命活动，各物候期的开始、结束和持续时间的长短，因树种和品种、环境条件和栽培技术而异，因此，可分为以下几个时期。

(1)生长初期　从春季树液开始流动、萌芽起，到发叶基本结束止。休眠芽萌发常作为一年中树木开始生长的标志。休眠芽萌发开始早晚决定于树种、温度、营养、水分、产地等，许多树萌芽起始温度为3～5 ℃；落叶树萌芽几乎全靠上年贮藏于枝、干内的营养和水分，对土壤中养分、水分吸收较少，应在萌芽前施足基肥；原产南方的树种萌芽要求相对温度较高，只要气温回升迅速，加强松土除草，适当增加灌水(返春水)，树木会很快进入生长旺盛期；树木光合效能不高，生长量相对较小。

此期树木萌芽后抗寒力显著降低，对低温变得敏感，一旦降温，萌动的芽和枝干易受倒春寒与春旱的不良影响，可通过灌水、涂白、施用比久(B9)和青鲜素(MH)等生长调节剂延缓芽的萌发。在晚霜发生之前，对已开花展叶的树木根外喷洒磷酸二氢钾等，提高花、叶的细胞液浓度，增强抗寒能力。对萌芽开花的树木适当追施稀薄液肥。

(2)生长旺盛期　由树木发新叶结束到枝梢生长量开始下降为止。此期，叶面积达到最大，叶色浓绿，叶绿素含量多，有很强的同化能力。枝、干的加长和加粗生长均十分显著。新梢上形成的芽较饱满，有些树种还可能形成腋花芽而开花。树木对水肥需求量大。此阶段许多地区常出现高温干旱天气，使新梢生长量变小，节间缩短，新梢逐渐木质化，封顶停长，严重的干枯落叶。在中耕除草、病虫害防治的同时，还应增施追肥，加强灌溉，适当进行夏季修剪。

(3)生长末期　由树木枝梢生长量大幅度下降到停止生长为止。此期，枝梢不断加速木质化程度，芽封顶并形成芽鳞。植株体内营养物质变成贮藏状态(绝大部分是淀粉、可溶性糖类等碳水化合物和少部分含氮化合物)，并不断由叶向芽、枝干、根转移。叶片开始变色脱落。结有果实的树木，在成熟果采收或脱落后，养分积累更为突出，一直持续到落叶前。此时切忌土壤中养分、水分，特别是氮肥的大量供给，以免树木枝梢再次生长；干旱、水涝、病害等可能造成的早期落叶，不利于养分的积累和组织的成熟，对树体的危害很大；该落不落，说明树木未做好越冬准备，易发生冻害和枯梢。在生产中，秋季可以在绿叶上喷洒生长素或赤霉素，可延迟衰老，使秋色推迟；施乙烯利，则促进落叶。但注意肥水管理，适量供给磷、钾肥，有助于枝梢的木质化和营养的运输转移，增强树木的抗寒能力。同时对树干涂白、包裹和根颈处培土，灌越冬水等可防止形成层冻害。

2.休眠期

秋季正常落叶到次年春树液开始流动、芽开始膨大为止是落叶树木的休眠期。局部的枝芽休眠出现则更早。在树木休眠期，短期内虽看不出有生长现象，但体内仍进行着各种生命活动，如呼吸、蒸腾、芽的分化、根的吸收、养分合成和转化等，只是进行得较微弱和缓慢而已。

树木休眠是树木在进化过程中为适应不良环境（如低温、高温、干旱等）所表现出来的特性。根据休眠的状态，可分为自然休眠和被迫休眠。

(1)自然休眠　又称深休眠或熟休眠，由树木生理过程引起或树木遗传性决定。落叶树木进入自然休眠后，要在一定的低温条件下经过一段时间后才能结束。否则，即使给予适合树体生长的外界条件，也不能萌芽生长。大体上，原产寒温带的落叶树，通过自然休眠期要求 0～10 ℃的一定累积时数的温度；原产暖温带的落叶树木，通过自然休眠期要求 5～15 ℃的一定累积时数的温度。具体还因树种和品种而异。冬季低温不足，会引起萌芽或开花参差不齐。北树南移，常因冬季低温不足，表现为花芽少，易脱落，或新梢节间短，叶呈莲座状等现象。

(2)被迫休眠　落叶树木在通过自然休眠后，已经开始或完成了生长所需的准备，但因外界条件不适宜，使芽不能萌发而呈休眠状态。一旦条件合适，就会开始生长。此期如遇到一段连续暖和天气，易引起树体活动和生长，再遇倒春寒易受冻害。

树体的不同器官和组织，进入休眠的早晚不同。温带树木多数在晚夏至初秋就开始停止生长，逐渐进入休眠。某些芽的休眠在落叶前较早就已发生。一般小枝，细弱短枝，早形成的芽，进入休眠早；长枝下部的芽进入休眠早，顶端的芽仍可能继续生长。上部侧芽形成后不萌发，不一定是由于休眠，可能是因顶端产生的激素抑制之故。在生长季，可用短截新梢先端除去抑制作用，看剪口芽的反应来判断是否休眠。剪口芽若不萌发，说明已处在休眠中；如果剪口芽萌发，但生长减弱并很快停长，则说明休眠程度尚浅；如果剪口芽极易萌发并继续延长生长，说明未进入休眠。皮层和木质部进入休眠早，形成层最迟，故初冬遇寒流形成层易受冻。地上部主枝、主干进入休眠较晚，而以根颈最晚，故易受冻害。因此，在生产上常用根颈培土的办法来防止冻害。不同年龄的树木进入休眠早晚不同。幼龄树比成年树进入休眠迟。

在休眠期间栽植树木最经济，且有利于成活；对衰弱树进行深挖切根有利于根系更新；对于抗寒性差的树种，应注意防寒；如果想推迟进入休眠，可夏季重剪，多施氮肥等；若想延迟休眠，可采取树干涂白、灌水等措施；可以施入基肥，有利于来年萌芽、开花、生长；在大量落叶时，可对耐寒树种进行大量移栽和整形修剪。

(二)常绿树种的年周期

常绿树种的年周期表现不如落叶树种明显，落叶树种在外观上有明显的生长和休眠现象，常绿树种终年有绿叶存在。但常绿树种并不是常年不落叶，而是叶寿命相对较长，多在一年以上，没有集中明显的落叶期，每年仅脱落部分老叶并不断增生新叶，全年各个时期都有绿叶存在，使树冠保持常绿。不同树种，叶片脱落的叶龄不同。常绿针叶树种中，松属树种的针叶可存活 2～5 年，冷杉的叶 3～10 年，紫杉叶 6～10 年。落叶为衰老的叶片，常绿针叶树的老叶多在冬春脱落；常绿阔叶树的老叶多在春季发新叶时脱落。

在赤道附近的热带雨林中，终年有雨，树木全年可生长而无休眠期，但也有生长节奏表现。

在离赤道稍远的季雨林地区，因有明显的干、湿季，多数树木在湿季生长和开花，在干季落叶，因高温干旱而被迫休眠。在热带高海拔地区的常绿阔叶树，也受低温影响而被迫休眠，叶片角质化、蜡质化加重。

常绿树移栽和整形修剪通常选在严寒季节已过的晚春，树木即将发芽萌动之前进行，修剪时应控制强度，多保留叶片，力求使树木少受影响，同时也可获取部分扦插材料。

第二课堂活动

我国的古诗词中有很多对物候现象的描写，如“小楼一夜听春雨，深巷明朝卖杏花”“微雨众卉新，一雷惊蛰始”“莫遣西风吹叶尽，却愁无处着秋声”“秋风萧瑟天气凉，草木摇落露为霜”。结合绿地树木年生长周期及物候期，联系生产与生活实际，分析雨水、白露、惊蛰、霜降等节气与树木四季养护管理要点的联系。

项目拓展

园林树木生长发育中的相关性

园林树木是统一的有机整体，在其生长发育过程中，各器官和组织的形成及生长发育表现为相互促进和相互抑制的相关性现象，这是树木体内营养物质的供求关系和激素水平等调节的结果。最常见的相关性现象包括地上部分与地下部分的相关性、枝芽的顶端优势、营养生长与生殖生长的相关性、各器官的相关性等。

一、树木地上部分与地下部分的相关性

树木在生长发育过程中，根与干、枝间既相互促进又相互抑制的现象十分明显，“根深叶茂，本固枝荣；枝叶衰弱，孤根难长；根靠叶养，叶靠根长”就客观地反映出了树木地下部分根系与地上部分树冠枝叶密切相关。地上部分与地下部分关系的实质是树体生长交互促进的动态平衡，是存在于树木体内相互依赖、相互促进和反馈控制机制决定的整体过程。根系发达而且生理活动旺盛，可以有效地促进地上部分枝叶的生长发育，为树体其他部分的生长提供能源和原材料。因为园林树木在土壤中扎得广深的根系吸收的水分和无机盐、矿质营养，通过根的维管组织输送到地上枝干，同时根系也是其冬季休眠期的营养储备库，骨干根中贮藏的有机物质可以占到根系鲜重的12%～15%，特别是秋冬季节，树木在落叶前后将叶片合成的有机养分大量地向地下转运，贮藏到根系中，翌年早春又向上回流到枝条，供应树木早期生长所需要的养分。同时，根还能合成细胞分裂素、赤霉素、生长素等通过根的维管组织输送到枝，促进枝叶生长。而繁茂的枝叶制造的有机养分经过枝干输送到根，再经根的维管组织输送到根的各个部分，以维持根系的生长。所以，通常情况下，要使树木整体协调健康地生长，就要采取各种栽培与养护措施保持良好的树体结构，保持一定的根冠比。土壤水分、温度、营养状况、光照强度以及疏果、断根、修剪等都能影响根冠比。当土壤较干燥、氧气充足，光照较强，温度较低以及

采取疏果、断根等措施时，对根的生长有利，根冠比就较大。相反，当土壤水分较多，氮肥供应较多，磷肥却少，光照较弱，温度较高以及剪枝时，对地上部分枝叶生长有利，根冠比会降低。当枝叶受到严重的病虫危害后，光合作用功能下降，根系得不到充分的营养供应，根系的生长和吸收活动就会减弱，从而影响到枝叶的光合作用，使树木的生长势衰弱。但当枝叶受到的危害比较轻微时，根系的吸收功能在短期内不会有严重损害，根系吸收的水分和养分可以比较集中地供应部分枝叶，促进枝叶迅速恢复，在相互促进中使树木的长势逐步恢复。

总体来说，树木的地上部分和地下部分的生长是相互联系、相互依存的，既会相互促进，也会相互制约，呈现出交替生长、互相控制的过程，在园林树木栽培中可以通过各种栽培养护措施，调整园林树木根系与树冠的结构比例，使园林树木保持良好的骨架结构，进而调整其营养关系和生长速度，促进树木整体的协调及健康生长。

二、树木营养生长与生殖生长的相关性

通俗地讲，营养生长就是树木营养器官根、干枝、叶的生长；生殖生长就是树木花芽分化及形成、开花、果实及种子生长发育。营养生长和生殖生长是相互促进和相互制约的关系。

营养生长与生殖生长都需要光合产物的供应，二者之间需要形成一个合理的动态平衡。在园林树木栽培和管理中，可以根据对不同园林树木的栽培目的和要求，通过合理的土、水、肥管理和修剪措施，调节两者之间的关系，使不同树木或树木的不同时期偏向于营养生长或生殖生长，达到更好的美化和绿化效果。

（一）营养生长与开花结果

良好的营养生长（根、枝干、叶的生长）是树木开花结果的基础。树木要早开花结果，需要一定的根量、枝量和叶面积，才能使达到一定年龄阶段的树木由营养生长转向生殖生长。进入成年阶段的树木，需要一定的枝叶量才能保证生长与开花结果的营养平衡。但如果树体生长过旺，消耗过大，会减少树体贮藏营养的积累，进而抑制花芽分化和花器发育，影响树木的开花和结果。

（二）花芽质量与开花结果

树体结果明显受花芽形成质量的直接影响。通常花芽大而饱满，开花质量高，开花后的坐果率也高，果实发育好。相反，花芽瘦小而瘪，花朵小、花期短，容易落花落果。所以，要通过合理的栽培措施促进花芽的发育，合理控制树体总的开花结果数量，才能确保开花结果的均衡和稳定。

（三）根系活动强度与花芽分化

根系在生长活动的情况下，不仅可以为地上部枝叶制造成花物质提供无机原料，而且还能以叶片的光合产物为原料直接合成花芽分化所必需的一些结构物质和调节物质。故根系随着花芽分化的开始，由生长低峰转向生长高峰。这时，采取一切有利于增强根系生理功能的管理措施，均有利于促进花芽分化。

另外，在调节营养生长和生殖生长的关系时，除了要注意数量上适宜以外，还应注意时间上协调，务必使营养生长与生殖生长相互适应。对观花观果植物，在花芽分化前，一方面要提供植物阶段发育所需的必要条件；另一方面要使植株有健壮的营养生长，保证有良好的营养基

础。到了开花坐果期，要适当控制营养生长，避免枝叶过旺生长，使营养集中供应花果，以提高坐果率。在果实成熟期，应防止植株叶片早衰脱落或贪青徒长，以保证果实充分成熟。以观叶为主的植物，则应延迟其发育，尽量阻止其开花结果，保证旺盛的营养生长，以提高其观赏价值。对一些以根、茎为贮藏器官的观花植物，也应防止生长后期叶片的早衰脱落。

三、各器官的相关性

（一）根端与侧根

根的顶端生长对侧根的形成有抑制作用。切断主根先端，有利于促进侧根生长，切断侧根，可多发些侧生须根。实生苗进行多次移植，有利于出圃成活，就是这个道理。成年树深翻改土，切断一些一定粗度的根（因树而异），有利于促发须根、吸收根，以增强树势，更新复壮。

（二）顶芽与侧芽

幼、青年树木的顶芽通常生长较旺，侧芽相对较弱和缓长，表现出明显的顶端优势。除去顶芽，则优势位置下移，促进较多的侧芽萌发，利于扩大树冠，去掉侧芽则可保持顶端优势。生产实践中，可根据不同的栽培目的，利用修剪措施来控制树势和树形。

（三）枝量与叶面积

因为枝是叶片着生的基础，在相同树种和相同砧木上，某一品种的节间长度是相对稳定的，所以就单枝来说，枝条越长，叶片着生的数量越多；从总体上看，枝量越大，相应的叶面积越大。

（四）果实与叶面积

增加叶果比可增加单果重量，但并非直线相关，而是有一定比例。否则，果数减少，单果增大到一定程度，总量却会减少。一般叶果比为（20～40）∶1时，既可增加果实的大小，也能保证正常的产量。

（五）枝条生长与花芽分化

枝条生长与花芽分化的关系密切。随着枝条的生长，叶片数量增加，叶面积加大，为花芽分化提供了制造营养物质的基础，因而有利于花芽分化。但枝条生长过旺或停止生长过晚，由于消耗营养物质过多，又会抑制花芽分化。在自然生长发育过程中，树木的花芽分化多在枝条生长缓慢和停止生长时开始，这对采取相应的栽培措施促进花芽分化很有启示。在生产实践中采取改变枝向或扩大分枝角度，或使用矮化砧和短枝型芽变，以及利用生长抑制剂等措施，都是为了减弱和延缓枝条的生长势，促进花芽分化，利于开花。一般来说，水平枝的营养生长量比直立枝的营养生长量小，而且能产生较多的花芽。但杏树和葡萄是个例外，它们的强枝和直立枝上产生的花芽多，而且节数和形成花芽数成正比。但节数多少只能说明产生花芽部位的多少，花芽分化的能力和质量，仍然取决于树木本身的营养水平和激素的平衡情况。

利用树木各部分的相关现象可以调节树体的生长发育，这在园林树木栽培实践中有重大意义。但需要注意的是，树木各部分的相关现象是随条件而变化的，即在一定条件下是起促进作用的，而超出一定范围后就会产生抑制作用了。如茎叶徒长时，就会抑制根系的生长。所以在利用相关性来调节树木的生长发育时，必须根据具体情况灵活掌握。

实训与知识巩固

实训1　树体骨架及枝芽类型识别

一、实训内容分析

树木树体结构、分枝习性、枝芽类型和树形演化规律直接影响到树木的生长、开花、结果规律，也是决定栽培管理技术措施的重要依据。通过此次实训，学习者明确树体结构及各部分的名称；熟悉主要园林树种的枝芽类型和特点；熟悉不同年龄时期的分枝方式，树形演化规律。

二、实训材料

周边绿地常见的不同观赏类型的树木。

三、用具与用品

修枝剪、高枝剪、镊子、解剖针等。

四、实训内容

(1)树体骨架观察　乔木、灌木的树干、主干、中心干、主枝、侧枝、骨干枝、延长枝等构成树体骨架的各部分具体位置。

(2)树木分枝方式与树形观察　观察单轴分枝、假二叉分枝的常见树种枝条的形成和延伸状态。

(3)枝的类型识别　依据枝条在树体上的态势区别判断直立枝、斜生枝、水平枝、下垂枝、内向枝、重叠枝、平行枝、轮生枝、交叉枝、并生枝等；依据枝在生长季内抽生的时期与顺序判断春梢、夏梢、秋梢等新梢，并能分清一次枝和二次枝；根据功能区分营养枝、徒长枝、叶丛枝、开花枝(结果枝)、更新枝、辅养枝。

(4)芽的类型识别　根据芽在枝条上着生的位置区分常见树种的顶芽、侧芽、定芽、不定芽等；根据一个节上新生芽数区分常见树种的单芽和复芽；根据芽的性质区分常见树种的叶芽、花芽和混合芽；根据芽的萌发情况区分常见树种的活动芽和隐芽。

五、实训效果评价

评价项目	分值	评价标准	得分
差异性与时代性分组	25	1.组员搭配合理； 2.组长有感召力，能调动大家的积极性； 3.组内团结互助，讨论热烈； 4.组代表总结发言思路清晰，重点突出，详略得当； 5.组名与生态园林、美丽中国、乡村振兴等结合紧密程度。	

续表

评价项目	分值	评价标准	得分
树体骨架观察	10	1. 树体骨干枝判断准确性； 2. 树体骨干枝分布分析合理性； 3. 树体骨架类型判断的准确性与美感评价。	
树木分枝方式与树形观察	15	1. 树木分枝方式与树形形成合理性分析； 2. 树木分枝方式与树形的美感评价。	
枝的类型识别	25	1. 各种类型枝分类清楚； 2. 小组讨论热烈，最终结果准确； 3. 枝的发生、发展分析合理。	
芽的类型识别	25	1. 各种类型芽分类清楚； 2. 小组讨论积极，最终结果准确； 3. 芽的功能分析翔实。	
总分	100		

实训2　园林树木物候期观测

——给园林树木写日记

一、实训内容分析

树木物候期的观察是研究树木的形态特征和生态习性的重要手段之一；观测资料可反映树木的树液流动，芽膨大与开放、展叶、开花、结果、落叶等现象的规律性和周期性及其与气候因素的关系；不同树种的物候期不同，即使是同一树种，也由于品种和类型不同、树龄不同或所处的小气候等环境条件的不同，也呈现不同的物候期。所以，根据园林树木的物候观测，掌握其发展规律，并应用这些规律，可以更好地确定园林绿化的各项栽培和管理措施，确定园林绿地的树种选择和合理配置，在生产上具有十分重要的现实意义。

二、实训目的

使学生熟悉常见树木物候期的观测方法，激发学生对大自然的兴趣，同时也培养学生的集体主义意识及严谨、认真、持之以恒和实事求是的科学态度、科学的观察方法和习惯；掌握所调查树木的季相变化规律，为园林树木种植设计、选配树种、形成四季景观提供依据；为确定园林树木繁殖时期、栽植季节与先后、树木周年养护管理、催延花期等提供生物学依据。

三、实训材料与用具

观测材料　校园常见园林树木。变叶物候期观测树种：红叶石楠、金叶女贞、月季、金森女贞等；开花物候期观测树种：紫藤、观赏桃、紫荆、山楂、樱花、梅花、美人梅等；萌芽物候期观测树种：紫薇、观赏桃、紫荆、山楂、榆叶梅等。

用具　记录表、记录笔、塑料挂牌、记号笔等。

四、实训内容

1.物候期观测的方法

(1)观测点的选定　选择观测点要有一定代表性，能进行多年观测，不要轻易移动。观测点选定后，要将地点名称、树种名称、生态环境、地形、位置、土壤等情况详细记载。

(2)观测目标的选定　根据观测目的和要求，选定物候观测树种。新栽树木物候表现多不稳定，通常以露地正常生长多年的树木为宜，被选植株必须生长健壮、发育正常、开花结实3年以上，同种树木选3～5株为观测目标，雌雄异株应同时选，并注明性别，然后做好标记。同时对观测植株的情况，如树种或品种名、起源、树龄、生长状况、生长方式(孤植或群植等)、株高、冠幅、干径等加以记载，必要时还需绘制平面图。

此外，树木在不同的年龄阶段，其物候表现可能有差异。因此，选择不同年龄的植株同时进行观测，更有助于认识树木一生或更长时间内的生长发育规律，缩短研究的时间。

(3)观测时间　最好每天观测，也可2 d 1次，特殊天气(高温、干旱、大风等)随时观测，如无必要时可酌量减少，但必须保证不失时机。观测时一般应在下午气温较高时(14:00—15:00)进行，因为植物的物候现象往往在高温之后出现。在可能的情况下，观测年限宜长不宜短，一般要求3～5年。年限越长，观测结果越可靠，价值越大。

(4)观测人员　应事先集中培训，统一标准和要求，人员宜固定，不能轮流值班式观测。长期的物候观测工作常会使人感到单调。因此，要求观测人员必须认真负责，能持之以恒。同时还应具备一定的基础知识，特别是生物学方面的知识。而且观测时要仔细，不能粗略估计，要尽量靠近植株；观测记录要正确。

(5)观测记录与资料整理　一般向南生长的树木枝条或中上部的枝条较早出现物候现象，应先从这些枝条开始观测，但也不可忽略其他部位。物候观测必须边观测边记录，个别特殊表现要附加说明。不应仅是对树木物候表现时间的简单记载，有时还要对树木有关的生长指标加以测量记录。观测资料要及时整理，分类归档。对树木的物候表现，应结合当地气候指标和其他有关环境特征，进行定性、定量的分析，寻找规律，建立相关联系，撰写出树木物候观测报告，以更好地指导生产实践。

2.物候期观测项目

物候观测的内容常因物候观测的目的要求不同，而有主次、详略等变化。如为了确定树木最佳的观花期或移植时间，观测内容的重点将分别是树木的开花期和芽的萌动或休眠时期等。树木物候表现的形态特征因树种而异，因此，应根据具体树种来确定物候期划分的依据与标准。下面就一般情况介绍树木地上部分的物候观测内容。

(1)树液流动开始期　以树木新伤口何时出现水滴状分泌液来确定，如葡萄、核桃等。

(2)萌芽期　指春季树木的花芽或叶芽开始萌动生长的时期，萌芽为树木最先出现的物候特征。按芽萌动的程度，萌芽期可划分为以下几个阶段。

①芽膨大始期(芽萌动初期)　此时芽膨大，芽鳞开始分离，侧面显露淡色线形或角形。因树种及芽的类型不同，具体形态特征有差别，如木槿芽凸起出现白色茸毛时，就是芽膨大期；如枫杨等裸芽类，芽体松散，颜色由黄褐色变成浅黄色；而刺槐等具隐芽者，芽痕呈现“八”字形开

裂等;玉兰在开花后,当年又形成花芽,外部为黄色茸毛,在第二年春天茸毛状外鳞片顶部开裂,就是玉兰芽膨大期;松属当顶芽鳞片开裂反卷时,出现淡黄褐色的线缝,就是松属芽开始膨大期。花芽和叶芽应分别记录,如花芽先膨大,即先记录花芽膨大日期,后记录叶芽膨大日期。如叶芽先膨大,花芽后膨大,也应分别记录。

芽膨大期观察比较困难,可用放大镜观察。

②芽开放期或显蕾期 芽体显著变长,顶部破裂,芽鳞裂开,芽的上部出现新鲜颜色的幼叶或花蕾顶部时,或形成新的苞片而伸长。隐芽能明显看见长出绿色叶芽;裸芽或带有锈毛的冬芽出现黄绿色线缝时,均为芽开放期。如玉兰在芽膨大后,细毛状鳞片一层层裂开。

(3)展叶期

①展叶始期 树体开始出现个别新叶。

②展叶初期 树体上有30%左右枝上的新叶完全展开。芽出现1～2片叶片平展。针叶树以幼叶从叶鞘中出现时为准;具复叶的树木,以其中1～2对小叶平展时为准。春色叶树种的叶色有较高观赏价值,此时开始进入春色叶最佳观赏期,一些常绿阔叶树也开始了较大规模的新、老叶更替。

③展叶盛期 树体上90%以上的枝条的叶片已开放,外观上呈现出翠绿的春季景象,落叶树由当初完全利用体内贮藏营养开始转入光合产物的自生产,春色叶逐渐变绿。阔叶树以全树有半数以上枝条的小叶完全平展时为准;针叶树以新针叶长度达老针叶长度1/2时为准。外观呈现碧绿的春季景象,落叶树由用贮藏营养到光合自生产。

有些树种开始展叶后,很快完全展开,可以不记展叶盛期。

④完全展叶期 树体上新叶已全部开放,先后发生的新叶间以及新老叶间,在叶形、叶色上无较大差异,叶片的面积达到最大。此时,一些常绿阔叶树的当年生枝接近半木质化,可采用扦插繁殖的插穗。

(4)新梢生长期 指叶芽萌抽新梢到封顶形成休眠顶芽所经历的时间。除观测记载抽梢的起止日期外,还应记载抽梢的次数,选择标准枝测量新梢长度、粗度,统计节数与芽的数量,注意抽、分枝的习性。对苗圃培育的幼苗(树),还应测量统计苗高、干径与分枝数等。抽梢期为树木营养生长旺盛时期,对水、肥、光需求量大,因此是培育管理的关键时期之一。

(5)开花期

①始花期 植株上出现第一朵或第一批完全开放的花。

②初花期 树体上30%的花瓣完全开放成花。针叶树在摇动树枝时散出花粉;柳属雄花序长出雄蕊,出现黄色,雌花序出现黄绿色;杨属花序松散下垂时,也为初期。

③盛花期 有50%以上的花展开花瓣。柳属50%以上散出花粉;杨属50%以上花序下垂时,也为盛期。针叶树一般不记盛花期。

④末花期 树体上不足10%的花蕾还未开放成花,也称落花期。针叶树停止散出花粉,柳树、杨树等柔荑花序停止散出花粉或大部分花序脱落时,也为末期。

⑤谢花期 树体上已无新形成的花,大部分花完全凋谢,有少量残花。

⑥多次开花期 树体在一年内出现2次以上开花,记载每次开花的起止时间,并分析原因。

了解树木的花期与开花习性,有助于安排杂交育种和树木配置工作。在观测中,要注意开花期间的花色、花量与花香的变化,以便确定最佳观花期。

(6)果实生长发育和果熟期(子房膨大时)

①初熟期　树木上有少数果实(或种子)成熟变色时。

②全熟期　绝大部分果实(或种子)出现成熟颜色,但未脱落时。一般均为黄褐色、褐色、紫褐色。蒴果往往尖端开裂,核果、柑果等往往出现该品种的各种标准果色。主要记载果实的颜色,这对采种和观果有实际意义。

③落果期　指树体上开始有果实脱落到绝大部分果实落离树体时止。杨、柳等往往飞絮;荚果往往开裂,种子散弹出去。有些树木的果实成熟后,不脱落,长期宿存,应附注说明。

(7)秋叶变色期　秋季叶子开始变色时。叶变色,是指正常的季节性变化,树上出现变色的叶,其颜色不再消失,并且新变色的叶在不断增多直到全部变色的时期,不能与因夏季干旱或其他原因引起的叶变色混同。

①秋叶变色初期　当观测树木的全株叶片有5%开始呈现为秋色叶时,为开始变色期。

②秋叶全部变色期　全株所有的叶片完全变色时,为秋叶全部变色期。

此外,注意观察记录在秋色叶期间叶色的微妙变化。通过对秋色叶期的观测,有助于确定最佳观赏秋叶期。

(8)落叶期　主要指落叶树在秋、冬季正常自然落叶的时期。常绿树的自然落叶多在春、秋两季,春季与发新叶交替进行,无明显落叶期。

①落叶初期　全树有5%左右的叶脱落。此时,树木即将进入休眠,应停止能促进树木生长的措施。

②落叶盛期　全树有50%以上的叶脱落。

③落叶末期　全树有90%～95%叶已脱落。这时常为树木移栽的适宜时期。

④无叶期　树上叶子已全部脱落,树木进入休眠期。至于少数树木的个别干枯叶片,长期不落,则属例外,应加注明。

需要说明的是,尽管受树种遗传规律的制约,各个物候的外在表现有一定的先后顺序,但在水分、温度条件适宜的地区树木能四季生长。在同一株树上,会出现开花与结果、萌芽与落叶并见的现象;或因树体结构的复杂性及生长发育差异性的影响,也可能在树木不同部位的物候表现不完全一致,而使树木物候的情况变得复杂。所以以上介绍的物候的排列顺序,并不代表各树木物候表现的先后,也不是全部树木都有以上物候表现。在实际操作中,物候观测的内容及各物候表现的特征,应根据物候观测的目的和特定树种而定,可以有所变动。

五、实训效果评价

评价项目	分值	评价标准	得分
分组的科学性	20	1. 组员搭配合理; 2. 组长有感召力,能调动大家积极性。	
物候期观测点和目标的确定	15	1. 物候期观测点的代表性; 2. 物候期观测目标的合理性。	
物候期观测项目的选择	15	物候期观测项目季节的合理性。	

续表

评价项目	分值	评价标准	得分
观测过程与原始数据记录的科学性	25	1.调查记录表格设计的科学性； 2.原始数据记录的准确性； 3.特殊情况记录翔实,体现团队智慧。	
数据分析与实训报告总结	25	1.准确指出当年调查对象的最佳观花期或最佳观果期或最佳观叶期； 2.报告总结真诚,突出小组合作精神； 3.体现本次实训的价值。	
总分			

知识巩固

一、名词解释

1.混合芽　2.花芽　3.离心生长　4.骨干枝　5.树木的年周期
6.物候期　7.延长枝　8.主干　9.潜伏芽　10.结顶

二、单选题

1.下列植物哪一种不是园林树木？(　　)

A.杜鹃　B.牡丹　C.芍药　D.金银花

2.俗话说“桃三杏四李五年”指的是这些树种的(　　)。

A.成年期　B.幼年期　C.花芽与花期　D.结果期

3.树木的物候变化具有(　　)等规律特性。

A.顺序性、异质性、量演性　B.阶段性、顺序性、连续性
C.重演性、顺序性、异质性　D.顺序性、不一致性、重演性

4.园林树木的生命周期是指树木(　　)的全过程。

A.在一年中随着时间和季节的变化而变化所经历
B.在生长发育过程中表现为“慢—快—慢”的“S”形曲线式总体生长规律
C.繁殖成活后经过营养生长,开花结实,衰老更新,直至生命结束
D.一个从长出新叶到开花结果,最后落叶的周期

5.下列不可以用做垂直绿化树木的是(　　)。

A.金银花　B.紫藤　C.凌霄　D.海棠

6.落叶树种从叶柄开始形成离层至叶片落尽或完全失绿为止的时期称为(　　)。

A.萌芽期　B.生长期　C.落叶期　D.休眠期

7.下列哪个时期不是营养繁殖树木的生命周期阶段？(　　)

A.种子期　B.幼年期　C.成年期　D.衰老期

8.初花期是指树体上大约(　　)以上的花蕾开放成花。

A.60%　B.50%　C.30%　D.10%

9. 树木自第一次开花至花、果性状逐渐稳定时为止，称为树木的（　　）。

A. 幼年　　B. 青年　　C. 壮年　　D. 衰老

10. 从树木发新叶结束至枝梢生长量开始下降为止，为树木年周期的（　　）。

A. 生长初期　　B. 生长盛期　　C. 生长末期　　D. 休眠期

三、填空题

1. ________是落叶树木进入休眠的重要标志。

2. 树木生长与衰亡规律是________、________、________、________，"心"指________。

3. 树木物候期的基本特性是________、________、________、________。

4. 树木骨架类型有________、________、________。

5. 根系的自疏和树冠的自然打枝称为树木的________。

6. 各种树木的物候期，之所以具有相对集中性与相对稳定性，主要是由于________。

7. 营养繁殖的园林树木的生命周期分为________、________、________、________。

8. ________常作为树木生长开始的标志。

9. 园林树木在一年中，各个器官随着气候的季节性变化而发生的规律性变化有：________、________、________、________、________、________和________等形态变化，称为其物候期或者物候现象。物候期是树木年周期的直观表现，可作为园林树木年周期划分的重要依据。

10. 当树木生长接近其最大树体时，某些中心干明显的树种，其中心干延长枝发生分叉或弯曲，称为________。

四、判断题(对的打"√"，错的打"×")

（　　）1. 树木都是多年生植物，所以它的一生是由多个生命发育期构成的。

（　　）2. 在树木的生命周期中，成熟期要加强栽培管理，以最大限度地延长树木观赏盛期。

（　　）3. 树木枝叶的生长和根系的生长有正相关性，所以树木枝叶旺盛的一侧，根系的相应一侧一般也粗壮。

（　　）4. 根颈停止生长进入休眠最晚，而解除休眠最早，所以极易受初冬和早春低温的危害而受冻。

（　　）5. 植物各个器官之间都有相关性，所以对于观花果植物多开花结果有利于树体养分的积累。

（　　）6. 实生树的早花现象，说明有些树木的实际幼年期可能比习惯认为的要短，或可以通过育种早期改变栽培条件来缩短，只是其规律还没有真正体现。

（　　）7. 叶片生长的健康与否以及合理的叶面积分布是植物生长发育形成其他器官、产量及其功能发挥的物质基础。

（　　）8. 提早落叶对树木有不利的影响，所以要尽量推迟落叶时间。

（　　）9. 常绿树终年有绿叶存在，是因为不落叶的原因。

（　　）10. 树木的生命周期都经历种子期、幼年期、成熟期和衰老期。

五、问题与案例分析

1. 依据园林树木生命周期特点，分析各时期栽培养护要点。
2. 如何延长园林树木的成年期？
3. 依据园林树木年周期特点，分析各时期栽培养护要点。
4. 分析园林树木衰老的原因。

案例分析：某处集观光、种植、旅游休闲为一体的绿色生态园，管理者种植了苹果、桃、葡萄等树种，形成了春有花香蝶舞，夏有绿荫如盖，秋有硕果累累的景观，游客来到生态园既能欣赏美景又可采摘果实。为了提高生态园的综合效益，园里还适量放养了一些鸡鸭，鸡鸭会觅食昆虫与杂草，减少果园的虫害与草害，特别是对蜗牛的防效出众，同时还可以积肥。经过一段时间的经营，管理人员惊奇地发现：仅围绕看护房栽植的果树开花结实早，产量也高，远处的果树产量却很有限。通过仔细观察这两个地方的果树，管理者发现近处的苹果树、桃树下有更多的鸡粪、鸭粪，他想起每天傍晚要在看护房旁边对鸡鸭人工喂养一次以清点鸡鸭数量，鸡鸭晚上会在树上或看护房旁边的矮棚下休息。请你来分析一下，造成这种现象的原因是什么？可以采取哪些措施改进？

项目一知识巩固参考答案

项目二

园林树木的栽植

素养目标

- 培养学生团队合作意识、安全意识、责任意识；
- 培养学生实践动手能力和吃苦耐劳的品格；
- 培养学生勤于思考、分析问题和解决问题的能力。

知识目标

- 掌握树木成活的影响因子、原理、栽植季节等相关基本理论；
- 掌握园林树木栽植技术常见程序及主要内容；
- 掌握园林树木的常规栽植技术及特殊立地条件下的栽植技术。

技能目标

- 具备裸根苗起苗、栽植、栽后管养正确操作的能力；
- 具备土球苗起苗、栽植、栽后管养正确操作的能力；
- 具备根据树木特点和实际工作情境，制定科学、合理、高效的栽植施工方案的能力。

任务1　园林树木枝叶、根系生长的影响因子

一株正常的园林树木主要由树根、枝干（或藤木枝蔓）、树叶组成，在一定树龄和季节范围内，还有花、果等。园林树木的生长发育在一年中会随着时间和季节的变化而发生变化，园林树木的枝叶、根系的生长也随着气候和环境条件的变化而发生形态与生理机能的变化，其枝叶、根系的生长发育规律和影响因素，对正确选用树种和制定栽培技术措施，提高园林树木移植成活率和促进养护期的健壮生长、充分发挥园林树木的绿化功能具有十分重要的意义。

一、影响园林树木枝叶生长的因子

（一）园林树木枝叶的作用和生长特点

叶是园林树木进行光合作用制造有机养分的主要器官，园林树木体内90%左右的干物质是由叶片合成的，其生理活动的蒸腾作用和呼吸作用也主要是通过叶片进行的。枝是叶片着生的基础，在相同树种和相同砧木上，某一品种的节间长度是相对稳定的，所以就单枝来说，枝

条越长,叶片着生的数量越多;从总体上看,枝量越大,相应的叶面积越大。

树木枝干的生长包括枝干的加长生长和加粗生长两个方面。树木枝干生长的快慢,用一定时间内枝干增加的长度或粗度,即生长量来表示。生长量的大小及其变化,是衡量、反映树木生长势强弱和生长动态变化规律的重要指标。

其生长特点可参考项目四“园林树木的整形与修剪”的内容。

(二)影响园林树木枝梢生长的因子

枝梢的生长除决定于树种和品种特性外,还受砧木、有机养分、内源激素、环境条件与栽培技术措施等的影响。

(1)品种与砧木　不同品种由于遗传性的差异,新梢生长强度有很大的变化。有的生长势强、枝梢生长强度大;有的生长缓慢,枝短而粗,即所谓短枝型;还有介于两者之间的,称半短枝型。

砧木对地上部分枝梢生长量的影响也是明显的。通常,砧木分为三类:乔化砧、半矮化砧和矮化砧。同一树种和品种嫁接在不同砧木上,其生长势有明显差异,并使植株整体上呈乔化或矮化的趋势。

(2)贮藏养分　树体贮藏养分的多少对新梢生长有明显的影响。贮藏养分多,发枝粗壮;贮藏养分少,发枝纤细。春季先花后叶类树木,开花结实过多,消耗大量养分,新梢生长就差。树体挂果多少对当年新梢生长也有明显影响,结果过多,当年大部分同化物质为果实生长发育所消耗,枝条加长生长受抑制,反之则出现旺长。

(3)内源激素　叶片除合成有机养分外,还产生激素。新梢加长生长受到成熟叶和幼嫩叶所产生的不同激素的综合影响。幼嫩叶内产生类似赤霉素(GA_3)的物质,能促进节间伸长。成熟叶产生的有机营养(碳水化合物和蛋白质)与生长激素类配合引起叶和节的分化。成熟叶内产生休眠素可抑制赤霉素,摘去成熟叶可促进新梢加长生长,但不增加节数和叶数。摘除幼嫩叶,仍能增加节数和叶数,但节间变短而减少新梢长度。

应用生长调节剂,可以影响内源激素水平及其平衡,促进或抑制新梢生长,如生长延缓剂B9、矮壮素(CCC)可抑制内源赤霉素的生物合成。B9也影响细胞分裂素的作用。喷B9后枝条内脱落酸增多而赤霉素含量下降,因而枝条节间短,停止生长早。

(4)母枝所处部位与状况　树冠外围新梢比较直立,光照好,生长旺盛;树冠下部和内膛枝因芽质差,有机养分少,光照差,所发新梢一般较细弱。潜伏芽所发的新梢常为徒长枝。以上新梢的枝向不同,其生长势也不同,这与新梢中生长素含量的高低都有关系。

母枝的强弱和生长状况对新梢生长影响很大。新梢随母枝直立至斜生,顶端优势减弱。随母枝弯曲下垂而发生优势转位,于弯曲处或最高部位发生旺长枝,这种现象称为“背上优势”。生产上常利用枝条生长姿态来调节树势。

(5)环境与栽培条件　温度高低与变化幅度、生长季长短、光照强度与光周期、养分水分供应等环境因素对新梢生长都有影响。气温高、生长季长的地区,新梢年生长量大;低温、生长季热量不足,新梢年生长量则小。光照不足时,新梢细长而不充实。一般认为长日照能增加枝条生长的速率和持续时间,短日照则会降低生长速度和促进芽的形成。

施氮肥和浇水过多或修剪过重,都会引起生长过旺。一切能影响根系生长的措施,都会间接影响到新梢的生长。

二、影响园林树木根系生长的因子

(一)园林树木根系的作用和生长特点

树木枝叶在生命活动和完成其生理功能的过程中,需要大量的水分和营养元素,需要借助于根系的强大吸收功能和合成转化功能。根系发达而且生理活动旺盛,可以有效地促进地上部分枝叶的生长发育,为树体其他部分的生长提供能源和原材料。

根系是树木的重要营养器官,它除了把植株固定在土壤之内、吸收水分、矿质养分和少量的有机物质以及贮藏一部分养分外,还能将无机养分合成为有机物质,如,将无机氮转化成酰胺、氨基酸、蛋白质、多肽和生物碱,将无机磷转化成核苷酸、磷脂及核糖核酸,将无机硫转化成硫胺素、谷胱甘肽和蛋氨酸等。此外,根还具有合成植物激素的功能,如根尖组织合成细胞分裂素,脱落酸、乙烯、赤霉素、生长素及其他生理活性物质也可在根中合成。根合成的物质对地上部分枝叶的生长发育会产生重大影响,因此,通过促进或抑制根系活动可以调节和控制地上部分的生长和发育。根在代谢过程中还会分泌酸性物质,能溶解土壤中的养分,使其转化变成易溶解的化合物。根系的分泌物还能将土壤微生物引到根系分布区来,并通过微生物的活动将氮及其他元素的复杂有机化合物转变为根系易于吸收的类型。许多树木的根与菌根可共生,以增加根系吸水、吸肥、固氮的能力,对植物地上部分的生长起刺激作用。另外,还可以利用根系来繁殖和更新树体。“根深叶茂、本固枝荣”不仅客观地反映出了树木地下部分与地上部分密切相关,也是对树木生长发育规律和栽培经验的总结。

园林树木的根系在一年中的生长过程一般都表现出一定的周期性,其周期性与地上部分不同,但与地上部分的生长密切相关,二者往往呈现出交错生长的特点,而且不同树种表现也有所不同。一般来说,根系生长要求的温度比地上部分萌芽所要求的温度低,因此春季根系开始生长比地上部分早。有些亚热带树种的根系活动要求温度较高,如果引种到冬、春较寒冷的地区,由于春季气温上升快,地温的上升还不能满足根系生长的要求,也会出现先萌芽后发根的情况,出现这种情况不利于植物的整体生长发育,有时还会因地上部分活动强烈而地下部分根的吸收功能不足导致植物死亡。树木的根系一般在春季开始生长后进入第一个生长高峰,此时根系生长的长度和发根数量与上一生长季节树体贮藏的营养物质水平有关,如果在上一生长季节中树木的生长状况良好,树体贮藏的营养物质丰富,根系的生长量就大,吸收功能增强,地上部分的前期生长也好。在根系开始生长一段时间后,地上部分开始生长,而根系生长逐步趋于缓慢,此时地上部分的生长出现高峰。当地上部分生长趋于缓慢时,根系生长又会出现一个大的高峰期,即生长速度快、发根数量大。这次生长高峰过后,树木落叶后还可能出现一个小的根系生长高峰。一年内,树根生长出现高峰的次数和强度,与树种、年龄等有关。根在一年中的生长动态取决于树木种类、砧穗组以及当年地上部的生长和结实状况,同时还与土壤的温度、水分、通气及无机营养状况等密切相关。因此,树木根系生长高峰、低峰的出现,是上述因素综合作用的结果。树体的有机养分与内源激素的累积状况是促使根系生长的内因,而夏季高温干旱和冬季低温是促使根系生长缓慢的外因。在整个冬季虽然树木枝芽进入休眠,但根并非完全停止活动。

在树木根系的整个生命周期中,幼年期根系生长快,其生长速度一般都超过地上部分,但随着年龄的增加,根系生长速度趋于缓慢,并逐步与地上部分的生长形成一定的比例关系。另外,根系生长过程中始终有局部自疏和更新的现象,从根系生长开始一段时间后就会出现吸收根的死亡现象，吸收根逐渐木栓化，外表变为褐色，逐渐失去吸收功能。须根的更新速度更快，从形成到壮大直至死亡一般只有数年的寿命。须根的死亡，起初发生在低次级的骨干根上，其后发生在高次级的骨干根上，以至于较粗的骨干根后部几乎没有须根。根系的生长发育很大程度受土壤环境的影响，与地上部分的生长也有关。在根系生长达到最大根幅后，也会发生向心更新。此外，由于受土壤环境的影响，根系的更新不那么规则，常出现季节性间歇死亡，随着树体的衰老根幅逐渐缩小。有些树种，进入老年后发生水平根基部的隆起。

当树木衰老，地上部分濒于死亡时，根系仍能保持一段时期的寿命。利用根系的这种特性，可以对部分树种进行更新复壮。

（二）影响园林树木根系生长的因子

树木根系的生长没有自然休眠期，只要条件适宜，就可全年生长或随时可由停顿状态迅速过渡到生长状态。其生长势的强弱和生长量的大小，随土壤的温度、水分、通气与树体内营养状况以及其他器官的生长状况而异。

1.土壤温度

不同的树种，开始发根所需的土温不一样。一般原产温带、寒带的落叶树木需要的温度低；而热带、亚热带树种所需温度较高。根的生长都有最佳温度和上、下限温度。一般根系生长的最佳温度为 15～20 ℃。上限温度为 40 ℃，下限温度为 5～10 ℃。温度过高或过低对根系生长都不利，甚至会造成伤害。由于不同深度土壤的土温随季节变化，分布在不同土层中的根系活动也不同。以我国中部地区为例，早春土壤解冻后，离地表 30 cm 以内的土温上升较快，温度也适宜，表层根系活动较强烈；夏季表层土温过高，30 cm 以下土层温度较适合，中层根系较活跃。90 cm 以下土层，周年温度变化较小，根系往往常年都能生长，所以冬季根的活动以下层为主。

2.土壤湿度

根系的生长与土壤湿度也有密切关系。土壤含水量达到最大持水量的 60%～80%时，最适宜根系生长。土壤过湿会使土壤通透性差，造成缺氧的环境，抑制根的呼吸作用，根的生长受到破坏，导致根的停长或烂根死亡。土壤过于干旱时，土壤溶液浓度高，根系不能正常吸收水分，易促使根系木栓化和发生自疏，过于缺水时，叶片可以夺取根部的水分，使根系生长和吸收停止，而且开始死亡；但轻度干旱对根系的发育反而有好处，因为在此种情况下，土壤的通气条件得到改善，而植株能够通过抗逆调节机制充分应对这种干旱胁迫，使得地上部分光合生理不会产生严重的负面影响，而此时植株体内的可溶性糖和可溶性蛋白质含量上升，会优先提供给根系的生长，同时还会增加越冬植株碳水化合物的积累，有利于树势的维持和满足翌年植株对养分的需求。

3.土壤通气性

为了促进新根的发生和充分发挥根的功能，土壤中必须有足够的氧气。不同种树木根系活动对氧气的浓度要求不同，一般苹果根系在氧浓度为 2%～3%时停止生长；5%生长缓慢；10%以上正常生长；发生新根率要在 15%以上。土壤含氧量还必须与 CO_2 的含量联系起来分析，如果土壤内部排水良好，土壤中氧气含量很难降至 15%以下，CO_2 含量也不易达到 6%以上；如果土壤中 CO_2 含量不高，根际周围空气的含氧量即使低到 3%时，根系仍能正常活动；如果根际周围 CO_2 含量升高到 10%或更多，则根的代谢功能立即受到破坏。通气良好条件下的根系密度大、分枝多、须根也多。通气不良时，发根少，生长慢或停止，则容易造成树木生长不良或早衰。

所以在城市中，由于铺装路面多、市政工程施工夯实以及人流踩踏频繁，造成土壤坚实，影响根系的穿透和发展。城市环境中的这类土壤内外气体不易交换，以致引起有害气体（CO_2等）的积累中毒，影响根系的生长并对根系造成伤害。

4. 土壤营养

一般的土壤，其养分状况不至于使根系处于完全不能生长的程度，所以土壤营养一般不成为根系生长的限制因素，但土壤营养可影响根系的质量，如发达程度、细根密度、生长时间的长短等。根系总是向着肥多的地方生长，在肥沃的土壤里根系发达，细根密，活动时间长。相反，在瘠薄的土壤中，根系生长瘦弱，细根稀少，生长时间较短。施用有机肥可促进树木吸收根的发生，适当增施无机肥料对根系的发育也有好处。如施氮肥通过叶的光合作用能增加有机营养和生长激素，以促进发根；施磷和微量元素（硼、锰等）对根的生长都有良好的影响。但土壤通气条件不良时，有些元素会转变成有害的离子（如铁、锰会被还原为二价的铁离子和锰离子，提高了土壤溶液的浓度），使根系受害。

5. 树体有机养分

根的生长与功能的发挥依赖于地上部所供应的碳水化合物。土壤条件好时，根的总量还取决于树体有机养分的多少。叶片受害或结实过多，树体有机养分制造量减少或消耗过多，根的生长就会受到阻碍，此时即使对其施肥，一时作用也不大；这种情况下需要通过保叶或疏果等措施促进树体内有机养分的积累来改善根的生长状态。

6. 其他因素

根的生长与土壤类型、土壤厚度、母岩分化状况及地下水位高低都有密切的关系。

第二课堂活动

在校园里认领不同栽植点的3株园林树木，每周观察、记录其生长情况，联系“一母生九子，九子各不同”“时势造英雄”和“根深叶茂”“沃土养根、养根壮树”等，分析树木的整体性、相关性及树木生长与遗传、环境的关系。

任务2　园林树木栽植成活的依据与季节选择

一、园林树木栽植的意义及概念

（一）园林树木栽植的意义

园林树木种类繁多，每个树种都有自己独具的形态美、色彩美、风韵美和芳香美的特色。这些特色又能随季节及年龄的变化而有所丰富和发展，对园林美化作用的发挥具有重要意义。如春季梢头嫩绿、花团锦簇；夏季绿叶成荫、浓影覆地，秋季果实累累、色香俱备；冬季白雪挂枝、银装素裹。一年四季各有不同的风姿与妙趣。如松树在幼龄时全株团簇似球，壮龄时亭亭如华盖，老年时则枝干盘虬而有飞舞之姿。

园林树木还具有一种比较抽象的但却极富思想感情的联想美。中国悠久的历史、灿烂的文化使得人们在欣赏、讴歌植物的自然美时会对它们的美赋予感情、进行概念化或人格化。如"岁寒三友"松、竹、梅象征着坚贞、气节和理想，代表着高尚的品质；四季常青、抗性极强的松柏类代表着坚贞不屈的革命精神；富丽堂皇、花大色艳的牡丹则被视为繁荣兴旺的象征；紫荆象征兄弟和睦，含笑表示深情，红豆表示相思，"垂柳依依"表示感情上的依依不舍、惜别等；在欢乐的传统节日里有所谓"玉、堂、春、富、贵"的观念。由于树木的不同自然地理分布会形成一定的乡土景色和情调，因此，它们在一定的艺术处理下，便具有使人们产生热爱家乡、热爱祖国、热爱人民的思想感情的力量。园林树木还常成为美好理想的象征，如中国特产的珙桐，树形高大端庄，开花时犹如无数的白色鸽子栖息树端，蔚为奇观，象征着勤劳、勇敢、智慧的中国人民热爱和平的性格。

园林树木是园林绿化的主体，大量的园林树木栽植是园林绿化工程的重要组成部分。所以，园林树木的栽植不是随意的，而是严格按照园林绿化设计进行的。其中的种植设计部分应该在充分考虑园林树木生命特征和充分运用植物美的基础上，体现植物配置的科学性、经济性和艺术性，同时考虑一定的精神层次的追求，结合当地具体的环境条件和园林主题的要求，巧妙地、合理地进行配植，构成一个景观空间，使游人置身其间，陶醉于美好的环境和意境中，让身心得到彻底的放松和愉悦。

（二）园林树木栽植及相关概念

栽植是农林园艺栽种植株的一种作业，常被狭义地理解为"种植"，园林树木的栽植也常被理解为"种树"。其实，园林树木的栽植与人工造林的种树是完全不一样的，园林树木栽植是指将园林树木从一个地点移植到另一个地点，并使其继续生长的操作过程，主要包括土地准备、掘（起）苗、搬运、种植、种后管理五个基本环节。在园林树木栽植过程中，五个环节应密切配合，尽量缩短移栽苗木的根系暴露在空气中的时间，最好能做到随起、随运、随种和及时种后养护管理的连贯性流水作业操作。

土地准备　主要是种植地整理和挖种植穴。

起苗　指将园林苗木从原栽植地的土中连根（裸根或带土球）起出的操作过程。

搬运　借助一定的措施（人力或机械设备等）将起出的苗木从起苗地点运到目的地。

种植　按照施工图要求和植树规范，将园林树木植于种植穴中的过程。

移植　树木种植成活后还需进行移动的作业。由于园林所用苗木规格较大，为使吸收根集中在所掘范围内，有利成活和恢复，依树种特性在苗圃中往往需要间隔一至数年移植一次。

寄植　建筑或园林基础工程尚未结束，而结束后又需要及时进行绿化施工的情况下，为了贮存苗木，促其生根，将植株临时种植在非定植地或容器中的方法。

定植　按设计要求将树木栽植在计划位置后，树木永久性地生长在栽种地。

假植　树木运到目的地后，因诸多原因不能及时栽植，为了保护根系的生命活动，防止根系失水，需要将树木的根系用湿润土壤进行临时性的埋植。

二、园林树木栽植成活的依据

《增广贤文》中记载"树挪死，人挪活"，要保证所栽植园林树木成活，必须熟悉园林树木的生长规律及其生理变化，掌握树木栽植成活的原理。树木在系统发育过程中，经过长期的自然选择，逐渐适应了现有生存的环境条件，并把这种适应性遗传给后代，形成了对环境条件有一定要求的特性，即生态学习性。树木栽植时，如果立地条件能够满足其对生态因素的要求，树木就能成活并健壮生长，进而发挥其功能效益。反之，如果立地条件不能满足树木对生态因素的要求，树木成活率就会降低，即使勉强成活，也会出现后期生长状态欠佳、功能效益低劣的现象，造成苗木、人力和资金的浪费，也破坏了苗木原生长地的小生态环境。

（一）生态学原理

生态学原理可以理解为“适地适树”。《晏子春秋·内篇杂下》中记载“橘生淮南则为橘，生于淮北则为枳，叶徒相似，其实味不同，所以然者何？水土异也”，即是对适地适树的典型诠释。适地适树就是指树木的生态学特性和栽植地点的生态条件相适应，达到在当前技术、经济条件下较高的生长水平，以充分发挥树种在相适应的立地生态条件下的最大生长潜力、生态效益与观赏功能。这是树木栽植工作的一项基本原则，也是其他一切养护管理工作的基础。

“树”与“地”的关系是辩证统一的关系，既不可能绝对融洽，也不可能有永久地适应，树木与环境的某些矛盾贯穿于栽培管理的整个过程中。因为环境条件不但受自然力的主宰，还受人类活动的影响。如光、热、水、气、肥、昼夜、季节、年份的变化，树木与土壤发育的阶段变化以及人们的社会实践活动对环境的改善和干扰等，都可能造成环境质量与树木生态要求的变化，导致“树”与“地”适应程度的改变。因此，“适地适树”是相对的、可变的。“树”与“地”之间的不适应则是长期存在的、绝对的。对于栽植者来说，掌握适地适树的原则，主要是“树”和“地”之间的矛盾在栽植过程中相互协调，能产生很好的生物学和生态学效应；其次是在“树”和“地”之间发生较大矛盾时，适时采取适当措施，调节它们之间的相互关系，变不适应为较为适应，使树木的生长发育沿着稳定的方向发展。

（二）栽植苗木的生理状态和水分平衡的变化

在一定的环境条件下，一株正常生长的树木，地上部分的枝叶与地下部分的根系存在着一定的比例关系，以维持其生长的平衡状态，尤其是根系与土壤的密切结合使树体的生长需求得以满足，使树体内的水分和养分代谢平衡得以维持。根系生长的物质需求由叶片的光合产物提供，枝叶的蒸腾失水量由根系吸水得到及时补充。正常情况下，树木的根系在水平方向的分布范围与其冠幅大小相一致，大部分吸收根主要分布在树冠外围的圆周内；根系在垂直方向的分布范围多数集中在地下 20～80 cm 深的范围内。

1.栽植苗木的生理状态变化

园林树木在栽植过程中树体会发生一系列的生理状态变化。由于挖掘土球（带土球苗）和根系范围（裸根苗）有限，园林树木一经挖（掘）起，根系先端大量的吸收根常被遗留在原生长地。新栽植苗木根系的吸收能力急剧下降，虽然植株可以通过自动关闭部分气孔来减少蒸腾，但作用有限，蒸腾作用仍在继续，地上部分枝叶所需要的水分不能得到满足。此时苗木体内的水分平衡被打破。由于缺少水分，叶片的光合能力下降，光合产物不能满足根系生命活动所需的营养物质和进行某些特殊物质如激素、酶类的合成转化，此时苗木体内的养分平衡也被打破。树木栽植以后，原有的供水机制不存在了，风吹日晒又加剧了树体的干燥状态。当茎、叶水分损失超过生理补偿点后，树体内水分需求开始由茎、叶移向根部，枝叶开始干枯、脱落、芽开始干缩；同时根系被挖离原生长地，原有协调的土壤环境也不存在了，根系在移栽过程中受到损伤，虽具有一定的再生能力，但需要一段时间才能萌发新根。植株体内养分供给下降，导致根系与枝叶在水分、养分平衡上形成相互制约的恶性循环。

2.树木水分的平衡

在任何环境条件下，一株正常生长的树木，其地上部分与地下部分都处于一种生长的平衡状态，地上部分的枝叶与地下部分的根系都保持一定的比例。枝叶的蒸腾失水量会得到根系吸水的及时补充，不会出现水分亏缺。但是，树体被挖出来以后，根系特别是吸收根被严重破坏，再有根系脱离了原来的生态环境，主动吸水的能力大大减低，而地上部分叶片气孔的调节作用十分有限，仍在进行旺盛蒸腾作用，体内的水分平衡被打破。在树木栽植以后，根系与土壤的密切接触遭到破坏，减少了根系的吸收面积。根系在移栽过程中受到损伤，新根萌发还需要一段时间。若不采取措施迅速建立或恢复根系与土壤的密切关系，以及枝叶与根系的新平衡，树木极易发生水分亏损，甚至死亡。因此，一切有利于根系迅速恢复再生能力，尽快使根系与土壤建立紧密联系，以及协调根系与枝叶之间平衡的技术措施，都有利于提高栽植成活率。

所以，保证树木栽植成活的关键，在于如何保持或恢复新栽树树体以水分代谢为主的生理平衡。这种新平衡建立的快慢与栽植树种的习性、树种的年龄、物候状况以及影响生根和植物蒸腾为主的外界因子都有密切的关系，同时也与栽培技术和后期的管理措施密切相关。

一般而言，发根能力和根系再生能力强的树种容易栽植成功；幼年、青年期的树种容易成活；适合的土壤水分和适宜的季节栽植，成活率高。此外，科学的栽植技术和高度的责任心可以弥补很多栽植过程中的不利因素，大大提高移栽成活率。所以，在挖掘和移植园林树木时，通常会进行直接截干或对树冠部分枝叶进行非常重的修剪，以求快速恢复其水分平衡，但这种平衡是暂时的较低水平上的平衡。如果能够做到，苗木栽植时尽可能地多带吸收根，保证减少蒸腾以及在土壤有利于生根的条件下，对树冠部分枝叶进行修剪，保持着一定量的叶面积制造光合产物，同时，利用剪后萌芽长出的新枝多、生长点多、产生植物激素多，来促进根系的迅速再生和功能恢复，充分利用“活不活靠水，壮不壮靠肥”，就可以大大提高园林树木的栽植成活率。

三、树木栽植的基本原则

（一）适树适栽

在种植设计中，首选的树种应该是地方乡土树种，乡土树种是长期历史选择、地理选择的结果，是最适合当地气候、土壤等生态环境的树种，也是种植成活率高、生长表现好的树种。

不同的树种种植方法及顺序不同，例如，同时运入场地的苗木，常绿树种多采用全冠栽植，相对于没有萌芽的落叶树种其蒸腾量相对较大，可集中人力先栽常绿树种。常绿树种中，常绿阔叶树种先于常绿针叶树种栽植较好。裸根的落叶树种，根系的耐晒和抗风能力也截然不同。像水杉等新根纤细的树种，根系在太阳下曝晒半小时以上就会影响成活率；而泡桐等肉质根系的树种，在太阳下曝晒一天都不至于影响成活。因此，新根纤细脆弱的树种宜先行栽植。国槐、栾树、暴马丁香等树种的根系再生能力较强，雪松、玉兰等树种的根系再生能力一般，而银杏、小叶朴等树种的根系再生能力较弱。雪松、玉兰、银杏、水杉等根系再生能力不强的树种栽植时应适当扩大栽植穴，增强土壤的透气性，做好较长时期保持苗木鲜活状态和防止脱水的准备，同时采取生根剂促根等措施，提早生根。不同树种的耐水湿能力不同，雪松、广玉兰、碧桃等耐水湿能力差的树种栽植时不宜太深，同时要选择土质疏松的土壤。

(二)适时适栽

我国唐代《种树书》中记载:“凡移树不要伤根须,须阔垛,不可去土,恐伤根。谚云:移树无时,莫教树知。”也就是说,树木移栽的时间并不固定时间,只要在进行树木移栽时,大土球或根幅,不伤须根,尽量不要让树木察觉它被移栽了。所以,结合以上树木栽植的原则,确定某种树木最适宜移植时期的原则是:选择有利于根系迅速恢复的时期;选择因移栽而对树体活动产生不良影响尽量少的时期。在我国大部分地区,树木栽植的最佳时期一般以晚秋和早春为佳。在晚秋,树木的地上部分正在进入或已经进入休眠状态,但根系仍在进行生长活动。在早春时节,气温回升,土壤刚刚解冻,根系开始生长,而枝叶尚未萌芽。树木在这两个时期树体贮藏营养丰富,土温适合根系生长;而气温较低,地上部分还未开始生长或生长缓慢,蒸腾量较少,容易保持水分代谢平衡。同时在春、秋两个时期,大部分树种的根系有一个生长高峰,损伤的根系易恢复并长出新根,容易保持和恢复以水分代谢为主的平衡。至于到底选择春栽还是秋栽,应根据树种抗寒性及当地具体条件而定。

一般情况下,冬季寒冷地区和在当地不甚耐寒的树种宜春栽;冬季较温暖和在当地耐寒的树种宜秋栽。夏季由于气温高,植株生命活动旺盛,一般不宜栽植。但如果夏季正值雨季,由于供水充足,土温较高,有利根系再生,空气湿度大,枝叶蒸腾少,在这种条件下也可以进行栽植。冬季时植株地上部分蒸腾量少,也可以移栽,但要看树种(尤其是根系)的抗寒能力,只有在当地抗寒性很强的树种才可冬季栽植。在实际工作中,应根据不同树种及其生长特点,不同地区气候条件、树木养护管理精细程度等具体情况决定具体的栽植时期。

(三)适法适栽

依据园林树种的生长特性、树体的生长发育状态、树木栽植时期以及栽植地点的环境条件等,园林树木常采用裸根栽植、带土球栽植两种栽植方法。

1.裸根栽植

此法多用于常绿树小苗及大多数落叶树种。裸根栽植的关键在于保护好根系的完整性,骨干根不可太长,侧根、须根尽量多带。从掘苗到栽植期间,务必保持根部湿润,防止根系失水干枯。根系打浆是常用的保护方式之一,可提高移栽成活率20%以上。浆水配比为:过磷酸钙1 kg+细黄土7.5 kg+水40 kg,搅成糨糊状。为提高移栽成活率,运输过程中,可采用湿草覆盖的措施,以防根系风干。

2.带土球移植

多数常绿树种、壮老龄树种必须采用带土球移植法,某些裸根栽植难于成活的落叶树种,如玉兰类、栎类、七叶树、山茱萸、山楂等,也选用带土球移植;树体较大的青壮年树木、名贵树种、花灌木及非适宜季节栽植,亦要求带土球进行,以提高树木的移植成活率。

四、园林树木不同季节栽植的特点

园林树木移植的适宜季节应选在适合根系再生和枝叶蒸腾量最小的时期。从生产实践来看,因各地具体生态与环境条件不同,不可拘泥固定在某一特定季节。

(一)春季栽植

春季栽植指自春天土壤化冻后至树木发芽前进行栽植,是树木移植的最佳时期。此时树木地上部分仍处在休眠期，蒸发量小，消耗水分少。气温回升，树液刚开始流动，大树根系相比枝叶已先行生长，为栽植后根系的愈合再生以及树冠的及时恢复创造了有利条件，容易达到地上部分枝叶、地下部分根系的生理平衡。此时多数地区土壤处于化冻返浆期，水分充足，而且土壤已化冻，便于掘苗和挖种植穴。春季栽植应立足一个“早”字。只要树木不会遭受低温侵袭造成冻害，就应及早开始，其中最好的时期是在新芽开始萌动前 15～30 d。

（二）秋季栽植

指在树木落叶后至土壤封冻前进行栽植。就多数温带、亚热带地区和大部分在当地耐寒、耐旱的落叶树种来说，在晚秋移栽也很适宜。秋季气温逐渐下降，降雨量充沛，土壤水分状况稳定。此时树木已经由落叶转入休眠期，生理代谢转弱，地上部的水分蒸腾已经很低，而根系在土壤中的活动仍在进行，而且经过春夏两季的积累，树体营养存贮丰富，树势较强，根系甚至还有一次生长小高峰。这时移植，栽植后根系的伤口容易愈合，甚至当年可发出少量新根，第二年春天发芽早，在干旱情况到来之前可完全恢复生长，增强抵抗不良环境条件的能力。在当地不耐寒，髓部中空或有伤流液的树种，如核桃、桦木、槭树、美国鹅掌楸等不适合进行秋季栽植。秋季栽植关键在于要在树木开始大量落叶时栽植。不过，在严寒的北方地区，需要加强对移植树的根际保护才能达到预期目的。

（三）夏季栽植

夏季高温天气进行栽植时，在养护措施跟不上的情况下，栽植的树木成活率较低。因为这时候树木生长势最旺，土壤和树叶的蒸发蒸腾作用强，容易缺水，最终导致新栽树木在数周内因严重失水而死亡。夏季移栽只适合于某些地区和某些常绿树种，主要用于山区造林，特别是春季少雨、秋冬干旱、而夏季为雨季且较长的地区。

实际园林施工时如遇夏季栽植，一定要做好充分的准备工作，合理安排程序，严格做到随起、随运、随栽，尽可能地缩短施工时间。同时，还应做到：

(1)抓住适宜栽植的时机。应在树木第一次快速生长结束、第二次新梢未发的间隔期内，根据天气情况，在下一场透雨后，并有较多降雨天气时进行移植效果最好。

(2)适当加大土球，保持土球有最大的持水量，同时对苗木进行强修剪，以减少地上枝叶的水分蒸腾。

(3)栽植后尤其注意要及时灌水，并经常进行树干、树冠喷水，树体遮荫。

(4)夏季移植重点应放在常绿树种的栽植上。在尽量保持其原有树型的基础上，采取摘叶、疏枝、缠干、喷水保湿和搭棚遮阳等措施来保持空气湿润，以促进植株体内水分平衡，可有效提高夏季移植苗木的成活率。

（四）冬季栽植

在冬季土壤不冻结的华南、华中和华东的地区，可以采用冬季栽植。一般来说，冬季栽植主要适合耐寒性强的落叶树种，它们的根系冬季休眠期很短，栽后仍能愈合生根，有利于第二年的萌发生长。在我国北方严寒地区，在当地耐寒性很强的树种也可在土壤冻结期采用冻土球方法栽植。此法具有省去包装和减轻运输难度的优势。

（五）我国各地区适宜的栽植季节

一般情况下，冬季寒冷地区和在当地不甚耐寒的树种宜春栽；冬季较温暖和在当地耐寒的树种宜秋栽。单单考虑冬季时植株地上部分蒸腾量少，冬季也是可以移栽的，但要看树种尤其是根系的抗寒能力如何，只有在当地抗寒性很强的树种才可选择冬季移植。夏季一般不适合移植，但如果正值雨季，空气湿度大，地上部分蒸腾少，土温又有利于根系再生，这种情况下也可以抓紧连阴雨时期进行移植。具体到某个地区的植树季节应根据当地的气候特点、树种类别以及栽植技术水平(人员数量、机械条件、栽后养护等)而定。现将中国各部分植树季节进行分述。

1.东北大部和西北北部、华北北部

本区因纬度较高，冬季严寒，以春季栽植为好，成活率较高，又免去防寒工作。春季栽植的时期，以当地土壤刚化冻，尽早栽植为佳，大约在 4 月初到 4 月下旬。在一年中栽植任务量如果较大时，也可以秋植。秋植树以树木落叶至土壤封冻前进行，约在 9 月下旬到 10 月中旬，在封冻前栽植成活更好。但秋植树成活率较春植低，又需要防寒、防风，费工费料。

2.华北大部与西北南部

本区冬季时间较长，有 2～3 个月的土壤封冻期，少雪多风，尤其是春季多风，空气较干燥。该地区雨水较集中在夏秋，土壤质地多为深厚的壤土，贮水较多，春季土壤水分状况较好，所以，该区域大部分地区和多数树种以春季栽植为主。春植以土壤化冻返浆至树木发芽前，时间在 3 月上、中旬到 4 月中、下旬进行。多数树种以土壤解冻尽早栽植较好，早栽可使损伤的根系恢复的时间相对长，根系扎得深，容易成活。在该地区凡易受冻和易干梢的树种，如泡桐、紫荆、忍冬、月季、小叶女贞以及竹类和针叶树种适合春植。少数萌芽展叶晚的树种，如白蜡、柿子、花椒、紫薇、悬铃木、梧桐、栾树、合欢等在晚春栽植较易成活，即在其芽开始萌动将要展叶时最佳。本区夏季气温高，降水量集中，常绿针叶树也可在此时期栽植，在当地雨季第一次下透雨开始，或以春梢停长而秋梢尚未开始生长的间隙进行栽植，尽可能缩短栽植过程的时间，最好选在阴天和降雨前进行。

3.华中、华东、长江流域地区

本区冬季不长，土壤基本不冻结，除了夏季酷热干旱外，其他季节雨量很多，特别是梅雨季节，空气湿度很大。除了干热的夏季外，其他季节均可植树。根据树种习性进行春植、梅雨季节植、秋植和冬植。春植在树木萌芽前半个月进行。但对于早春开花的梅花、玉兰等为不影响花期，可以花后植；春季萌芽早的树种，如牡丹、月季、蔷薇、珍珠梅等宜秋季移栽。春季萌芽展叶迟的树种，如枫杨、苦楝、无患子、合欢、乌桕、栾树、喜树、重阳木等宜晚春栽植，即见芽萌动时栽植为宜，如过早栽植因尚处休眠状态，栽植后易发生枯梢枯干现象；一些常绿的阔叶树，如香樟、柑橘、广玉兰、桂花等宜晚春栽植，可延迟到 4—5 月份开始展新叶时栽植，只要栽植后保证养护管理跟得上，即可保证成活。落叶树还可以 10 月中旬至 11 月中下旬的晚秋时节进行栽植，有时可延至 12 月上旬栽植。此时，气候凉爽，类似春天，同时树木地上部多停止生长，并逐渐进入休眠，水分蒸腾小，而地温尚高，有利于栽后恢复生长，冬季不寒冷也不干旱，还有利于翌年春季根系和地上部分枝叶的生长，故该地区晚秋栽植效果更佳。

4.华南地区

本区四季气温相差不大，一年中罕见霜雪，每年 2 — 3 月份进入梅雨季节，到 9 月份结束。年降水量丰富，主要集中在春、夏两季，而秋季量较少，秋季干旱明显。常绿树种居多；栽植以春植、夏植、雨季栽植为主。

5.西南地区

本区有明显的干、湿季节之分。冬、春为旱季，夏、秋为雨季。由于冬春干旱、土壤水分不足，气候温暖且蒸发量大，春植树往往成活率不高，一般采用秋季植树。

(六)反季节栽植

反季节栽植是指不在常规的植树季节内植树，而是多在6—9月份进行。这一时期是树木旺盛生长的时期，存在温度高、蒸腾量大、水分平衡严重失调等问题，栽植成活困难。因此，反季节栽植时要充分做好各项准备工作，根据不同情况分别采取以下措施：苗木应提前进行断根缩坨（较大的树）和疏枝，或在适宜的季节起苗，用容器进行假植处理；对移植苗木进行强修剪，剪除部分主枝和侧枝，保留的主、侧枝也需要进行一定的短截，一般只保留原树冠的1/3左右，同时加大土球体积。能摘叶的树木应摘去部分叶片，但不能伤害腋芽。栽植后及时灌水，并经常进行叶面喷水。可以对树冠使用蒸腾抑制剂，并使用一定浓度的生长素促发新根。夏季搭棚遮荫，树冠喷水、树干保湿等措施保持空气湿润；冬季防风防寒。也就是要从挖掘、起运、修剪、养护管理等环节采取积极有效的措施和特殊处理，才能保证树木成活。同时，尽可能做到随起、随运、随种植，缩短栽树施工时间。

第二课堂活动

水养一种园林树木，观察、记录其生根、生长情况，结合谚语“移树无时，莫教树知”“山坡朝阳地发暖，春栽宜早不宜晚”，分析绿地树木栽植成活原理与“植树节”活动的关系。

任务3 园林树木栽植技术及后期管理

在树木的栽植过程中，土壤准备、起苗、运输、种植、栽后管理这五大环节必须紧密衔接，尽量缩短时间，保证做到随起、随运、随栽和及时栽后管理，才能保证被栽植树木不致失水过多导致栽植失败。因此，操作人员首先必须提高对栽植过程各环节重要性的认识，严格按照操作规程操作。掌握科学的移植技术是根本，认真细致的操作是关键，高度重视的责任心是保障，三者都具备才能做到正确有效的移植。

绿化施工时，应根据具体树种、年龄采取不同的技术措施。容易移栽的树种，施工过程可适当简单些，一般都用裸根移栽法，包装运输可简便些。对于难移栽的树种，必须做好充分准备，灵活运用各种栽植施工技术。

一、栽植前的准备

园林树木的栽植是一项时效性很强的系统工程，栽植前期的准备工作也是极其重要的环节，直接影响到栽植的进度和质量，影响到树木的栽植成活率及后期的树体生长发育状态，进一步影响园林景观效果的表现和生态效益的发挥。因此，栽植前必须给予充分的认识和重视，按照国家或行业相关技术操作规程及标准，进行一切准备工作。

(一)栽植施工前的准备

树木栽植施工前的准备工作主要包括:掌握资料、熟悉设计、勘察现场、制定方案、编制预算、材料供应和现场准备。开工前应了解掌握工程的有关资料,如用地手续、上级批示、工程投资来源、工程要求等。施工前必须熟悉设计的指导思想、设计意图、图纸、质量、艺术水平的要求,并由设计人员向施工单位进行设计交底。

1.熟悉设计意图

园林树木栽植前首先要了解设计意图,明确设计所预想的目的或意境以及施工完成后所达到的效果,设计意图和施工效果的呈现需要栽植施工与其他工程共同完成。与栽植工程相关的其他工程包括铺草坪、道路、给排水、山石、园林设施等,各项工程应根据施工设计有步骤、有计划进行。

园林工程一般的施工顺序为整理地形→埋设给排水管→修建园林建筑→铺设园路、广场等→栽植树木→种植花卉→建植草坪。

绿化施工的进程程序:整地→定点放线→挖坑→修剪→起苗→打包→换土施肥→装车、运苗、卸车、假植→复剪→栽植→做土堰→灌水→树池覆盖。

具体工程施工安排应根据施工期限,合理安排各项工程施工时间和栽植施工中每种树木的栽植完成日期,以保证不同类别的树木在当地最适栽植期间进行栽植。

2.现场踏勘与调查

在了解设计意图和工程概况之后,负责施工的主要人员还必须亲自到现场进行细致的踏勘与调查。具体调查内容包括现场周围环境、施工条件、土质、水源、电源、交通道路、堆料场地、地下管线电缆及其他设施的分布情况、生活暂设的位置,以及市政、电信应配合的部门等。

调查后需清理对栽植施工有影响的障碍物,必要时根据设计图纸进行地形整理,尤其是城市建筑弃地、垃圾弃地、地下管线设施等情况复杂的不适宜于树木正常生长的栽植现场,应进行细致的整地,采取包括换土、增施有机肥、调整栽植点等措施改善土壤条件。此外,现场踏勘时,施工人员还应现场核对设计图纸,了解地形、地上物和障碍物的情况,确定定点放线的依据。

3.制定施工组织方案

在了解设计意图和工程概况的基础上,结合现场踏勘与调查情况,组织有关技术人员研究制定出全面、细致的施工组织方案,以保证各项施工项目能够相互衔接,顺利完成施工任务。施工组织方案主要包括以下几个方面:

(1)工程概况　包括工程名称、工程内容、工程地点、参加施工单位、设计意图与工程意义、有利和不利条件等内容。

(2)施工方法和施工进度　施工方法主要涉及使用机械、人工及其主要环节等内容;施工进度分单项进度与总进度,都要规定起止日期、用工量、定额和进度。

(3)施工方案计划表　包括劳动力计划、作业计划、苗木、材料机械运输等。

(4)施工组织机构　施工组织要分工明确,设办公室、工程组、技术组、苗木组、政工组、后勤组、安全组和质检组等,每一组都要明确其职责范围和负责人。

(5)施工现场平面布置　包括交通线路、材料存放、水、电源、放线基点、施工人员生活区等位置的设置。

(6)施工技术和质量管理措施　包括制定安全、技术等工程操作细则，确定工程质量标准和成活率指标，制定质量检查方法、技术措施和验收方法等。

4.编制施工预算

编制施工预算应了解主管部门批准的投资数额，根据设计概算、工程定额和现场施工条件、采取的施工方法、质量要求和当时的市场价格等编制合理的施工预算。

5.苗木、工程材料的供应

按照工程要求及时供应苗木才能保证整个工程按期完成，苗木供应要明确苗木种类、规格、数量、来源和供苗日期；根据工程的需要制定工具、材料的供应方案，包括用量、规格、型号和使用日期等。如需特殊的苗木、材料，应事先了解苗木的来源、材料质量、价格及可供应情况等。

6.施工现场清理、准备

为了便于栽植工作的进行，对施工现场进行清理，包括拆迁和清理有碍施工的障碍物，按照设计图进行地形地势整理和栽植地(平缓地、山地、建筑地、市政工程现场等)的整理。还要做好现场准备，包括搭建临时房屋、生活设施、库房。事先与市政、电信、公用、交通等有关单位配合好，并办理有关手续。关于劳动力、机械、运输力应事先由专人负责联系安排好。如为承包的植树工程，则应事先与建设单位签订承包合同，办理必要手续，合同生效后再施工。

(二)苗木的准备

关于栽植树种及其规格，应根据设计要求选定。在栽植施工之前，对苗木的规格、数量、质量、苗源等做详细的调查和准备。

1.苗木数量

依据施工设计图和相关资料，认真计算、核对苗木的种类、规格及数量，以便做好购苗和栽植计划。

2.苗木质量

苗木质量的好坏直接影响着栽植成活率、养护成本及绿化效果，因此，在栽植前应认真筛选高质量的苗木。高质量的苗木应具备以下条件：

(1)根系发达、完整、主根短直、有较多的侧根和须根，起苗后大根无劈裂现象。

(2)苗木生长健壮，枝干充实，抗性强。

(3)苗木主干通直(藤本除外)，有一定的适合高度，枝条不徒长。

(4)树冠匀称、丰满，主侧枝分布合理，主枝有较强优势，具有健壮的顶芽，侧芽发育正常、饱满。常绿针叶树下部没有枯枝叶。干性强而无潜伏芽的某些针叶树，顶端优势明显，侧芽发育饱满。

(5)无病虫害和机械损伤。

3.根据设计要求与国家或行业标准选择苗木规格

苗木的年龄和规格直接影响到栽植成活率、工程成本、绿化效果和栽后养护等方面。幼青龄苗，根系分布范围小，起掘时根系损伤率低，移栽过程较简便，起掘过程对树体地下部分与地上部分的平衡破坏较小，栽后受伤根系再生能力强，恢复期短，移植成活率高。幼青龄苗整体上营养生长旺盛，对栽植地环境的适应能力强。壮老龄树木，根系分布深广，起掘时根系损伤率高，移植过程对树体地下部分与地上部分的平衡破坏严重，根系再生需要时间较长，移栽成活率低，因此必须带土球移植。但壮老龄树木，树体高大，姿形优美，移栽后即可发挥绿化景观效果，重点工程有特殊需要时，可以结合易生根树种适当选用。

(1)行道树　苗木主干通直、无弯曲、分枝高度应基本一致，城市主干道树木枝下高要求2.8～4 m(城郊道路3～4 m，公园道路2 m)，树冠要丰满、匀称、个体之间高度差不能大于50 cm。

(2)庭荫树　苗木枝下高不低于2 m，树冠大而开阔。

(3)孤植树　树冠大、树势雄伟、树形美观。

(4)绿篱树　分枝点要低，枝叶丰满，树冠大小和高度基本一致。

4.苗木来源

不同来源苗木关系到苗木的质量与其他准备工作，应详细了解苗木的来源。园林绿化用苗一般有四种来源：

(1)当地苗圃苗木　当地苗圃培育的苗源清楚，苗木对当地的气候及土壤条件有较强的适应性，可以做到苗木随起随栽，成活率高，不仅避免了长途运输对苗木的损害，也降低了运输费用，还能有效避免病虫害的传播。因此当地苗圃苗木是园林绿化苗木的最佳来源。

(2)外地购买苗木　从外地购买苗木能够解决当地苗木供应不足的问题。如果必须从外地购买苗木时，最好使用苗圃培育的苗木。因为在苗圃地，苗木经常会经过多次移栽，须根多，栽植更容易成活。此外，还应在栽植前数月去拟购买地实地考察，详细调查欲购苗木的种源、年龄、栽培方式、生长状况等内容，严把苗木质量关，并做好检疫，避免将外地病虫害带入本地。

(3)园林绿地苗木　园林绿地建设初期，苗木栽植密度大，待苗木长大后需进行间隔性移植，这类苗木称为园林绿地苗木。园林绿地苗木存在根系发育受限、根盘小、须根少、枝条发育不饱满等情况，因此在栽植时应做好相应的准备工作，确保有较高的成活率。

(4)野外和村庄收集苗木　野外和村庄的苗木大部分为实生苗，且主要为大树，这些苗木主根发达但须根少，移栽后易发生枝枯情况，成活率不高，因此移栽前要做好准备工作，制定适当措施提高成活率。

5.核实苗木，做好各项准备

做好种植施工计划后，再次核对苗木的种类、规格、数量等基本情况。如有不适合当地栽植的树种，应及时与甲方和设计人员沟通，尽早进行调整；调查当地苗源，对当地没有苗源的树种，应该提前制定采购预案，确保不延误工程进度；根据具体树种发芽的早晚、生根的难易程度，确定栽植苗木的批次和人力安排，春季施工时，发芽早的树种先栽，发芽晚的树种后栽，生根困难的树种可推迟到秋末冬初栽；根据苗木栽植任务的具体情况，完善施工组织管理，并针对其中的技术难点和特殊的技术环节，对栽植人员进行必要的培训，为提高栽植质量做好技术准备。

此外，根据苗木的规格和数量，初步估算工程规模，及时准备好栽植工具及材料，如挖掘种植穴用的铁锹、洋镐，修剪根系、树冠的手剪、手锯、高枝剪，种植穴换土用的小推车、筛，树木定植时夯实用的冲棍，设埋树桩用的桩、锤，栽后及时浇水用的水管、水车，吊装树木的车辆、设备，包裹树体以防蒸腾或损伤用的草绳、木片、裹树布，支撑乔木、大灌木直立不倒的支撑杆及配材，以及栽植用土、种植穴底肥、生根液、伤口愈合剂、抗蒸腾剂等材料，保证迅速有效地完成树木栽植计划。

(三)土地的准备

土地的准备包括地形准备和土壤准备两部分。

1. 地形准备

根据设计图和施工图进行栽植现场的地形处理，为栽植工作做好准备，以免苗木进场后因地形处理未完成而耽误栽植时期。在地形准备的同时，考察各区域的给排水是否合理，特别是对排水不畅易出现滞涝的区域，结合地形准备及时进行调整。对隐蔽的地下建筑垃圾及时进行清理，必要时进行客土回填。

2. 土壤准备

土壤是树木生长的第一要素，良好的土壤结构和土壤肥力、合适的土壤酸碱度是树木生长所必需的条件。苗木定植前应结合地形处理、杂物清除等工作，对土壤进行深翻、曝晒、打碎土块，同时施一遍有机肥，必要时施杀虫杀菌剂。实际施工过程中，很多绿化用地存在土壤不合格的问题，如建设后的建筑垃圾、堆灰场残迹等没有清理彻底或被表土覆盖隐蔽，荒山荒地或坚实的贫瘠土壤、板结严重的黏重土壤、盐分高的碱性土壤、石灰质重砾土壤、工矿污染地等土壤条件都不适合树木成长，或者树木根本无法成活。所以，苗木定植前的土壤准备工作必不可少。采用彻底清理土壤中的垃圾杂物、添加有机肥或微肥改良土壤、更换土壤等措施，改善土壤条件，以达到树木栽植的要求。如果施工场地属于盐碱化程度高的地区，不但要考虑排盐洗盐工程的措施，栽植穴内的土壤也要进行改良。如果有条件，可以在栽植之前对土壤进行测试分析，明确栽植地点的土壤特性是否符合栽植树木的要求，是否要采用适当的改良措施。园林树木生长必需的最低土层厚度见表 2-1。

表 2-1　园林树木生长必需的最低土层厚度　　cm

植被类型	小灌木	大灌木	浅根性乔木	深根性乔木
土层厚度	45	60	90	150

二、园林树木栽植程序

树木栽植施工的一般程序为定点放线—挖种植穴—修剪—起苗—换土或施肥—装苗、运苗、卸苗、散苗、(假植)—复剪—种植—立支柱—筑土堰—浇水—封堰—树池覆盖。

树木栽植流程的关键节点操作
（张振华提供）

(一)定点放线

在栽植现场，依据施工图通过测量确定出苗木的栽植位置和相应株行距即为定点放线。为确保栽植后的景观效果，定点放线要有一定的依据。一般采用施工现场的永久性固定物，如建筑的拐角处、道路的路沿、桥梁的柱子、电线杆等作为定点放线的基准点，也可以用测定标高的水准基点和测定平面位置的导线点。

一般以十字线标记栽植中心，以特定大小的圆圈标记栽植穴的规格。施工图纸上无精确定植点的树木，特别是树丛、树群，可先画出栽植范围，再根据设计意图、树体规格和场地现状等综合因素确定具体定植位置。一般情况下，以树木长大后植株间互不干扰、又能完美表达设计景观效果为原则。定点放线时要注意两个细节，一是放线要定位准确，规则式栽植可通过皮尺在控制线上准确定点，自然式栽植参照网格线准确把握前后左右的距离；二是放线不仅要示意栽树的中心位置，同时要标记栽植穴的大小，这样才能把控种植穴的质量。具体种植方式的定点放线做法：

1.独植乔木栽植点放线

放线时首先选一些已知基线或基点为依据，如果在范围较小且有固定标志物的场地，可以用交会法或支距法确定独植树中心位置，并撒白灰标示、画圈标示或钉上木桩，写明树种、挖穴规格。交会法是指由 2 个地物或建筑平面边上的 2 个点的位置，分别到种植点的距离以直线交会来定出种植点。支距法是一种非常简单易行的方法，就是测出树木栽植点到道路中心线或到道牙的垂直距离。

2.丛植乔木栽植点放线

根据树木配置的疏密程度，先在设计图上一定区域范围内画出等距方格，再按一定比例，测出现场相应地域范围，并标示范围线圈，在围线圈内画出等距方格，作为控制点和线，然后在设计图上量出种植点到方格纵横坐标距离，按比例放大到地面就可以定出丛植树的各点位置，钉上木桩或画圈标明。这种方法称为网格法，适用于地势平坦的较大范围内的定点放线，是一种比较粗放的放线方法。如对种植点精准度要求较高，可用平板仪或水准仪、全站仪等进行定点放线。

3.行道树栽植点放线

在已有明确标志物的情况下，通常采用支距法进行行道树定点。行道树可按设计断面和中心线定点放线，道路已铺成以道牙为依据定出行位；道路未铺好、没有道牙的先找出准确的道路中心线，以道路中心线作为定点依据定出行位，然后按设计确定株距并进行标示。为有利于栽植行保持笔直，可每隔 10 株钉一木桩作为行位控制标记，再用白灰点标出单株位置。若道路、栽植树或道路交叉口为一弧线，放线时应以路牙或中心线为基准在实地画弧，在弧线上按株距定点，并做出标示。

由于道路绿化与市政、交通、沿途单位等关系密切，标示时还应注意树木与邻近建筑物、配电箱、路灯、人行道道沿等的适宜水平距离；如遇地下管线、地面障碍物时，应找设计人员和有关部门协商解决(表 2-2)。

表 2-2 树木距地下管线或其他障碍物外缘最小水平距离 m

名称	新植乔木	现状乔木	灌木或绿篱
电力电缆	1.50	3.50	0.50
通信电缆	1.50	3.50	0.50
给水管	1.50	2.00	—
排水管	1.50	3.00	—
排水盲沟	1.00	3.00	—
消防龙头	2.00	2.00	1.20
煤气管道(低中压)	3.00	1.00	—
热力管	2.00	5.00	2.00
测量水准点	2.00	2.00	1.00
地上杆柱	2.00	2.0	—

续表 2-2

名称	新植乔木	现状乔木	灌木或绿篱
挡土墙	1.00	3.00	0.50
楼房	5.00	5.00	1.50
平房	2.00	5.00	—
围墙(高度小于 2 m)	2.00	0.75	—
排水明沟	1.00	1.00	0.50

注:乔木与地下管线的距离是指乔木树干基部的外缘与管线外缘的净距离,灌木或绿篱与地下管线的距离是指地表处分蘖枝干中最外的枝干基部的外缘与管线外缘的净距离。

在定点时遇到下列情况也要留出适当距离(数据仅供参考)。

(1)遇道路急转弯时,在弯的内侧应留出 50 m 范围不栽树,以免妨碍行人视线。

(2)交叉路口各边 30 m 内不栽树,避免树冠遮挡信号灯。

(3)公路与铁路交叉口 50 m 内不栽树。

(4)道路与高压电线交叉 15 m 内不栽树。

(5)桥梁两侧 8 m 内不栽树。

(6)如遇交通标志牌、涵洞、控制井、电线杆、消火栓、下水口等障碍物,定点都应留出适当距离(表 2-3),并尽量注意左右对称。

表 2-3　树木与建筑物及其他障碍物的适宜距离

建筑物或障碍物名称	适宜距离/m	
	至乔木中心	至灌木中心
有窗建筑物外墙	3～5	1.5～2.0
无窗建筑物外墙	2～3	1.5～2.0
围墙	0.75～1.00	1.0～1.5
陡坡	1	0.5
人行道边缘	0.5～1.0	1.0～1.5
灯柱电线杆(不包括高压线)	2～3	0.5～1.0
冷却池外缘	1.5～2.0	1.0～1.5
冷却塔	其高的 1.5 倍	
体育场用地	3	3
排水明沟边缘	0.5～1.0	0.5～1.0
厂内铁路边缘	4	2
望亭	3	2～3
测量水准点	2～3	1～2
人防地下出水口	2～3	2～3
架空管道	1.0～1.5	
一般铁路中心线	3	4

4.绿篱、色块、灌丛、地被种植定点放线

先按设计图指定位置在地面画出种植沟挖掘线。若绿篱位于路边、墙体边,则在靠近道牙、建筑物一侧标出边线,向外测出设计宽度,标示另一面挖掘线。如是色带或片状不规则栽植则可用网格法进行放线,规划出栽植范围。

5.花坛种植的定点放线

花坛的放线是根据设计的形状(几何图形)和比例,运用几何知识分别确定轴心点、轴心线、圆心、半径、弧长、弦长等要素,用常规放线工具将其测放在施工现场,然后用白灰线圈出范围。

6.堆山、地形种植的定点放线

如遇堆山、做地形进行种植时,可用标杆立于山形平面位置,勾出山体轮廓线,确定山形变化识别点。在此基础上用水准仪把已知水准点的高程标在标杆上,作为堆山种植时掌握高度的依据。山体复杂时可分层进行。堆完第一层后依同法测设第二层各点标高,依次进行至坡顶。其坡度可用坡度样板来控制。在复杂地形测放时应及时复查标高,避免出现差错而返工。

(二)挖种植穴

乔木类和有独立主干的大灌木类树木的栽植点位置确定后,提前开挖种植穴为好。特别是春植计划,若能提前到秋冬季安排挖穴,有利于基肥的分解和栽植土的分化,可有效提高栽植成活率。

1.确定种植穴的规格

根据拟栽植树木根系特点(如土球大小)、土壤情况来决定种植穴的规格。种植穴的平面形状没有硬性规定,多以圆形、方形为主,以便于操作为准,可根据挖掘设备的具体情况灵活掌握。种植穴应有足够的空间以容纳全部的根系并使之舒展开(图 2-1),避免栽植过深与过浅,阻碍树木根系生长。

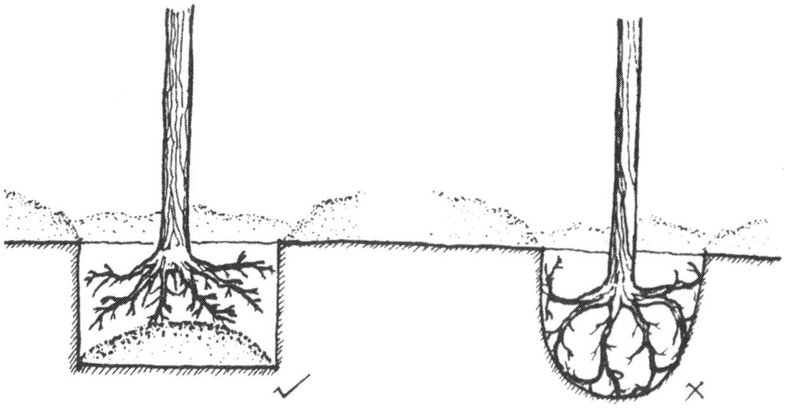

A　　B

图 2-1　种植穴形与栽植树根系关系

A.正确的种植穴　B.不正确的种植穴

种植穴的大小和深浅还应结合树木规格(表 2-4,表 2-5,表 2-6)、土层厚薄、坡度大小、地下水位高低、土壤质地及土壤墒情而定。种植穴的直径与深度一般比规定根系的幅度与深度

(或土球)加宽 40～100 cm,加深 20～40 cm,这样能保证所栽植苗木根系充分舒展,栽植踩实时不会使根系劈裂、卷曲或上翘导致不舒展而影响树木根系生长。如种植胸径 6 cm 的乔木,土质较好,可挖直径约 80 cm、深约 60 cm 的种植穴。在缺水的沙土地区,大种植穴不利于保水,宜采用小树穴栽植;黏重土壤的透水性较差,大种植穴易造成根部积水,除非有条件加挖引水沟,一般也以小种植穴栽植。竹类种植穴的大小,应比母竹根蔸略大,比竹鞭稍长,种植穴一般为长方形,长边以竹鞭长为依据,有利于竹鞭伸展,栽植时比原根蔸深 5～10 cm;坡地栽植应按等高线水平挖穴。

表 2-4　常绿乔木类种植穴规格　cm

树高	土球直径	种植穴深度	种植穴直径
150	40～50	50～60	80～90
150～250	70～80	80～90	100～110
250～400	80～100	90～110	120～130
400 以上	140 以上	120 以上	180 以上

表 2-5　落叶乔木种植穴规格　cm

胸径	种植穴深度	种植穴直径	胸径	种植穴深度	种植穴直径
2～3	30～40	40～60	5～6	60～70	80～90
3～4	40～50	60～70	6～8	70～80	90～100
4～5	50～60	70～80	8～10	80～90	100～110

表 2-6　花灌木类种植穴规格　cm

冠径	种植穴深度	种植穴直径
200	70～90	90～110
100	60～70	70～90

2.种植穴的挖掘

挖掘种植穴时,以规定的穴径画圆,沿圆边向下挖掘,把表土与底土分开堆放,并不断修直穴壁达规定深度,使穴保持上口沿与底边垂直,上口与下口应大小保持一致(图 2-2A),切忌挖成上大下小的锥形或锅底形(图 2-2B),造成根系扩展受阻。对于胸径 16 cm 以上的大树,为解决因浇水不当导致积水的问题,种植穴可挖成四周低中间高的特殊形状,保证多余的水在土球以下,避免土球周围积水,增加透气性。挖掘过程中如遇坚实土应加大穴径,并挖松穴底;如遇建筑垃圾特别是大块的混凝土或石灰等,应给以清除,情况严重的应过筛或全部换土。在黏重土上和建筑道路附近挖穴,可挖成下部略宽大的梯形穴,否则,根系发育受阻,生长不良。种植穴规格确定后尽可能提前进行开挖,特别是春植计划,若能提前到秋冬季安排挖穴,有利于基肥的分解和栽植土的风化,可以有效提高栽植成活率。

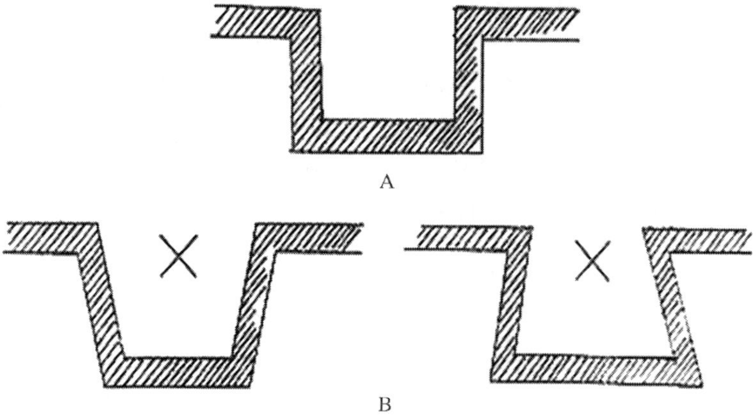

图 2-2　种植穴纵剖图

A.正确的种植穴　B.不正确的种植穴

（三）起苗

起苗是园林树木栽植过程中很重要的环节，也是影响成活率的首要因素，必须认真对待。起苗的质量受多方面的因素制约，苗木的质量与苗木的生长状况、操作技术、土壤湿度、工具、包装材料以及认真负责的态度等有直接关系。一般来讲，起苗应尽量选择无风多云天气，防止太阳曝晒。起出的裸根苗木要及时覆盖或给根系蘸泥浆，减少苗木失水；同时，挖掘苗木时应尽可能多地保护根系，特别是较小的侧根与较细的须根，这类根系的吸收能力最强，其数目的明显减少，会造成栽植后树木生长严重受阻，降低树木恢复的速度。粗根用手锯锯断，断面要平滑，不劈裂，断面达 2 cm 以上要进行药物处理，同时适度修剪地上部分枝叶，以减少水分损失。因此，在起（掘）苗前应做好相关准备工作，严格按照操作技术规程认真操作，在起（掘）苗后对根系和树冠部分做适当的处理和保护，可以显著提高移植苗木的成活率。

1.起苗前的准备工作

（1）号苗　按照设计要求到现场选择合适的苗木，并做出标记，称为“号苗”。所选数量应略多于实际需求量，以便补充栽植时淘汰损坏的苗木。

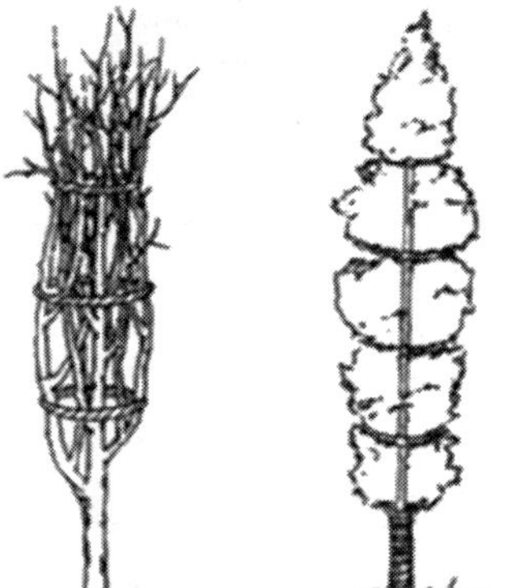

图 2-3　树木的绑扎（拢冠）

（2）拢冠　对枝条分布较低的常绿针叶树、冠丛较大的灌木及带刺或枝叶扎手的灌木，应先用草绳和草席将树冠适当包扎和捆拢，以便操作（图 2-3）。

（3）浇水和排湿　为了方便挖掘和少伤根系，土壤过干应提前几天对苗木根部进行灌水。如果苗地土壤过湿，应提前开沟排水或松土晾晒。对生长地不明的苗木，应选择几株试掘查看，以便采取相应措施。

（4）人力、物力及材料的准备　起苗前应组织好人力物力，准备好合适的锋利工具、包装材料和运输车辆。起苗分为带土球起苗和裸根起苗两种，裸根起苗需要的工具和材料少，方法简单，成本低，但有的树种采用裸根起苗栽植后缓苗较慢或不成活。带土球起苗需要的工具和材料多，技术性强，成本较高。所以，能用裸根起苗的树木尽量不采用带土球起苗，除非是用裸根起苗栽植难以成活的树种和特殊需要反季节栽植树种。一般而言，常绿树均采用带土球起苗，尤其是在北方地区。

2.起苗方法

(1)裸根起苗　大多数落叶阔叶树在休眠期进行移植时，一般采用裸根起苗。起苗时，依苗木的大小，保留好苗木根系，一般根系的半径为苗木胸径的4～6倍，挖掘深度较根系主要分布区稍深一些，尽量多保留根系，特别是具有吸收功能的根系。大多数落叶树种和容易成活的常绿小苗一般可采用此法。挖掘方法：先以树干为圆心，以胸径的4～6倍为半径(灌木按株高的1/3为半径定根幅)在树周围画圆，从圆线外侧绕树下挖，垂直下挖至一定深度后再往里掏底，在深挖过程中遇到侧根可以切断，但要尽可能多地保留根系。圆圈内土壤可随挖随移走，不能用铁锹等工具向圆内根系砍掘。适度摇动树干寻找深层粗根的位置，将其切断。需要注意的是如遇到难以切断的粗根，应先把周围的土壤掏空后，用手锯锯断，千万不能强按树干和硬切粗根，造成根系劈裂。根系全部切断后，放倒苗木，轻轻拍打外围土块，对已劈裂的根进行修剪。尽可能多地保存根系的护心土。

质量要求：所带根系规格的大小按照设计规定要求挖掘，遇到过大根系可酌情保留；苗木根系丰满，不劈裂，对于病伤劈裂及过长的主侧根适当修剪(图2-4)；苗木挖掘完成后及时运走，如不能及时运走，应在原穴用湿土将根覆盖好，短期假植；如较长时间不能运走，进行集中假植。挖掘出来的土不要乱扔，以便用于填平土坑。

图2-4　裸根苗的修剪处理(拢冠)

3.土球起苗

一般常绿树、名贵树、花灌木和胸径超过10 cm的落叶树，应带土球起苗。通常情况下，土球直径为树干胸径的8～10倍，土球纵径为横径的2/3左右。具体土球的规格还取决于土壤的类型、根系的分布等因素。挖掘方法：起(掘)苗最开始应先铲除树干周围无根系生长的的表层土壤，以不伤及表面根系为准。然后按半径绕树干基部画圆并在圆外侧垂直向下挖一条操作沟，沟深应与土球高度相等，遇到细根用铁锹铲断，遇到较粗的根则用手锯锯断。一边挖一边用铁锹将土球表面及周边修平，使土球呈苹果形，挖掘到规定深度时向内掏底，最后从土球底部斜向内切断主根，使土球与地底分离。土球内根系伤口要平滑，大切面要消毒防腐。阔叶树土球挖掘的最小规格见表2-7。

土球苗的挖掘与包扎

表2-7　阔叶树土球挖掘的最小规格　cm

离地30 cm处的树干直径	土球直径	土球深度
3.2～3.8	46	36
3.8～4.5	51	38
4.5～5.1	56	41

续表 2-7 cm

离地 30 cm 处的树干直径	土球直径	土球深度
5.1～6.4	61	43
6.4～7.6	71	46
7.6～8.9	84	51
8.9～10.2	97	58
10.2～11.4	110	66
11.4～12.7	122	76
12.7～14.0	135	79
14.0～15.2	147	84
15.2～17.8	165	89

图 2-5　橘子式土球包扎方法(拢冠)

挖好的土球根据树体的大小、根系分布情况、土壤质地及运输距离等来确定是否需要包扎及包扎方法，土球较小(直径小于 30 cm)时采用简易包扎法，即将包扎材料(编织布、塑料薄膜、草片等)摊平，将土球放上，将包扎材料由底部向上翻包，然后在树干基部扎牢。如果土球较大，应采用大树移植工程中土球的包扎方法(图 2-5)，具体操作方法请参见大树移植技术相关内容。

如果是黏性土壤，土球紧实，运输距离较近，可以不包扎或仅进行简易包扎；也可用草绳沿土球径向绕几道箍，再在土球中部横向扎一道箍，使径向草绳充分固定(图 2-6，图 2-7)。

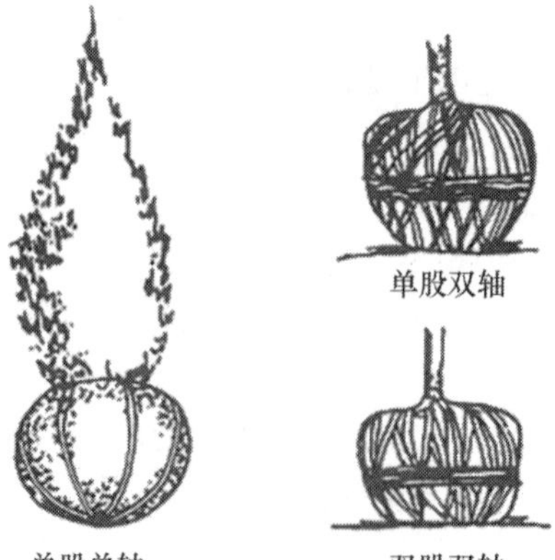

图 2-6　土球简易绑扎方法

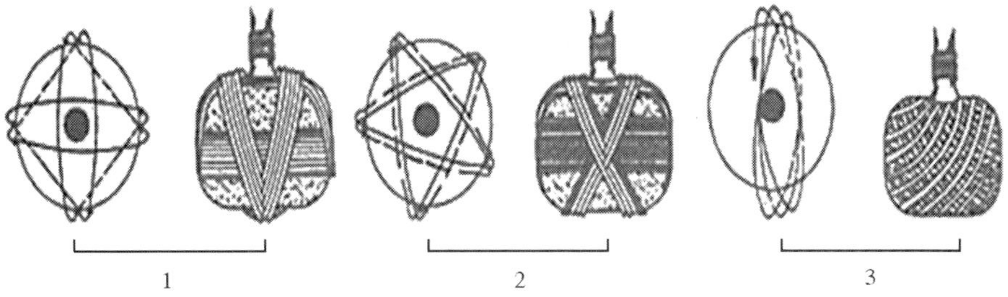

图 2-7　土球包扎方法

1. 井字包扎法　2. 五星包扎法　3. 橘子包扎法

(四)运苗与假植

1. 运苗

树木挖好后,应贯彻"随挖、随运、随栽"的原则,尽量在最短时间内运至目的地进行栽植。运苗过程中应采取一定的措施进行保护,车厢上与底部垫上草袋、蒲包等物品以防损伤根皮、枝干,及时洒水保证苗木根部湿润,盖上帆布防止枝叶干枯。一次性购进苗木量比较多时,在装车前须再次核对购买苗木的种类与规格,检查苗木的质量,将已经损伤的不能用的苗木挑出淘汰,并补足苗木的数量。

(1)裸根苗运输注意事项　乔木裸根苗装车应根系向前,树梢向后,顺序码放,不要压得太紧,做到上不超高(从地面车轮到苗最高处不超过 4 m),梢不拖地(必要时可垫蒲包或用绳吊拢),根部应用湿草、蒲布、苫布等盖严,并用绳捆好。远距离运输裸根苗时,常把苗木根部浸入泥浆中浸蘸后用蒲包或草席等物包裹,再用苫布盖好根部以防失水。起苗时根系打浆是常用的保护方式之一,可提高 20%以上移栽成活率。浆水配比为:过磷酸钙 1 kg+细黄土 7.5 kg+水 40 kg。

(2)带土球苗运输注意事项　带土球苗装运时,苗高 2 m 以下苗木可立放;苗高 2 m 以上的苗木应使土球在前,树梢向后,斜放或平放,并用木架或垫布将树冠架稳、固定。土球直径小于 20 cm 的,可码放 2～3 层,并装紧,防止开车时发生晃动;土球直径大于 20 cm 者,只许放一层。运苗时,土球上不许站人和压放重物。

(3)苗木运输注意事项　苗木运输途中,还要由专人跟车押运,随时注意苫布是否被风吹开。短途运苗,中途最好不停留。长途运苗,裸根苗的根系易被吹干,应随时洒水,土球也要保持湿润状态;中途休息时将车停在荫凉处;开车要稳,特别是路面高低不平的地段,不要开得太快。

(4)苗木卸车注意事项　苗木运到应及时卸车,要求轻拿轻放,对裸根苗不应从中间抽取,更不许整车推下。经长途运输的裸根苗木,根系较干的,可以浸水 1～2 d。带土球小苗应抱球轻放,不应提拿树干。较大土球苗,可用长而厚的木板斜搭于车厢,将土球移到板上,顺势慢滑卸下,不能滚卸以免散球,更大的土球苗需要用吊车装卸。

2. 假植

苗木运到种植现场后,不能及时播种或未种完的应及时假植。

(1)裸根苗假植　临时放置时,可用苫布或湿草袋盖好即可。较长时间假植时,应选地势较高但不影响施工的附近地点,挖宽 1.5～2.0 m、深 30～50 cm,长度视需要而定的假植沟,按树种或品种分别集中假植,并做好标记。土壤过干时应适量浇水,但也不可过湿以免影响日后的操作。干旱多风地区应在栽植地附近顺应风向挖浅沟,将苗树梢稍斜放置,挖土埋根,依次一层层假植好。

(2)带土球苗假植 1～2 d能栽完的不必假植;1～2 d内栽不完的,应集中存放,四周培土,树冠用绳拢好。如囤放时间过长,土球间隙应加土培实。假植期间应对常绿树进行叶面喷水。

(五)移植树木的修剪

园林树木定植前需要在不影响树形美观的前提下,对树冠进行适当的修剪,以减少树体水分的散失,维持树体水分的平衡,提高树木的成活率。

1.移植树木修剪的目的

(1)维持水分代谢的平衡 移植树木不可避免地要损伤一些树根,为使新植苗木迅速成活和恢复生长,必须对地上部分适当剪去一些枝叶,以减少水分蒸腾,保持枝叶和根系的水分代谢平衡,提高移植成活率。

(2)培养树形 移植修剪还要注意培养树形,使树木长成预想的形态,以满足设计要求。

(3)减少伤害 剪除带病虫的枝条,可以减少病虫的传播和危害。同时,剪去一部分枝条可减轻树冠重量,对防止树木倒伏也有一定作用。这对春季多风沙地区的新植树木尤为重要。

2.移植树木修剪的原则

树木的修剪,一般应遵循原树的基本特点,不违反其自然生长的规律。根据修剪强度的差异,可将树木移植分为全株移植、截枝移植和截干移植(参考项目3)。

(1)落叶乔木移植时的修剪整枝 对树形高大且具明显主干的树种(银杏、水杉、池杉等)进行适当疏枝,疏枝应从基部与树干齐平、不留桩。注意保护顶芽,保持原有树形;可根据树种的萌芽力、发枝力对保留的主侧枝或其延长枝轻短截,剪去枝条的1/5～1/3。对无明显主干、枝条茂密的落叶乔木(槭树类等),干茎10 cm以上的可疏枝保持原树形;干茎5～10 cm的可通过修剪,控制与主枝竞争的侧枝,使主枝直立生长,也可选留主干上几个主枝,保持适宜树形进行短截。对生长势较强、容易萌发枝条的树种(悬铃木、国槐、柳树等),可以进行截干,或者减去1/2树冠,这样既可减轻根系负担、维持树体的水分平衡,也可减弱树冠招风,增强苗木定植后的稳定性。枝叶集生树干顶部的苗木,可不修剪。

落叶乔木非种植季节种植时,必须提前采取疏枝、环状断根或在适宜季节起苗用容器假植等处理措施。苗木应进行强修剪,剪除部分侧枝,保留的侧枝也应短截,仅保留原树冠的1/3,修剪时剪口应平滑,并及时涂抹防腐剂,以防水分蒸发、剪口冻伤及病虫危害。同时必须加大土球体积,摘除一部分叶片,但不得伤害幼芽。

(2)花灌木移植时的修剪整枝 对萌枝力强的花灌木,主要采用短截修剪;对根蘖萌发力强的灌木,常以疏剪老枝为主,短截为辅,疏枝修剪应掌握外密内稀的原则,以利于通风透光,但丁香只能疏枝不能短截;带土球及上年花芽分化已完成的开花灌木,不宜修剪,只剪除枯枝、病虫枝;枝条茂密的大灌木可适当修枝;嫁接的灌木应将接口以下砧木上萌发的枝条疏除;分枝明显、新枝着生花芽的小灌木,应顺其树势适当强剪,促生新枝,更新老枝;用作绿篱的灌木,可在种植后按设计要求整形修剪;攀缘类和藤蔓类苗木可剪除过长部分;攀缘上架苗木可剪除交错枝、横向生长枝。

(3)对常绿树移植时的修剪整枝 常绿阔叶树可以收缩树冠,截去外围的枝条,适当稀疏树冠内部不必要的弱枝,多留强的萌生枝,修剪量可达1/3～3/5。常绿针叶类树不宜多修剪,且只能疏枝、疏侧芽,不能短截和疏顶芽,只剪除病虫枝、枯死枝、过密的轮生枝和下垂枝,修剪量可达1/5～2/5。对易挥发芳香油和树脂的针叶树、香樟等，应在移植前1周进行修剪。对于桧柏类，可用锋利的镰刀削去树体周围的嫩尖，以减少蒸腾，保持造型。

(4)根系的修剪　苗木栽植之前，应对其根系进行适当修剪，主要是将断根、劈裂根、病虫根和卷曲的过长根剪去，以便栽种操作和加速根系功能的恢复。

(六)树木的栽植

种植树木选择阴天而无风的天气为好，晴天宜在11:00前或15:00以后进行比较好。先检查种植穴，土有塌落的种植穴应适当清理。

1.散苗

按设计图要求和穴边木桩标示的树种，将苗木散放在定植穴边的操作称"散苗"。散苗速度与栽苗速度应保持一致，边散边栽，散完栽完，尽量减少树根暴露时间。散苗时要轻拿轻放，不得损坏土球、树根、树皮和枝干。行道树散苗应事先按大小进行分级，使相邻近的苗木规格大体一致，保持栽后大小趋近一致，高度要求相差不超过50 cm，干径差小于1 cm。配苗后还应及时按图核对，检查调整。对于有特殊要求的苗木，应按规定对号入座。

2.准备种植穴

栽植前检查种植穴的挖掘质量，并根据树木的实际根深和根幅情况，检查种植穴大小、深浅是否与树木根深和根幅相适应，种植穴过浅过小要加深扩大，过深要回填土，种植穴深浅的标准以定植后树体根颈部略高于或平于地表面为宜，切忌因栽植太深而导致根颈部被埋入土中，影响栽植成活和后期树体的正常生长发育。对种植穴做适当填挖调整后，在穴底均匀施一层有机肥，再回填10～20 cm的疏松土壤，踩实，按原生长方向将树木放入种植穴内，同时尽量保证临近苗木的规格基本一致。

3.栽植

根据植物的生长特性、树体的生长发育阶段、树体大小、栽植季节等，园林树木的栽植方法分为裸根栽植和带土球栽植。

(1)裸根栽植　多用于常绿树种的幼苗及大多数落叶树种。裸根栽植的关键是保护好根系的完整性，骨干根不可太长，侧根、须根尽量多带。起苗到栽植期间，尽可能保持根部湿润，防止根系失水干枯。如果发现裸根树木失水过多，应将植株根系放入水中浸泡10～20 h，充分吸水后再进行栽植。忌水湿树种裸根苗栽植之前，应对根系进行适当修剪，将断根、劈裂根、病虫根和卷曲的过长根剪去。栽植时可2～3人一组，2人先回填湿润表层土于穴底，堆成小丘状，1人将苗放入穴中小土丘上并扶正苗木，比试根幅与穴的大小和深浅是否合适，继续调整后，回填土至根系的1/2时，扶苗人向上轻轻提一提苗木，让土粒"筛"入根间，排除空洞，以保证根系自然向下舒展，并与土壤紧密接触，然后有人将回填土踩实(黏土不可重踩，否则通气不良，影响根系正常呼吸)，继续回填土，再踏实，再回填，如此反复2～3次，直至填满种植穴，填土时应先填根层的下面与周围，逐渐由下至上、由外至内压实，不要损伤根系，最后盖上一层土与地面相平，保持填土与苗木原根颈痕相平或略高3～5 cm(灌木应与原根颈痕相平)。如果树体比较小，可1人扶树，2人铲土；如果树体比较大，可用绳索、支杆拉撑，稳固树体。填土时最好用湿润疏松肥沃的细碎土壤，特别是直接与根系接触的土壤，一定要细碎、湿润，不要太干也不要太湿。太干浇水，太湿加干土。切忌大粒干燥土块挤压，会伤根和留下空洞。最后，用剩下的底土在穴外缘筑水堰。对密度较大的丛植地，可按片筑堰。

行列式栽植时，应先栽对齐用的“标杆树”，每一株都要先对齐标杆树再回填土。如果有弯干的苗木，应弯向行内，并与“标杆树”对齐，左右相差不超过树干的一半，保证整齐美观。

(2)带土球栽植　常绿树种及某些裸根栽植难以成活的落叶树种如山核桃、七叶树、玉兰等，应带土球栽植；大树移栽和生长季节栽植，也要带土球进行，以提高树木成活率。雪松、广玉兰等常行露球种植，露球高度为土球竖径的 1/3～1/4。带土球栽植时应先量好种植穴深度和土球高度是否合适，然后回填表土，堆在栽植穴中心呈馒头形，将带土球苗木放入种植穴中，土球略高于地面，将苗木扶正、定位，常绿树应把树形最好的一面朝向主要观赏面。树皮薄、干外露的孤植树，最好保持原来的阴阳面，以免引起日灼，然后小心拆除、剪断土球包装材料，再进行回填土，当回填土达到土球深度的 1/2 时，用木棒将土球外围夯实，注意不要打在土球上。继续回填土，夯实，直至与土球相平，保持回填土与土球面相平或略高 2～3 cm。然后用剩下的底土在穴外缘筑水堰，并立支柱(图 2-8)。

束冠后的桂花土球与种植穴关系、种植前去除包扎物
(张振华提供)

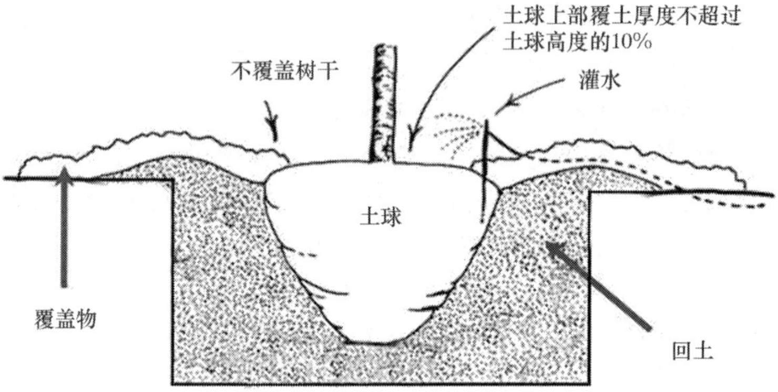

图 2-8　带土球栽植

拆除土球包装时不要推动树干或转动土球，否则会导致土球粉碎。如果包扎材料为草绳或稻草之类易腐烂的土球包扎材料，用量较稀少时不一定要拆除；用量较多时，要剪除一部分，以免其腐烂发热，影响树木根系生长。如果包装物拆除比较困难或拆除后土球会破损，可剪断部分包装物，少量的任其在土壤中腐烂。如果土球破裂，在土填至穴深一半时浇水使土壤进一步沉实，排除空气，待水渗完后继续填实。

(3)群植性小灌木的栽植　绿篱成块状模纹群植时，依据设计要求，画出林缘线和种植面，先沿林缘线进行轮廓线的栽植，然后根据具体群植灌木种类和种植面，按照由内向外的顺序进行退栽；对由不同色彩的植物组成的图案式灌木地块栽植时，宜分区分块种植，一般先栽分界线，再按由中心向外的顺序栽植。如果有地形坡度，沿着由上向下的顺序进行栽植。不论哪种群植性灌木的栽植，都要边栽边踏实，同时保持栽植灌木与地面垂直，不倾斜，栽植深浅合适，一般与原土痕平或略高于地面 5 cm 左右。为保持合理的栽植密度，也可在栽植前按一定的株行距画栽植线，后沿栽植线进行栽植。

树木栽植时，根据不同的栽植地环境、气温状况，采取合理的栽植方法。例如，盐碱化程度高的场地，就要在排盐洗盐工程的基础上，在栽植沟加入适量的有机肥；高寒地区秋季栽植后，要在树干周围壅土堆积并加盖地膜，使根系在冬季处于冻土层下，保证树木根系周围的水分不至结冰，有利于树木对水分的吸收，提高成活率和防止抽条。假山或岩缝间种植，应在种植土中掺入苔藓、泥炭等保湿透气材料。树木栽植时，应注意将树冠丰满完好的一面，朝向主要的观赏方向，如入口处或主行道。若树冠高低不匀，应将低冠面朝向主面，高冠面置于后向，使之有层次感。在行道树等规则式种植时，如树木高矮参差不齐、冠径大小不一，应预先排列种植顺序，形成一定的韵律或节奏，以提高观赏效果。如树木主干弯曲，应将弯曲面与行列方向一致，以作掩饰。对人员集散较多的广场、人行道，树木种植后，种植池应铺设透气护栅。树木定植后应在略大于种植穴直径的周围，筑成高 20～25 cm 的灌水土堰，筑实，不得漏水。模纹种植或带状、片状的群植小灌木，可在外沿筑一圈总围堰，采用漫灌方式浇水。

(七)栽后养护管理

树木栽植后的养护管理包括立支柱、浇水、封堰及其他。

1.立支柱

大规格苗木栽植后、浇水前，应立即立支柱(图 2-9)，以预防浇水后土壤塌陷、树体受力不均而倒伏，尤其在风口或多风地区，会因摇动树根而影响树木成活。一般选用长 1.7～2.0 m，粗 5～6 cm、通直的杉木杆作支撑杆，具体长度视苗高而定，以能支撑树高的 1/3～1/2 处即可。支撑杆应在种植时埋入，也可栽后埋入，要求入土 20～30 cm，但应注意不要打在栽植苗木的根系处或者损坏土球。立支柱的方式大致有单支标杆式、双支扁担式、三支三角式和四支井字式等。支法有立支和斜支，也有用细铅丝缚于树干(外垫裹竹片防缢伤树皮)，拉向三面钉桩的支法。

单柱斜支，应支于下风方向。斜支占地面积大，多用于人流稀少或不影响行人的栽植地。行道树多用立支法。支柱与树体相捆缚处，既要捆紧又要防止日后摇动擦伤干皮。捆缚时树干与支柱间应用草绳隔开或用草绳卷干后再捆。用较小的苗木作行道树时应围以笼栅等予以保护。

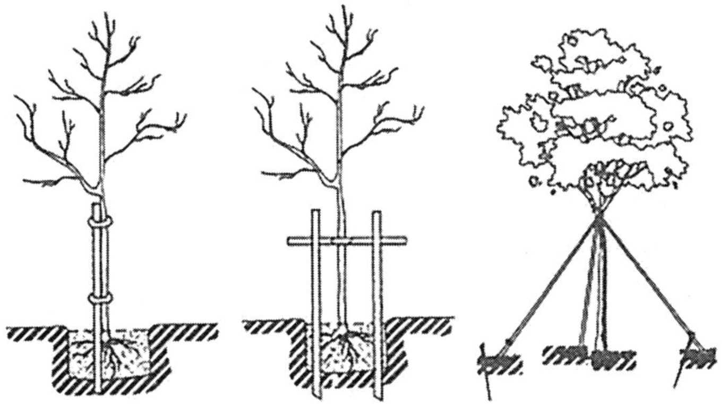

图 2-9　树木设立支架示意图

1.单支标杆式支架　2.双支扁担式支架　3.三支三角式支架

2.浇水

苗木定植后应立即筑水堰浇水，24 h 内应浇第一遍水；干旱或多风地区应加紧连夜浇水。第一遍水一定要浇透，使土壤吸足水分，有助于根系与土壤密切接触，有利于成活。北方干旱地区，在少雨季节栽植苗木时，应间隔数日(3～5 d)连浇 3 遍透水才行。浇水时应防止冲垮水堰，每次浇水渗入后，应将歪斜树苗扶直，并对塌陷处填实土壤。为保墒，最好覆一层细干土(或待表土稍干后可进行中耕)。第三遍水渗入后，可将水堰铲去，将土堆于干基周围，稍高出原地面。北方干旱多风地区，秋植树木干基还应堆成 30 cm 高的土堆，有利于防风、保墒和保护根系。在土壤干燥，灌水困难的地区，为节省水分，可用“水植法”。即在树木入穴填土达一半时，先灌足水，然后填满土，并进行覆盖保墒。树木封堰后应清理现场，做到整洁美观。设专人巡查，防止人畜破坏。对受伤枝条或原修剪不理想的进行复剪。在地势低洼易积水处，每次浇水后即应填平水堰并略高于周围地面，必要时开排水沟，以保证雨天能及时排水。此外，要注意地下水位高度（一般要求 1.5 m 以下），在地下水位较高处，要做网沟排水，严防淹根。结合树冠水分管理，可以悬挂大树营养液，补充树木所需养分，帮助树木更好地恢复长势。

3.栽后复剪

主要对损伤的枝条和栽植前修剪不够理想的部位进行修剪。

4.树干包裹

对于新移植的树木，尤其是树皮薄、嫩、光滑的幼树，应采取包干措施，以防日灼、失水干燥，还可有效减少钻蛀性害虫的危害，同时也可以定期或根据天气情况将包裹材料用水打湿，以达到防止树干失水和给树干保湿的目的。尤其是从荫蔽丛林中移出的树木，在强光照的情况下，树皮极易被灼伤，对树干进行保护性包裹，可有效避免日灼的发生。常选用草绳作为包裹材料，牢固地裹捆在固定的位置上，或从地面开始，一圈一圈互相重叠向上裹绕至第一分枝处（图 2-10）。在多雨季节，由于树皮与包裹材料之间保持过湿状态，容易诱发真菌性溃疡病。在草绳包裹前，树干可涂抹一遍杀菌剂，可有助于减少病菌感染。

图 2-10　栽后立支柱、浇水、裹干

5.树盘覆盖

新移植的常绿树浇过定根水后，可用稻草、树皮、腐叶土或充分腐熟的肥料覆盖树盘，城市街道树池也可以用沙或地被植物覆盖（图 2-11），以提高树木移栽的成活率。因为适当覆盖可以减少地表蒸发，保持和防止土壤温、湿度变化过大，覆盖物的厚度应保持全部覆盖区都看不见土壤。

图 2-11　树盘覆盖树皮、地被植物

6.清理栽植现场

移植树木浇完三遍水后，应将水堰埋平，单株栽植的注意靠近根系基部处稍微高一些，保证在雨季水分能较快地排除；丛植、片状、带状的灌木类围堰按内高外低埋平。

(八)园林树木成活期的养护管理

在园林绿化工程中，植物栽植后需要继续进行养护管理，以确保其成活，1 年后，工程验收合格才交付甲方进行管理，这 1 年的植物养护管理称为成活期的养护管理。近年来，一些甲方单位因为缺乏技术及人力，或者考虑到规格较大的针叶树种是否真正成活要看 2 年后的表现，或者为了在绿化工程达到较为稳定的安全状态后再进行验收、管理，要求乙方的植物养护管理工期延长到 2 年，以确保植物真正完全成活和补栽树木的最终效果。也有要求乙方把植物养护工期延长到 3 年的。不论乙方栽植后的养护管理工期多长，定植后 1 年内是关键的成活期，其中前半年的成活期管理尤为重要。

成活期养护管理的首要任务是确保树木成活并快速进入正常生长状态。由于新栽树木存在水分平衡被打破、根系受损等问题，对栽植地气候条件及土壤环境的适应能力严重降低，所以，尽快恢复树体水分平衡、养分平衡和为地下根系创造适宜的生根环境将是整个管理关键环节和技术难点。俗话说“三分种，七分养”，足以说明成活期养护管理的重要性和对养护技术的严格要求。其中水分管理和环境控制是最为关键的环节。

1.水分管理

园林树木定植后，水分管理是保证栽植成活率的关键。新移植树木，根系吸水功能减弱，日常养护管理只要保持根际土壤适当湿润即可。土壤含水量低，不利于促发新根和植株需水量，土壤含水量过大，会影响土壤的透气性，进而抑制根系的呼吸，对发根不利，严重的还会导致烂根。为此，我们要根据土壤质地、天气情况、检查分析，严格控制浇水间隔和单次浇水量，在遵循“见干见湿”浇水原则的基础上谨慎浇水。

为解决新植树木根系吸水功能尚未完全恢复，而地上部枝叶水分蒸腾量大的矛盾，在适量进行根系水分补给的同时，还应采取树干补湿、叶面补湿的喷水措施。5、6 月份气温升高，树体水分蒸腾加剧，必须充分满足植株对水分的需要。7、8 月份天气炎热干燥，根系吸收的水分通过叶面的气孔、树皮的皮孔不断向空气中蒸腾，必须及时对树干、树冠喷水保湿，喷水要求细而均匀，喷及树冠各部位和周围空间，为树体提供湿润的小气候环境。去冠移植的树体，在抽枝发叶后，仍需喷水保湿。包裹草绳的枝干也应注意喷水保湿。可采用高大水枪喷雾，喷雾要细、次数可多、水量要小，以免滞留土壤、造成根际积水。或将供水管安装在树冠上方，根据树冠大小安装一个或若干个细孔喷头进行喷雾，效果较好，但需一定的成本费用。

抗蒸腾防护剂的应用，可有效缓解夏季栽植时的树体失水和叶片灼伤。树木枝叶喷施这种高分子化合物后，表面会形成一层具有透气性的可降解薄膜，在一定程度上降低枝叶的蒸腾速度，减少树体的水分散失，有效地提高树木移栽成活率。据北京市在悬铃木、雪松、黄杨、油松等树种上的应用，树体复壮时间明显加快，效果显著。

2.肥料补充

施肥可促进新植树木地下部根系的生长恢复和地上部枝叶的萌发生长，合理追施一些有机肥料，更是改良土壤结构、提高土壤有机质含量、增进土壤肥力的最有效措施。新植树的基肥补给，应在树体确定成活后进行，一次用量不可太多，以免烧伤新根。施用的有机肥料必须充分腐熟，并用水稀释后才可施用。树木移植初期，根系处于恢复生长阶段、吸肥能力低，宜采用根外追肥的方法，可以给枝干吊打营养液，日前，此法比较普遍。也可采用叶面营养补给的方法，北方地区干旱少雨，喷施叶面肥切记遵循“薄肥勤施”原则，一般浓度选择 0.1%～0.3%，选早晚或阴天进行叶面喷洒，如遇降雨应重喷一次。肥料可以选择易吸收的有机液肥，也可以喷施尿素、硫酸铵、磷酸二氢钾等速效性无机肥，一般半个月左右喷一次，在生长季节可快速促进枝叶生长，提高光合作用。

3.护芽除萌

新植树木在恢复生长过程中，特别是在进行过强度较大的修剪后，树干、枝上会萌发许多嫩幼新枝。新芽萌发，是新植树生理活动趋于正常的标志，也是树木成活的希望。更重要的是，树体地上部分的萌发，能促进根系的生长。因此，对新植树、特别是对移植时进行过重度修剪的树体所萌发的芽要加以保护，让其抽枝发叶，待树体恢复生长 2～3 年后再行修剪整形。同时，在树体萌芽后，要特别加强喷水、遮荫、防病治虫等养护工作，保证嫩芽与嫩梢的正常生长。但大量的萌发枝不但消耗大量养分，而且会干扰树形；枝条密生，往往造成树冠郁闭、内部通风透光不良。为使树体生长健壮并符合景观设计要求，应随时疏除多余的萌蘖枝，着重培养骨干枝、辅养枝。

4.合理修剪

树木栽植过程中，经过挖掘、搬运程序时，树体常会受到损伤，以致部分枝芽不能正常萌发生长，枯死部分应及时剪除，以减少病虫滋生场所。徒长枝组织发育不充实；内膛枝细弱老化，发育不良，抗病虫能力差，所以，应及时去除树体在生长期形成的徒长枝、萌蘖枝，以免竞争养分，影响树冠发育。但移植树木又需要大量的叶片进行光合作用，以满足各器官营养消耗和根系对光合产物的合成、转化需求，实际养护管理时应根据具体情况适当保留一定时期的辅养枝非常重要，要做到科学、合理修剪，才能改善树体通风透光条件，使树体生长健壮，减少病虫危害。

5.伤口处理

新栽植树木因修剪及其他操作留下的较大伤口，需用锋利的刀刃将伤口周围的皮层和木质部削平，再用石硫合剂、1%～2%硫酸铜等进行消毒处理，然后涂抹保护剂或专门的伤口愈合剂，避免伤口腐烂。

6.越冬保护

新移植树木由于生长受限，树体积累营养少，抗逆能力下降，易受低温危害，应在栽植 1～3 年内每年入冬寒潮来临前，采用防寒保温措施，尤其是常绿阔叶树种在北方地区栽植时必须进行防冻御寒工作，如香樟、桂花、女贞等，一些耐寒能力差的落叶树种如玉兰、梧桐等也需要在移植的前 3 年进行越冬保护。常采用草绳裹干、裹树布裹干、塑料膜结合草绳裹干、根基覆土、树干涂白、地面覆盖、架设风障等方法抗寒。此外，切记入秋后控制氮肥，增施磷、钾肥，以避免树木生长不能及时停止，枝条木质化程度不高，降低树木的越冬能力。

第二课堂活动

以小组为单位，录制园林树木栽植施工过程的小视频，结合“凡事预则立，不预则废”“人挪活、树挪死”，分析树木栽植深度、栽植穴大小、“三随”栽植环节和树木栽植成活率的关系。

项目拓展

屋顶花园树木栽植与植物养护

随着城市化进程的逐步发展和生态环境要求的提升，城市的建筑用地和绿化用地的矛盾日益加剧。为了提高城市的绿化覆盖率，改善生态环境，美化城市景观，建设屋顶花园是最有效的途径之一，也是世界各国的园林工作者都在努力开拓的绿化空间。

屋顶花园就是在平屋顶或平台上建造的人工花园，是美化建筑物顶层的绿化形式。可以进行屋顶花园构建的载体主要有各类建筑物、构筑物、城围、桥梁等的顶层、露台、天台、阳台或大型人工假山山体等。这是一种不占用土地的空中高科技绿化形式，它与露地造园和植物种植的最大区别在于屋顶绿化把露地造园和种植植物等园林工程搬到建筑物或构筑物之上。

(一)屋顶花园的作用

1.改善城市生态环境

屋顶栽植的植物和地面栽植的植物一样，具有吸收二氧化碳、释放氧气、吸收有毒气体、阻滞尘埃的作用。此外，屋顶植物能在城市空间中多层次地净化空气，起到地面植物达不到的效果。屋顶花园充分利用空间来补充建筑物占有的绿地面积，增加城市绿化率，改善城市生态环境，符合当今可持续发展关于将绿色融入建筑空间、建造生态型建筑的观点。联合国环境署的研究表明，如果一个城市的屋顶绿化率达70%以上，城市上空二氧化碳的含量将下降80%，“热岛效应”会基本消失。

2.丰富城市景观

屋顶花园把大自然的绿色景观移到建筑物上，用植物的形态美、色彩美、芳香美、韵律美柔化生硬的建筑物外形轮廓，开拓绿色空间。各种植物的季相美更赋予建筑物动态的时空变化，丰富和美化了城市风貌。目前，屋顶绿化已成为高水平绿化的标志之一。

3.改善建筑物节能效应

屋顶花园构成屋面的隔离层，夏天可使屋面免受阳光直晒、烘烤，可以显著降低室内温度；冬季可发挥较好的隔热层作用，降低屋面热量的散失，外界低温不易侵入，起到一定的保温效果，节省顶层降温与采暖的能源消耗。北京市园林科学研究所研究结果表明：在夏季，北京地区绿化屋顶可保持室内温度比未绿化室温平均低1.3～1.9 ℃；在冬季，绿化屋顶可以使室内温度保持比未绿化室温平均高1.0～1.1 ℃。

4.增加城市绿化面积

截至2021年，我国城市建成区绿化覆盖率42.5%，我国城市公园覆盖率，南方城市整体优于北方，河南人均公园面积 1.86 m^2/人。屋顶花园可以提升城市公园覆盖率，使城市绿色生态空间更加完善，提高公园绿地 500 m 服务半径覆盖率，提高人均公园绿地面积；还可以成为一个缓解生活压力、消除工作疲劳、亲近大自然的空间，进而提升市民的绿色获得感、幸福感。

(二)屋顶花园的特点

屋顶花园在不利用土地的情况下进行植物的种植，景观的构建，从而改善城市的生态环境，主要特点有：

1.建筑结构的承载力有限

屋顶花园要在能够维持建筑屋面正常使用的基础上建立，首先要考虑由于花园的建立而引起的静载和动载的增加，其次要考虑防水、排水，人员安全以及屋顶四周防护栏杆的安全等，最后，要仔细考虑园林小品、植物、水、栽培基质的使用。所以，建筑结构的承载力直接关系着屋顶花园的景观层次和丰富度。

2.屋顶自然环境恶劣

屋顶面积形状多为工整的几何形，四周一般没有或极少遮挡，空旷开朗，风大，阳光直射强烈、光照时间长、夏季温度较高，冬季寒冷，昼夜温差变化大，这些环境条件都不利于植物的生长。

3.土壤条件差

种植层是人工堆积的，考虑到承重，栽植土层薄，营养物质少。

(三)屋顶花园栽植的树种选择

屋顶花园的特殊生境对树种的选择有严格的限制，一般要求树体具抵抗极端气候的能力，必须是浅根、喜光、抗旱、耐寒、耐热、耐贫瘠、抗风、不易倒伏、生命力旺盛、植株矮小的种类。因此要选用须根较多、水平根系发达、适应土层浅薄的乔灌木、矮化乔灌木及容易生长、景观效果好的地被植物和花卉，优先选用品种优良、适合本地生长的植物。距离地面越高的屋顶，树种选择受限越多。

植物类型上应以草坪、花卉为主，可以穿插点缀一些花灌木小乔木。平台屋顶绿化一般使用植物类型的数量变化顺序应是草坪、花卉、地被植物、灌木、藤本、乔木。

常用的乔木有罗汉松、龙爪槐、紫薇、女贞等，常用的灌木有红叶李、桂花、山茶、紫荆、含笑等，常用的藤本有紫藤、蔷薇、地锦、常春藤、络石等，常用的地被植物有菲白竹、箬竹、云南素馨、铺地柏等。一般不选用竹类、扁柏等喜阴湿植物。

屋顶花园场地有限，在选用植物种类时还应估计其生长速度及充分成长后所需要的时间和空间，尽可能选择生长缓慢、耐修剪的树种。此外，还要考虑周围建筑物对植物的遮挡和阳光的反射、聚光情况，避免植物生长光照不足和发生灼伤；同时还要强化冬季的生态效益，选择一些常绿的植物种类，对于不适宜露地过冬的树种，可采用容器栽植。

(四)基质要求

屋顶花园树木栽植的基质选择应结合屋顶承载力、植物生长特性及自然环境条件，尽可能地选择轻质但不过于松散、持水量大、通透性好、肥效充足、绿色环保、价格适宜的基质，既能充分减轻屋顶载荷，又能满足植物生长。常用基质为田园土、泥炭、草炭、木屑等与珍珠岩、蛭石混合配制。轻质人工土壤多采用土壤改良剂，促进形成团粒结构，使保水性、排水性和通气性良好。现在轻基质的种类繁多、营养全面，能够基本满足各种植物生长需要。

（五）屋顶花园树木栽植技术

1.排水系统处理

（1）架空式种植床　在离屋面 10 cm 处设混凝土板承载种植土层，混凝土板需有排水孔，排水可充分利用原来的排水层，顺着屋面坡度排出。

（2）直铺式种植　在屋面板上直接铺设排水层和种植土层，排水层可由碎石、粗砂组成，其厚度应能形成足够的水位差，使土层中过多的水能流向屋面排水。花坛可以设独立的排水孔，并与整个排水系统相连。日常养护时注意及时清除杂物、落叶，特别要防止总落水管被堵塞。

2.防水层处理

进行闭水试验，测试屋顶现有防水能力。若漏水，先做好防水层。有效防止渗水的安全防护层，一般包括柔性防水、刚性防水和涂膜防水层。

（1）刚性防水层　在钢筋混凝土结构层上，用普通硅酸盐水泥砂浆掺 5%防水剂抹面，造价低，但怕震动；耐水、耐热性差，曝晒后易开裂。

（2）柔性防水层　用油、毡等防水材料分层粘贴而成，通常为二油一毡或三油二毡。缺点是使用寿命短、耐热性差。

（3）涂膜防水层　用聚氨酯等油性化工涂料涂刷成一定厚度的防水膜，高温下易老化。

3.防腐处理

为防止灌溉水肥对防水层可能产生的腐蚀作用，需做防腐技术处理，提高屋面的防水性能。主要方法如下：

（1）先铺一层防水层，由二层玻璃布和五层氯丁防水胶（二布五胶）组成；然后在上面铺设 4 cm 厚的细石混凝土，内配钢筋。

（2）在原防水层上加抹一层厚 2 cm 的火山灰硅酸盐水泥砂浆。

（3）大面积屋顶做防水处理时，用水泥砂浆平整修补屋面后敷硅橡胶防水涂膜。

（4）为防止植物根系穿透防水层，在防水层上要专门设置隔根层，避免对建筑结构造成破坏。

4.灌溉系统设置

屋顶花园种植，灌溉系统的设置必不可少，可采用安全便捷的喷灌或滴灌形式补充水分，也可以采用水管灌溉，一般 100 m^2 设一个。

5.树木栽植及栽植土层

屋顶花园树木栽植程序、技术要点同地面树木的栽植相同。栽植土层需提前准备，选用事先堆积发酵处理的锯木屑、蛭石、砻糠等做基质，掺入一定量的棉籽渣做基肥。也可以用砂壤土 1 份、腐殖土 1 份、草炭土 1 份，混合均匀使用，种植区土层厚度依据植物种类而定（表 2-8）。一般草坪、地被植物为 15～20 cm，灌木为 30～50 cm，浅根乔木为 60～90 cm。

表 2-8　屋顶花园种植区土层厚度与荷载

类别	地被	花卉、小灌木	灌木	浅根乔木	深根乔木
植物生存种植土最小厚度/cm	15	30	45	60	90～120
植物生育种植土最小厚度/cm	30	45	60	90	120—150
排水层厚度/cm		10	15	20	30
生存平均荷载/(kg/m²)	150	300	450	600	600～1 200
生育平均荷载/(kg/m²)	300	450	600	900	1 200～1 500

6.养护管理

屋顶花园生态环境恶劣，种植植物需要精心养护管理，要特别注意暴风雨季节的防御措施。

(1)浇水　浇水既要考虑植物正常生长需求，又要注意经济节约，浇水以勤浇少浇为主。注意浇后保墒处理和高效利用雨水天然补给。

(2)施肥　屋顶花园的下垫面是水泥地，吸热能力比土壤强，与地面植物相比，屋顶花园栽植苗木物候期较早。结合根、枝叶的生长规律，坚持薄肥勤施原则，初春对植物根部施肥与叶面喷肥交替进行追肥，有利于植物提前进入生长旺季，开花植物开花早、花期长。注意高温季节不进行根部施肥，叶面喷施薄肥或微肥尽量选择傍晚时分进行。

(3)夏季遮阳降温　屋顶花园栽植苗木在夏季光照强、温度高、风速大的生境条件下，植物蒸腾量大，夏季易出现日灼，枝叶焦边或干枯的现象。每年 4 月上旬开始防风、遮阳降温，多采用固定铁丝网，外围防风布、遮阳网(遮阳率 70%以上的)的措施。高温天气到来时，每天早晚多次浇水，叶面多喷几次雾状水，创造较高的空气湿度，降低高温。

(4)适时补充基质　由于经常浇水，使基质少量流失或体积收缩、破裂，种植层厚度降低，发现植物基质层变薄时，应及时补充基质，有利于植物生长。

此外，还应经常除草、修剪，保持花园清洁，做好植物病虫害的防治，及时、随时观察植物的生长情况，合理做好管理工作，同时要及时清理枯枝落叶，以防排水系统被堵。

实训与知识巩固

实训 1　裸根苗的起挖

一、实训内容分析

通过起挖裸根苗，让学生熟练掌握裸根起苗的技术要点，掌握打浆技术和包装技术；具备裸根起苗的能力。

二、实训材料

1～2 年生落叶树种若干株。

三、用具与用品

铁锹、锄头、修枝剪、草绳、稻草。

四、实训内容

1.分小组

2～3人一组

2.裸根苗的起挖过程

(1)起苗　以树干为中心，在离根部10～20 cm地面处画圆，沿圆外沿线向下垂直挖沟，深20～30 cm，1年生苗根系略浅，2年生苗根系略深，在20～25 cm深处向苗根底心处斜切，待四周均斜切完成，将苗放倒，切断主根，取出苗木，在铁锹柄上敲击，去掉泥土，减去病虫根或受伤的部分细根，同时把起苗时断根不整齐的伤口剪齐。

(2)打浆与包装　苗圃内移植不需要打浆，需要外运栽植的苗木要打浆和进行包装，在苗圃内调好泥浆水，要求稀稠适度，以根系互不相粘为标准。将苗木根系放入泥浆水中，均匀地沾上泥浆保湿，根据苗木的大小，大苗10株1捆，小苗50株左右1捆，用稻草包好。

(3)装运　将包装好的苗木装上运输工具，做到整齐堆放。

五、实训效果评价

评价项目	分值	评价标准	得分
分组、准备工作	20	1.组员搭配合理； 2.组长有感召力，能调动大家的积极性； 3.组内团结互助，讨论热烈； 4.组代表总结发言思路清晰，重点突出，详略得当； 5.工具准备充足。	
起苗、修剪	50	1.起苗的位置合理； 2.主根的切断面平整、无劈裂； 3.根系的修剪合理； 4.伤口的处理正确； 5.操作正确、熟练。	
打浆、包装	15	1.程序合理； 2.操作流畅。	
装运	15	1.苗木装车排放整齐； 2.苗木包装完好。	
总分	100		

实训2　带土球苗的起挖

一、实训内容分析

通过起挖带土球苗，让学生熟练掌握土球直径的确定方法，掌握带土球起苗的技术和包扎土球的技术；具备带土球起苗的能力。

二、实训材料

2～3年生园林树木若干株。

三、用具与用品

铁锹、锄头、皮尺、草绳、修枝剪等。

四、实训内容

(1)分组　以3～4人为一组。

(2)确定土球直径　以苗木胸径的8～10倍确定土球的大小。

(3)树冠修剪与拢冠　根据树种的习性进行修剪，落叶树种可以保持树冠外形，适当强剪；常绿阔叶树种可保持树形，结合其发枝力、萌芽力，适当疏枝和摘去部分叶片，然后用草绳将树冠拢起，捆扎好，便于装运。

(4)起苗　根据土球的大小，先铲去苗木根系周围的表土，以见到须根为度，以树干为中心画圆，沿圆外沿线向下垂直挖沟，挖掘到土球直径的2/3深度后再向内掏底，一边挖一边修削土球，让土球形状呈苹果形，并切除露出的根系，使之紧贴土球，伤口要平滑，大切面要消毒防腐。

(5)包装　待土球挖好后，用草绳包扎土球。1人扶树，1人在树干基部扎绳，2人传递草绳进行沿土球纵向缠绕，一道紧靠一道拉紧，顺时针缠绕，纵向缠绕结束后再在土球中部横向扎几道箍，使径向草绳充分固定就行，土球包扎好后再铲断苗木主根，将带土球苗木提出坑外。

(6)装运　装车时，一人扶住树干，3人用木棍放在根颈处将苗木抬上运输车，使树梢朝后，苗木上车后只能平移，不要滚动土球，防止土球散开。装车时，土球要相互靠紧，各层之间错位排列。

五、实训效果评价

评价项目	分值	评价标准	得分
分组、准备工作	10	1.组员搭配合理； 2.组长有感召力，能调动大家的积极性； 3.组内团结互助，讨论热烈； 4.组代表总结发言思路清晰，重点突出，详略得当； 5.工具准备充足。	
土球直径的确定	20	依苗木胸径的8～10倍确定土球的直径。	

续表

评价项目	分值	评价标准	得分
树冠修剪与拢冠	10	1. 根据树种的习性进行修剪； 2. 草绳拢冠捆扎好。	
起苗	40	1. 将画圆圈内的表土层 5 cm 的土壤铲走； 2. 起苗方法得当； 3. 土球大小合理； 4. 土球完整，形状美观； 5. 根系的修剪合理； 6. 操作正确、熟练。	
包装	10	1. 草绳缠绕紧致、有序； 2. 操作流畅； 3. 外形美观。	
装运	10	1. 操作程序符合要求； 2. 树梢朝后，土球固定完好； 3. 土球相互靠紧，各层之间错位排列。	
总分	100		

实训 3　裸根苗的栽植

一、实训内容分析

通过带裸根苗的栽植，让学生熟悉栽植程序：定点放线、挖掘种植穴、散苗、栽植、浇水、栽后修剪；掌握裸根苗的栽植技术；具备栽植裸根苗的能力。

二、实训材料

裸根小乔木或灌木若干。

三、用具与用品

皮尺、锄头、无纺布、浇水器具、铁锹。

四、实训内容

(1)分组　以 3～4 人为一组。

(2)定点放线　按照设计要求，定点放线，确定种植穴中心位置。

(3)挖种植穴　栽植穴比裸根苗根幅大 40 cm 左右，做到穴壁垂直、上下口一样大，表土和心土分开堆放。

(4)散苗、栽植　按照设计要求把种植苗放到各种植穴旁，然后回填湿润表层土于穴底，堆成小丘状，一人将苗放入穴中小土丘上并扶正苗木，回填土 10～20 cm 后，扶苗人向上轻轻提一提苗木，以保证根系自然向下舒展，防止窝根，使细土筛入土缝中与根系结合，然后有人将回填土踩实（黏土不可重踩），继续回填土，再踏实，再回填至填满种植穴，最后盖上一层土与地面相平，即"三埋、二踩、一提苗"，保持填土与苗木原根颈痕相平或略高 3～5 cm（灌木应与原根颈痕相平）。然后用剩下的底土在穴外缘筑水堰，并立支柱。

（5）浇水　栽植后，及时浇透水，浇水后如发生种植土塌陷或苗木倾斜，及时填土、扶正。

（6）栽后修剪　结合苗木发枝力、萌芽力，适当剪除过密枝或进行短截处理，剪除受损伤的枝条和起苗前修剪不够理想的部位。

五、实训效果评价

评价项目	分值	评价标准	得分
分组、准备工作	10	1.组员搭配合理； 2.组长有感召力，能调动大家的积极性； 3.组内团结互助，讨论热烈； 4.组代表总结发言思路清晰，重点突出，详略得当； 5.工具准备充足。	
定点放线	10	1.放线准确； 2.定点高效。	
挖种植穴	20	1.根据苗木大小准确确定种植穴的大小； 2.种植穴规格、性状标准； 3.不同土层分别放置。	
散苗、栽植	40	1.散苗准确； 2."三埋、二踩、一提苗"的栽植程序正确； 3.栽植深度合理； 4.操作熟练； 5.栽后及时围堰、立支柱； 6.清理场地。	
浇水	10	浇水及时高效。	
修剪整形	10	1.熟悉苗木发枝力、萌芽力； 2.修剪整形合理。	
总分	100		

实训 4　带土球苗的栽植

一、实训内容分析

通过带土球苗的栽植过程，让学生进一步熟悉定点放线、挖掘种植穴、散苗、栽植、浇水、栽后修剪等栽植程序；掌握带土球苗的栽植技术；具备栽植带土球苗的能力。

二、实训材料

带土球苗若干。

三、用具与用品

锄头、铁锹、修枝剪、皮尺、草绳、浇水工具。

四、实训内容

(1)分组　以3～4人为一组。

(2)定点放线　按照设计要求，定点放线，确定种植穴中心位置。

(3)挖栽植穴　栽植穴比土球大40 cm左右，做到穴壁垂直，上下口一样大，表土和心土分开堆放。

(4)散苗、栽植　按照设计要求把种植苗放到各种植穴旁，施基肥后回填土20～30 cm并踏实，再将表土堆在栽植穴中心呈馒头形，将带土球苗木放入种植穴中，土球略高于地面，并小心拆除、剪断土球包装材料。将苗木扶正，进行回填土，当回填土达到土球深度的1/2时，用木棒将土球外围夯实，注意不要打在土球上。继续回填土，夯实，直至与地面相平，保持填土与土球相平或略高2～3 cm。然后用剩下的底土在穴外缘筑水堰，并立支柱。

(5)浇水　栽植后，及时浇透水，浇水后如发生种植土塌陷或苗木倾斜，及时填土、扶正。

(6)栽后修剪　结合苗木发枝力、萌芽力，适当剪除过密枝或进行短截处理，剪除受损伤的枝条和起苗前修剪不够理想的部位。

五、实训效果评价

评价项目	分值	评价标准	得分
分组、准备工作	10	1.组员搭配合理； 2.组长有感召力，能调动大家的积极性； 3.组内团结互助，讨论热烈； 4.组代表总结发言思路清晰，重点突出，详略得当； 5.工具准备充足。	
定点放线	10	1.放线准确； 2.定点高效。	
挖种植穴	20	1.根据苗木大小准确确定种植穴的大小； 2.种植穴规格、性状标准； 3.不同土层分别放置。	
散苗、栽植	40	1.散苗准确，土球完好； 2.土球苗放置深度合理； 3.土球包装材料处理得当； 4.操作程序正确； 5.操作熟练； 6.栽后及时围堰、立支柱； 7.清理场地。	

续表

评价项目	分值	评价标准	得分
浇水	10	浇水及时高效。	
修剪整形	10	1.熟悉苗木发枝力、萌芽力； 2.修剪整形合理。	
总分	100		

实训5　绿篱的反季节栽植

一、实训内容分析

通过反季节栽植金叶女贞小苗，让学生掌握绿篱树种的栽培技术；掌握绿篱树种反季节栽植的养护管理技术；具备反季节栽植苗木的能力。

二、实训材料

金叶女贞苗若干。

三、用具与用品

锄头、铁锹、修枝剪、皮尺、草绳、浇水工具。

四、实训内容

(1)分组　以2～3人为一组。

(2)放线　按照设计要求放线，确定栽植范围，画出栽植轮廓线和栽植面。

(3)确定栽植时间　因反季节夏季栽植，具体时间以阴雨天或傍晚进行栽植为宜。

(4)挖种植穴或沟　按照设计要求的栽植密度确定株行距，挖相应的栽植沟或穴。

(5)栽植　沿栽植面由内向外进行栽植，将树形丰满的一面朝外，按苗木高度、冠幅大小均匀搭配，要边栽边踏实，同时保持栽植灌木与地面垂直，栽植深浅合适，一般与原土痕平或略高于地面5 cm。用土在轮廓线外围堰。

(6)灌水　栽植后，及时浇透水。

(7)修剪　按要求修剪为统一高度。

(8)搭遮阳网　在栽植轮廓线外打桩拉遮阳网，网距离苗木顶部20～30 cm。待其成活后，视其生长状况和季节变化，逐步去掉遮阳网。

五、实训效果评价

评价项目	分值	评价标准	得分
分组、准备工作	10	1. 组员搭配合理； 2. 组长有感召力，能调动大家的积极性； 3. 组内团结互助，讨论热烈； 4. 组代表总结发言思路清晰，重点突出，详略得当； 5. 工具准备充足。	
放线	10	放线准确、高效。	
栽植时间	10	时间选择合适。	
挖种植沟或穴	10	1. 株行距符合设计要求； 2. 规格符合标准。	
栽植	20	1. 苗木观赏面放置规范； 2. 苗木高度、冠幅大小均匀搭配； 3. 栽植深浅适宜； 4. 操作程序正确； 5. 操作熟练。	
灌水	10	浇水及时且浇透。	
栽后修剪	10	根据绿篱高度要求修剪。	
搭遮阳网	10	高度位置合理。	
现场清理	10	施工现场的卫生整洁干净。	
总分	100		

知识巩固

一、名词解释

1. 栽植　2. 起苗　3. 定植　4. 假植　5. 适地适树
6. 定点放线　7. 号苗　8. 适时适栽　9. 适法适栽　10. 带土球起苗

二、单选题

1. 下列哪种不是栽植的技术环节？（　　）
A. 起苗　B. 运输　C. 定植　D. 配植

2. 下面关于假植的目的，说法错误的是（　　）。
A. 防止苗木根系失水　B. 保持原有的树形
C. 防止丧失生命力　D. 防止植物干枯

3. 种植穴的立体形状是（　　）。
A. 垂直形　B. 锅底形　C. 梯形　D. “V”字形

4. 树群内树木的栽植要（　　）。
A. 疏密变化　B. 构成等边三角形　C. 成排　D. 成行

5. 下列树种最难移植成活的是(　　)。

A. 国槐　　B. 银杏　　C. 白玉兰　　D. 云杉

6. 裸根栽植时要求根颈部的原土痕与栽植穴回填土面(　　)。

A. 齐平或略低　　B. 齐平或略高　　C. 两者无关系　　D. 随意

7. 树木栽植成活的关键取决于栽植后能否及时恢复体内(　　),因此最适栽植时期应是树木蒸腾量最小、又有利于根系恢复生长、保证水分代谢平衡的时期。

A. 营养平衡　　B. 树势平衡　　C. 水分平衡　　D. 结构平衡

8. 乔木种植穴的规格一般比土球应加宽加深(　　)。

A. 40～100 cm,20～40 cm　　B. 40～100 cm,40～60 cm

C. 20～40 cm,40～60 cm　　D. 20～40 cm,50～80 cm

9. 北方干旱地区,树木栽植后应在 24 h 内浇头遍透水,15 d 内连浇(　　)。

A. 2 次　　B. 3 次　　C. 4 次　　D. 5 次

10. 北方干旱地区,树木叶面施肥可选择浓度(　　)。

A. 0.1%　　B. 0.5%　　C. 1%　　D. 2%

三、填空题

1. 树木栽植成活的关键取决于____________________。

2. 园林植物移植和定植的时间以________季和________季为好。落叶树种一般在____________栽植,常绿树种栽植在__________为好。

3. 在树木的栽植过程中,土壤准备、起苗、运输、定植、栽后管理这五大环节必须紧密衔接,尽量缩短时间,保证做到__________、__________、__________和及时栽后管理,才能保证被栽植树木不致失水过多导致栽植失败。

4. 栽植施工前的准备工作主要包括________、________、________、________、________和________。

5. 绿地树木的栽植程序是:________、________、________、________、________、________、________、________。

6. 乔木土球直径不小于树干胸径的________,纵径通常为横径的________。灌木约为灌幅的________。

7. 草绳包扎土球的方法有________、________和________。

8. 挖种植穴时必须保证____________________。

9. 群植绿篱时,一般由________向________顺序退栽,在斜坡种植时由________向________栽植;由不同色彩的植物组成的图案式群植绿篱时,一般先栽________后由________向________栽。

10. 园林植物栽植设立支柱的方式有________、________、________和________。

四、判断题(对的打"√",错的打"×")

(　　)1. 所有的树种都适合秋季栽植。

(　　)2. 多数落叶树种比常绿树种容易移植成活。

(　　)3. 玉兰可采取春季裸根栽植。

(　　)4. 移栽时的栽植深度要比原来的种植深一些才有利于树木的成活。

(　　)5. 所有常绿树种都应采用带土球移植法。

(　　)6. 女贞、桂花等常绿树常在春季进行移植。

(　　)7. 任何情况下，夏季、冬季都不可以进行树木移植。

(　　)8. 树木种植后第3遍水渗入后，可将水堰铲去，将土堆于干基周围。

(　　)9. 一株胸径为8 cm的香樟起苗时的土球大小应为40 cm×30 cm。

(　　)10. 种植一批胸径8～10 cm的悬铃木，种植穴规格应为70 cm×60 cm。

五、问题与案例分析

1. 简述树木成活原理。
2. 树木栽植包括哪些环节和过程？
3. 为什么园林树木最适宜春秋季栽植？
4. 树木栽植前现场应调查哪些内容？
5. 如何提高栽植树木的成活率？
6. 如何做好树木移栽后的养护管理工作？
7. 园林绿化时如何选择高质量的栽植苗木？
8. 起苗时的注意事项。
9. 园林树木夏季反季节栽植的措施有哪些？

案例分析：福州市城管执法部门曾接到群众举报，称某公司未经批准擅自移植树木。经派人员赶往现场调查，发现该公司工作人员正在移树，该工作人员现场能提供园林部门移植树木审批文件。但经现场认定，发现其中22株树木已死亡。对此，执法人员当场予以拍照取证，对当事人进行普法宣传，并依据相关法规，责令其按树木评估价赔偿损失，并处以树木评估价50%即69 722.5元的罚款。手续合法却被罚款，公司领导很恼火，请你帮该公司分析一下22株树木死亡的原因，以后应该怎么避免这样的损失。

项目二知识巩固参考答案

项目三

大树移植

素养目标

☞ 培养学生的责任意识，提升专业素养。
☞ 促进学生相互沟通和加强团队合作。
☞ 提高学生分析实际问题和临场处置问题的能力。

知识目标

☞ 掌握大树移植的概念，正确认识大树移植在园林绿化中的意义和目的。
☞ 了解大树移植现存问题的解决途径。
☞ 掌握大树移植工程中大树选择和移植的相关理论基础与方法。

技能目标

☞ 熟悉大树移植工程的整个流程和技术，并能实际操作实施。
☞ 具有较强的现场分析能力，能采取相应的技术措施解决大树移植过程中出现的实际问题。

任务1　大树移植的概念和现存问题

一、大树移植的概念和意义

大树移植指壮龄树木或成年树木异地栽植，具体指胸径在 15～20 cm 及以上，或树高 4～6 m 及以上，或树龄 20 年以上的树木的移植。

在整个自然环境中，高大的树木具有不可替代的景观效果和生态作用。随着城市化进程的不断推进，人们对居住环境有了越来越高的质量要求，各类绿地景观不仅要求由高大乔木与灌木、地被植物合理配置形成多层次、复合型植物景观，而且要在短期内体现出景观效果，发挥出生态效益。大树移植能加速移入地的绿化进程，促进园林景观效果的早日形成，对优化城市绿地结构，提高城市绿地品质，都具有重要的现实意义。另外，在绿化建设中，出于对原有大树的保护、对现有植物景观进行抽稀间伐、移作他用的调整以及移植异地树木的需要，我们都要用到大树移植的方法。

大树移植或“大树进城工程”在我国已有不少成功的案例。1959 年，在天安门广场绿化工程中成功移植了大批大规格的油松、元宝枫；1998 年，在上海 8 万人体育场周围移植了一批大树，广玉兰、香樟、银杏等大规格乔木，成活率达到 96%，但因为技术含量要求较高也有失败的教训。

二、大树移植现存的问题及解决途径

(一)导致生态环境的恶化

由于大树移植的成活率相对较低，即使进行大树移植能够快速美化环境，发挥良好的生态作用，但单纯移植原生大树只是“拆东墙补西墙”，城市里面的大树多了，郊外、山区的大树却少了，必然会导致原生地生态环境的恶化。同时，外来树种的大量引入有可能造成本地树种减少，破坏生态稳定，最终得不偿失。针对这一情况，城市绿化建设不能急于求成，应尽可能地就近选植大规格树苗，即改“大树进城”为“大苗进城”，而非真正意义上的移植大树。

因此，我们应该提倡一种科学、和谐、可持续的绿化理念，建议政府主管部门充分发挥市场引导的作用，鼓励企业对大规格苗木的规模化繁育、对城区改造中树木的及时回收和乡土树种的利用，只有这样才能避免移植大树破坏生态的问题，为加快生态环境建设奠定坚实基础。

(二)移植成活的困难及解决途径

大树通常根系正趋近于离心生长的最大范围，根系基部的吸收根(侧须根)多已经死亡，主要的吸收根只分布在树冠滴水线附近，即便移植时根部带了土球，留在土球内侧的吸收根也不多。而地上部分的枝叶蒸腾面积大，移植后根系水分吸收与树冠水分消耗之间平衡失调。此时如不能采取有效措施，极易造成大树在移植过程中严重失水死亡。加之树龄大，适应环境变化的能力弱，移植后被损伤的根系很难恢复，最终将导致大树移植的存活率降低，解决措施如下：

1. 扩坨起树

扩坨起树比正常情况起苗扩大土球直径 15～25 cm，尽可能地保留吸收根，移栽后能够快速恢复水分平衡。但是由于大树本身树体很大，扩大土球后会增加重量，导致起挖运输难度提高。

2. 断根缩坨

断根缩坨也叫截根、促根处理，其目的是增加侧须根数量的同时可以相应缩小土球，减轻土球重量以提高栽植成活率。一般胸径在 20 cm 以下，经过 1～2 次移植的苗圃苗、假植苗或经过多次移栽的大树，移植前不需要做断根处理。而多年没有移栽过的大树或实生苗、山里自然生长的“山苗”、很难移植成活的名木古树、树势弱的大树虽然移栽易成活，但胸径在 20 cm 以上的，都需提前 1～3 年先进行断根缩坨处理，具体方法如下：

(1)以根颈为圆心，分年以胸径的 3～4 倍为半径画圆或方形的沟断根，注意 3 cm 以上的根必须用锋利的枝剪或手锯切断并保持根切面与沟的内壁齐平。可以保留 1～2 根 5 cm 粗的大根，起到固定树体的作用。

(2)在大根上用锋利的小刀对其进行宽约 1 cm 的环状剥皮，并用 0.1%浓度萘乙酸涂抹切口，以促发新根。

(3)填入拌着肥料的肥沃土壤，分层夯实、灌水，进行常规的养护。

通常在 1 年之内沟里被切断的树根将萌生出大量的须根。断根并非在 1 年内全部断完，而是每年只挖树全周的1/3～1/2,所以也叫“分期断根法”(图3-1)。经2～3年的培育,待大树生长状态良好后方可移植。实践中,由于施工成本和工期的限制,很难做到提前2～3年进行断根促根处理,可1年内在早春和晚秋分两次进行断根处理。

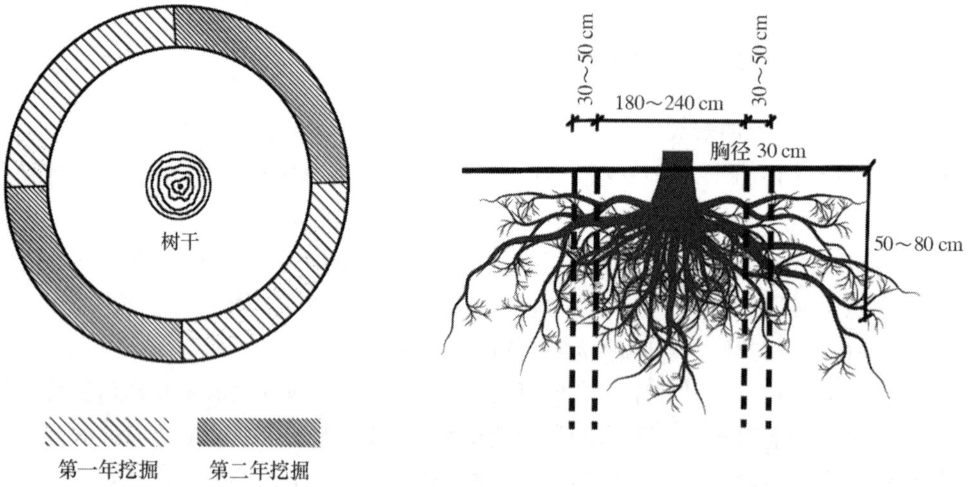

图3-1　断根缩坨处理示意图

3.提前囤苗

提前囤苗被认为是比较常用和最为行之有效的方法。早春树木萌发新芽前,按干径的6～8倍起土球并用无纺布和尼龙绳打包或起木箱苗,做适当修剪后原地假植或异地集中假植。原地假植时,保留大树向下生长的根系,待正式移栽时再切断,以提高囤苗的成功率。异地集中囤苗时,应在掘树前标记好树干的南北方向并严格按原方向栽植,以防可能出现的夏季日灼(原阴面树皮)和冬季冻伤(原阳面干皮),提高囤苗成活率。

4.平衡修剪

平衡修剪是保证大树移植成活的重要途径。在大树移植的过程中,无论裸根还是带土球都会对树木的根系造成有一定的伤害,从而破坏了植株地上地下部分的水分平衡。因此,一般需要对树冠进行修剪,以减少枝叶蒸腾,重新获得树体水分平衡。根据树种的不同分枝习性、萌芽力、成枝力大小,修剪伤口的愈合能力及修剪后的反应不同可采取不同的修剪方式。目前大树移植主要采取的修剪方法如下:

(1)全株式修剪　尽量保持树木原有树冠树形,原则上只将徒长枝、过密枝、重叠枝、内膛枝、细弱枝、枯枝、病虫枝剪除,这是目前大树平衡修剪中的主流做法,尤其适用于雪松、龙柏、广玉兰、木棉等萌芽力弱的树种。

(2)截枝式修剪　对多年生枝进行缩剪,一般只保留到树冠的一级分枝,其余部分剪除,修剪量比较大。注意缩减剪口之下最好有一个强健的向上枝条,并且剪口之下的所有衰老细弱枝必须全部剪掉。该方法可大大提高香樟、银杏等这类移植存活率、萌枝能力中等树种的生长能力,但对树形破坏严重,应限制使用(图3-2)。

(3)截干式修剪　这种方式比较极端,只保留一定高度的主干,而将整个树冠除掉,可用于悬铃木、垂柳、苦楝、大叶女贞等发枝力强的树种,也多用于一些老树复壮的情况。这种方式可最大程度地提高移植成活率,但不仅会完全丧失树体美观性,而且对其生理状态和生态环境上都会带来严重后果，我们也应该限制使用，甚至不用（图 3-3）。

图 3-2　截枝式修剪

图 3-3　截干式修剪

（三）移植周期长，限制因子多

为保证大树的移植成活率，必须充分考虑其树种的生态、生物学特性、移栽立地条件、移植方法的选择和成活期的养护措施等。限制因素越多，对大树存活就越不利，所以必须要采取科学、合理的方法来进行移植，解决措施如下：

1. 土壤调查

这里包括两个方面：一方面应仔细调查树木原生地的土壤条件，根据土壤质地、土层厚薄、土壤含水量等来确定大树起掘的方法、吊运机械的选择、进出路线的设计等；另一方面则要考虑移植地的土壤状况，尽可能地与树木原生地的环境条件相似，确保施工养护能顺利进行。

2. 选择最佳移植时间

业内有句行话："种树无时，莫要树知"，只要移栽时带有足够大且完整的土球，移植过程操作规程正确紧凑，成活期注意养护管理，完全可以做到全年任何时期移植。但在实际施工中如能科学地确定大树移栽时期，不失为一种低成本提高移植成活率的有效方法。

大树移植的最佳时期要因树种而异。例如，不耐寒的树就以春植更好，秋旱风大的地区常绿植物也适宜春栽；具肉质根的大树根系极不耐涝、易遭冻害也宜春栽；而落叶树种则相对耐寒，秋栽更为合适。另外还得考虑施工条件的问题，一般春季施工时间紧，容易出现用工荒，而在秋季劳动力、设备则相对宽裕。

通常，在具体施工时最好选择阴天而无雨或晴天而无风的天气，避免在极端的天气情况下进行施工。市政绿化工程中行道树的大树移植工程应在夜间 11:00 后进行，以保证施工安全，同时还能避免白天高温加速水分流失，影响其成活率。

（四）工程量大，技术复杂，成本高

大树移植树体规格大，技术要求高，涉及面较广。从树种选择到大型机械能否按时进场工作；从断根缩坨到起苗运输、栽植以及后期的养护管理，任务繁重且复杂，其中的每一个步骤都非常重要。持续时间更是少则十几天，多则几个月甚至几年。因此，必然会消耗巨大的人力、物力、财力，工程量大、成本高是必然的。解决措施如下：

（1）移栽大树是项复杂的系统工程，必须有熟悉技术规程和安全规范的技术人员统一负责和操作才可实施。

(2)大树移植需要经费较多,充足的资金是顺利施工的保证。

(3)挖掘机、吊车、卡车等大型机械设备,需要事先备妥。施工前还要与交通、市政、供电、通信、环保等相关部门联系,以求得配合,极力排除施工障碍。

总之,移植工程开始之前务必提前做好准备工作,制定好施工方案,落实安全措施以及紧急预案,待一切准备工作做好以后方可施工。在施工进程中还需要进行现场控制,把握施工进度,只有这样万事俱备、多管齐下才能最大限度地保证移植工程的顺利完成。

第二课堂活动

贯彻习近平总书记"绿水青山就是金山银山"的发展理念,参与园林志愿活动,选取几株身边的大树,分析如何运用不同的修剪方式提高大树移植成活率。通过青年大学习、抖音等网络平台展示成果,同学间相互评论打分,选出"任务之星"。

任务2 移植大树的选择及移植技术

一、移植大树的选择

移植大树的选择是移植后的大树能否成活、能否达到景观设计效果的前提。在移植前我们应先读懂图纸,根据设计的要求扎实做好选树的工作。

(一)适地适树的原则

树木的生长环境是由光、温、水、气、土等各类小气候条件综合决定的,不仅复杂而且对大树成活关系很大。所以只有当移植地的环境条件相似或优于原生地,移植成功率才会比较高。例如,在碱性土壤中生长的乔木移植到酸性土壤中,或是一些常年生长在高山上的大树,移入到相对阴郁、水位线高的平地上时,由于生存环境差异大,移植成功率很低。最简单有效的方法就是移植大树应以乡土树种为主、外来树种为辅,或到场地周边苗圃去就近选树。这样的树木一来更适应当地环境的生长,二来避免远距离调运,使其在适宜的生长环境中发挥出最大效益。

(二)选择移植易成活的类型和树种

在选树时还应从树木的种类和生长发育的规律上去分析,通常不定根发达的扦插苗比具有粗大直生根的实生苗易于移植;同一种树,树龄越小、发育阶段越早的越易于移植;浅根性和萌根性强的比深根性、生根性差的树种更容易移植成功。

不同树种间在移植成活难易上也有明显的差异:最易成活的有杨树、柳树、悬铃木、小叶榕、榆树、朴树、银杏、黄葛树、臭椿、楝树、槐树等;较易成活的有香樟、栾树、女贞、桂花、乐昌含笑、广玉兰、七叶树、槭树、榉树、鱼尾葵、蓝花楹、蒲葵、合欢等;较难成活的有马尾松、落叶松、雪松、圆柏、侧柏、龙柏、柏树、柳杉、榧树等;最难成活的有云杉、冷杉、金钱松、桢楠等。

(三)选择青壮年龄、规格适中的树体

青壮年时期的树木,正处于树体生长发育的旺盛时期,其环境适应性和再生能力都比较强,恢复快,移植成活率高。该时期的树冠发育成熟、稳定,也最能体现景观设计的要求。大树移植也并不是规格越大越好,年龄越高越好。这样的大树不仅成活率极低,也是对生态资源的严重破坏,即便移植成活,恢复也慢,无法发挥出应有的景观生态价值。研究表明,即便采用完善的养护措施,胸径 15 cm 的树木在移植后 3～5 年根系才能恢复到移植前的水平,而胸径 25 cm 以上的树木移植后根系完全恢复则需要 5～8 年。

(四)选择健壮、无病虫害、树形优美的树体

枝条饱满、树体健康是大树移栽成活、成景的基本保障。特别是主景树,作为景观视觉中心,对树形、树貌要求很高。因此,在苗圃培育 3～5 年,枝叶茂盛、须根发达的苗木是主要的来源。作为施工技术人员,最好和设计师一起亲自到苗圃选树、号苗,并确定树体主要观赏面,用红漆标识。除根据树木自身的各方面特性进行选择外,还应注意地形地势和土壤条件,以及实行合理的技术措施,才能保证在起挖、运输的过程中维系树体完整,树形不受伤害。

(五)积极配合国家检疫工作要求

城市绿地系统具有开放性、生态环境脆弱性等特征。近年来,由于城市化的不断发展,园林植物引种和跨区域调运在城市建设中出现得越来越频繁。这种行为使得城市绿地极易遭受外来有害植物、病虫害的入侵危害。而植物检疫是通过立法,强制性地限制人为随意传播有害生物的活动,规范性、预防性地抵御外来生物的入侵危害。因此,作为未来园林行业的从业者,应尽快树立起维护园林生态平衡的法律意识,积极配合国家相关检疫工作要求,坚决不从疫区引、运苗木。无论是从境外还是从外省市引进的树木,都应注意检查消毒并主动申请检疫,保证《植物检疫证》与苗木同行,并在到达目的地后立即报备,配合主管部门复检。

二、大树移植关键技术

(一)大树起挖

无论是常绿还是落叶树在起挖前都要将地上部分捆绑起来,俗称"拢冠",以便挖掘和运输。操作时先将绳子的一端固定在主干上,再以树干为中心进行捆绕,收拢外展的枝干,然后将绳尾扎紧在主干上。最后在用另外一根绳,竖向地将横向捆绕的绳子再次固定,保证树冠不再散开。但要注意部分树枝开张角度大的树种,例如广玉兰、银杏、乐昌含笑、雪松等,用绳圈拢树冠的时候不要过于用力,以免折断树枝影响树形,降低观赏性(图 3-4)。同时应立支柱固定树干或设置牵引绳,以防树木在起挖过程中突然倾倒酿成事故。

图 3-4 银杏拢冠

大树起挖一般有裸根起挖和带土球起挖两种方式。

1.裸根起挖

首先将树干周围 2～3 m 范围内的碎石、

瓦砾、灌木等清除干净，将地面大致整平，为大树起挖扫清障碍。如果土壤板结干硬，土块会突然成块掉落，很容易撕断根系，使根系大量减少，不利于移植成活。所以要先查看土壤含水量，裸根起挖要求土壤含有足够的水分。因此，在挖掘前要灌水，使土壤松软，便于起根。

裸根树起挖时先以根颈为圆心，按不小于胸径 8～10 倍为直径在树木周围向外挖沟。挖掘深度应依照该树根系深度来定，一般是胸径的 4～6 倍，并尽可能多地保留吸收根。在挖掘的过程中，土壤可以边挖边刨掉，一直挖到掏底完成后，将树体轻推、放倒在地，切忌硬推、生拔树干，以免撕裂根系压断树枝。根部的土壤大部分都可以去掉，但带有护心土的情况下则不要去掉，尽量保留里面的根系。树体挖出来后及时用泥浆蘸根或用浸湿的蒲包、草绳等保湿材料包裹树根，保持根部湿润。

2.带土球起挖

一般常绿树、名贵树或裸根成活困难的落叶树种都需要采取带土球移植的方式，而保证土球完好是提高树木存活率的关键。同样，在土球起挖前我们需要注意土壤含水量，千万不能灌水。因为，当土壤含水量低时土壤结实，容易形成完整土球；若水分过多，土壤湿软，则会造成土球在搬运过程中受压变形甚至土体开裂、碎坨断根而影响成活。

取土球前应先将表层的浮土铲除，再以树根颈部为圆心，根据应带土球的大小和深度向外开沟。沟宽 30～50 cm，以便于操作为准。土球大小根据实际树体情况而定，形状应修整成光滑且平整、中间胖、两头瘦的苹果型（图 3-5）。对于名木古树，如果对树木根系分布情况不了解的，应通过试挖探根后确定。通常情况下，土球直径不小于树干胸径的 6～8 倍，土球高通常为直径的 2/3 或以土球下方看不见多数根系为准。树体大、树势弱的，根系稀疏的，土球可以大一些；深根性树种土球可以高一些，但最多不应超过土球直径；有时土壤中有大石块或石灰石的，也可考虑适当增大土球。

边挖边修形，挖到土球 1/2 深度时，需要“扎腰箍”，即用水浸湿的粗草绳在中上部位置水平缠上若干道，至少要达到 20 cm 高，并且草绳之间务必紧密排列并拉紧（图 3-6）。腰箍扎好后，在腰箍以下由四周向土球内侧铲土掏空，直至土球底部中心尚有土球直径 1/5～1/4 的土柱时停止，然后进行土球包扎。包扎完后，锯断主根，再在树干上拴好安全牵引绳，由几名工人拉住，用人工或机械向相反的方向轻轻推倒。

图 3-5　土球大小和形状

图 3-6　扎腰箍

需要说明的是，无论裸根起挖还是带土球起挖，在挖掘过程中，遇到细根则用利铲用力切断，切口一定要保持平齐，这样有利于树木根系快速愈合长出新根。如是直径 3 cm 以上较粗的主根或是侧根，则务必用手锯将其锯断或用利斧砍断，这样才能保证伤口平滑。切记不能贪图方便用铁铲硬切，以免将根撕裂、震散土球。最后，树根比较大的伤口要用专业的愈伤涂膜剂封口或其他方式消毒防腐。

（二）根系修剪

大树起挖难免会损伤到根系，树体越大伤害会越严重。在装运、移栽的过程中，则会让本已受伤的根系在外力的作用下折断、撕裂，伤口扩大。而烂掉的根系不但会使树体水分平衡失调加重，还有可能感染病虫害，得不偿失。但适当修剪大树根系则能促进侧、须根生长，是提高移栽成活率的关键技术之一。

具体做法如下：如果是裸根移植的深根性树种，主根一般保留 30～80 cm，浅根性树种的主根保留 20～30 cm。侧根发达的，主根还可尽量缩短，以便于装运。主要的侧根根据实际情况保留 3～6 根，每条侧根的长度为树木胸径的 1.5～2 倍，修剪时主、侧根的切口应平整。须根要注意保护，保留越多越好，太长的可以用枝剪适当缩剪。另外，还要将病根、烂根逐一去除，带土球的树木也一样。大的根断面用专业的愈伤涂膜剂封口，其余断根处最好用低浓度百菌清悬浮液喷淋，可以起到较好的消毒、保护作用，促进伤口愈合。

当然，在对根系进行修剪的同时应结合大树枝叶的疏剪，有利于减少水分流失。根系修剪掉越多，相应的枝叶可以加大修剪量，反之亦然，总之取得大致平衡即可。

（三）土球的包装

大树移植中土球的包装显得尤为重要，有软材包装和木箱包装两类。

1.软材包装

一般适用于胸径 15～30 cm 的大树。由于大树移植无论从体量上还是困难程度上，都有别于一般树木的栽植，所以有必要注意以下几点：土球是黏性土壤的可以直接用草绳包扎；沙壤土要用蒲包（或布片或遮阳网）先包裹好土球，并用塑料绳稍加捆拢，再用草绳包扎；草绳包扎的方式有橘子包、井字包和五角包三种，大树移植以前两种居多（图 3-7）；用草绳包扎时，必须将浸湿的草绳整理成排线状，一人递草绳，一人拉草绳，这样便于上下包扎动作流畅施展，提高包装质量；每一圈草绳要尽量用力拉紧，并且紧靠在一起，可以一边包裹一边用木槌或砖头顺着草绳前进的方向敲打，使土绳能够嵌入土体增加摩擦，确保土球包扎稳定。

人们在长期实践过程中也尝试了一些新的土球包扎方式，效果也很不错。例如，先用密实的遮阳网包裹土球，再用由废旧橡胶皮加工成的绳子包扎土球。这样一来，由于橡胶绳有弹性，能将土球包裹得更紧，使土球不易松散，而且遮阳网、橡胶绳等包扎材料还可以重复利用，很大程度上提高了包扎效率，节约了成本（图 3-8）。

图 3-7　土球橘子包包扎

图 3-8　遮阳网包裹土球

2.方木箱包装

只有一些胸径在 30 cm 以上、土球直径超过 1.5 m 的特大型树移栽时才会使用。木箱由四块倒梯形的侧板(数块横向木板拼成)、四条底板以及 2～4 块盖板组成。每边用三条竖向木条钉牢,挖前至少要在三个方向上用木棒支牢树体,或用吊车牵引住树体。起挖时土球体积应比木箱容积略大,呈倒梯形,以便侧板能将土球紧密夹实(图 3-9A)。土球挖好并将四周削平整后,及时将四块侧板围好,切记相邻两块侧板的边缘不要互相接触,然后在侧板的上部和下部同时用钢丝绳和紧线器拴紧,使木板紧紧压在土球上,再用铁皮将相邻的两块侧木板用钢钉钉牢(图 3-9B)。钉好后用木棒将木箱四周牢牢抵在土坑壁上,以保持箱板牢度(图 3-9C)。此时可以开始挖掘底土,先分别从两边掏土,当掏到一条底板宽时,及时钉好底板。待两侧底板安装完成以后,在底部四角处垫上木桩或支好千斤顶,再挖掘中间部分。此时,注意人千万不能将身体的任何一部分置于土球下掏挖,以免发生意外。遇到粗根,去掉泥土的同时将根锯断。如发现有部分土体松散,应用蒲包或塑料布兜住,再钉上中间两块底板。最后在树干两侧或呈井字形装好盖板(图 3-9D)。

(四)大树的装运

装运大树肯定会运用到大型机械设备,在实施过程中往往容易造成树皮损伤、土球破裂导致树体严重缺水。因此,大树装运质量的好坏是影响其存活的关键,施工过程中务必要做好随挖随运、慢装轻卸、保护到位、防风保湿等周到细致的工作。

在大树吊运装车前务必先计算树体吊装时的总重量,其重量必须在吊车的吊装能力范围之内(有约一倍的余量更为妥当)。一般采取以下公式来估算:

$$W_{总} = W_{土} + W_{树} = \pi \times R^2 \times h \times \beta + W_{树}$$

[$W_{总}$ 为树体吊装时的总重量;$W_{土}$ 为土球重量;$W_{树}$ 为树体重量;R 为土球半径;h 为土球高度;β 为土壤容重(根据实际情况而定,一般取 1.7～1.8 g/cm^2)]

为了保证施工安全,吊车吊臂的长度应不低于树高的 2 倍,以便操作。

A　B　C　D

图 3-9　大树移植中的木箱包装过程(引自土木在线)

1.起吊

吊装时要现场勘察确定吊车可以停放的最近位置,算出旋转盘中心距土球中心的距离和角度。吊车一定要放下支撑架,一般施工场地通常是软质土壤,为了保持车体稳定,可以在每个支撑架下垫上几块枕木,扩大与土壤的接触面积。大树吊装的常用方法有吊干法、吊土球(木箱)法和平吊法。

(1)吊干法　用具备很强承载力的软质吊装带(现在一般不使用钢丝绳)拴在大树树干上,将着力点主要集中在树干某一位置来起吊大树的方法。这种方法最为常用,优势在于操作相对简便易行。在作业过程中关键在于对树皮的保护,可先用草绳在树干着力的位置上紧紧包扎一层,外层再紧挨着用钢丝绑扎一圈木条,木条一定要捆实扎紧,以免起吊时松动擦伤树皮。起吊着力点的位置,根据树木的根冠比例、树体高度、土球重量等综合决定,一般树干基部以上 50 cm 左右(图 3-10)。

图 3-10　吊干法

(2)吊土球(木箱)法　起吊的时候准备两

根吊装带，一根拴在树干上，一根托于土球(木箱)底部进行起吊。

(3)平吊法　将起挖包扎好的大树，慢慢推倒，斜放在原地，然后根据树体高度以及树体重量，在树干上找两个着力点。注意要保持树体的平衡，不能有丝毫偏斜。

上述方法，前两种使用较为普遍。吊干法适用于大多数的大树移植，可最大程度地减少对根的损伤，操作起来相对简便，也便于定位装车。不过由于需要的起吊力很大，很容易擦烂树皮，也会造成大树下部分的大幅度摆动。因此，起吊前应在树干上系一根牵引绳，以控制树干摆动。如遇体量特大、特重的大树就需要采用吊土球(木箱)法或平吊法，会对树干伤害较小，但是不易掌握好平衡，容易倾斜坠落。遇到这种情况我们可以先试吊，即将大树完全吊离地面20 cm左右，看是否稳定平衡，试吊没问题后再缓慢起吊。起吊大树自始至终要有经验的吊车师傅和现场施工人员统一指挥，以免意外事故的发生。

2.装车

树木挖好后，应遵循随挖、随运、随栽的原则，尽量在最短的时间内将其运至目的地假植或定植。运输车辆一般选择大型卡车或平板车，条件允许、路途遥远的可以选择有棚的汽车。

(1)裸根树的装运　裸根大树装车应顺序码放整齐，对于树高2 m以下的可以立装；2 m以上的必须斜放或平放，不能压得太紧。根部朝车头方向，装时将树干加垫、捆牢，树冠用绳拢好。

(2)带土球树的装运　装运带土球的树，同样也是土球朝前树梢向后，并用木架将树冠架稳。土球直径在2 m以上的苗木只装一层；小土球苗木可码放2～3层，土球之间必须码放紧密。为了土球稳定，避免滚动，底层可以用木块或砖头将土球底部卡紧，同时要用坚韧的绳子和紧线器将土球固定在车厢内。土球上不准站人或放置重物(图3-11)。

图3-11　苗木装运(引自园林头条)

3.大树装运过程中的注意事项

(1)无论是裸根还是带土球的大树，在装运过程中都要做到全程保护。凡是树皮与树皮之间、树皮与车厢、木架等硬物接触的地方都必须用软质材料衬垫。另外，放置车尾的树冠在运输过程中不能扫地。同时还需要适当控制运输环境，尽量减少由于车辆颠簸造成树体碰撞损伤。

(2)运输时天气阴有小雨或阴天最为合适，多云天气也可以，晴天最好选择夜间运输。若遇大雨应及时加盖彩条布，以防止大雨冲塌土球，损伤根系。如遇大风天气则会大量失水，降低移植成活率，不适合运输。

(3)短途运输一般可采取蘸泥浆、喷保湿剂或加盖遮阳网等方法，降低树体水分蒸发速度。长途运输还需将树干覆盖湿草毯，并不时喷水保湿。中途停车应停放在庇荫处，以防水分过度蒸发。

(4)事先应进行行车路况的调查，了解路面宽度、路面质量、道路架空线、人流量、桥梁及其负荷情况等，并规划好路线，制定出应急方案。由于运输车辆通常都会超限，因此在运输前必须办理相关手续。驾驶员或随行人员必须随身携带林业相关部门颁发的苗木检疫证和苗木移伐许可证，以备随时临检，保证运输过程的畅通。

(5)装运树木较多、树木名贵、树体大时，应配备1～2名随行押运人员。运输途中押运员应不时到车厢尾部检查，确认土球是否松动、树冠是否散开拖地、树冠是否会影响其他车辆及行人等。另一方面如遇道路崎岖路段，押运人员要注意观察周边环境并与司机相互配合，指挥车辆缓慢通行。

4. 大树卸车

大树运到施工现场后，应在指定位置卸车。土球直径在1.2 m以下的可以使用人工搭设木跳板卸车。其余情况必须使用吊车，卸车的方式与装车的方式基本一致。当车辆装载有多株树时，应多人配合按顺序一株一株卸下，严禁从车上往车下推树等野蛮作业。整个过程要求缓慢、平稳，务必确保树体不受损伤，土球不破裂。大树卸下车后，要么立刻移植，要么先放置在定植点旁边，放置的时候务必根据树体大小做好支撑保护工作，以避免树体滚动造成伤害(图3-12)。

图3-12　大树卸车

(五)假植

大树一旦卸下到施工场地就应该尽快定植，但在实际施工中往往会由于工期、场地准备、设备等特殊原因无法做到随到随栽。在这种情况下，无论裸根还是带土球移植的大树，都要及时进行假植，以保持大树根部活力和水分平衡，保证移植成活率。

1. 假植方法

按大树假植时间的长短，有临时假植、短期假植和长期假植3类。

(1)临时假植　大树运输到施工场地后不能随到随栽，但放置的时间很短，一般在24 h之内就能定植下去，最长的放置时间也不超过2 d的，可以采取临时假植。通常就近将大树斜放置到定植地点，往根部或土球上培一层薄土，再浇水湿润即可。

(2)短期假植　如1周至1个月不等的时间内都无法定植的，则需要短期假植。通常是在空地上挖出宽1.5～3.0 m、深40～80 cm，长度视具体而定的沟槽。再将大树按树种和规格集中斜放于沟中，树梢在顺风方向，然后用细土将根部埋实，根系不得外露。土壤干燥时应浇水，保持根部湿润，但不可太泥泞。带土球的大树要往土球上培土，培土高度达到土球高度的50%就行，切记不能将土球全部掩埋，以免草绳腐烂，土球散掉。如遇高温、风大天气可以对叶面、树干喷水。

(3)长期假植　也叫寄植。有时候遇到极特殊的情况，如长时间不能定植，为了提高移植成活率或囤苗，我们也可以采取长期假植的方式。该方法可以使大树在假植期内正常生长，时间短则2～3个月，长则可达数年。具体方法是先找一块平整开阔、水源充足、土壤肥沃透气、交通便利的场地，然后将待移植的大树按照常规方法进行集中栽植，并进行日常养护。现在，也可以采取一些新技术、新措施，即将大树根部或土球放入用无纺布制成的桶状种植袋内，再往里面填入土壤,随填随夯实,最后整齐摆放在场地内完成假植(图 3-13),种植袋可大可小。日后定植时,只需直接连树带土一起移植即可,不损伤根系,移植成活率高。如果树体特别大,也可以不用挖种植穴,只需用比较厚实的 PVC 排蓄板、黏土砖或多孔砖等砌块材料在地表围成一个框,再往里面培土将树种植进框内即可(图 3-14、图 3-15)。这种假植方式使得根际土壤疏松透气,能很快长出不定根,恢复正常生长,移植时只需拆掉外围材料,直接包扎土球移植就可以了。

图 3-13　使用种植袋假植

图 3-14　PVC 排蓄板围土假植

图 3-15　黏土砖围土假植

2.假植期内的养护

在假植期内,主要工作就是保证水分供应和防止积水。对于高大乔木必须立支架保持植株稳定并时常观测树体的生长状况,抓紧时间定植。假植时间越短越好,因为假植只是移植工程中无法正常施工时才使用的过渡措施,在高品质的园林工程中应尽量不用或少用。

(六)大树定植

1.定植前的场地整理与土壤处理

大树定植地不仅是按照设计要求栽植大树的位置,也是大树生长发育的环境条件。因此大树移植前需对树木定植地点进行必要的调查,了解定植点的环境特性,这是保证大树栽植成活,达到预期目的的必要条件。观测内容包括地形土壤条件、地下管线位置,主要受光面和强度、主要风向、人流活动以及车辆行驶情况等,其中最重要的是场地地形、土壤条件,这将直接关系到移植工程的成败。

(1)场地整理　场地整理包括绿化范围的确定以及地形高差处理两个部分。作为大树移植施工人员,这项工作主要是在遵循设计要求的前提下,通过施工场地的地形处理来解决大树移栽后的排水问题。因为排水不畅,可以说是大树移植失败的主要原因。园林绿地排水主要形式是依靠坡度自然排水。施工中根据大树定植地点排水的主要方向,将其适当填高形成一定坡度,使其与主要排水趋势一致,让多余的水能形成地面径流,排到道路两旁的下水道口或排水明沟。低洼处填土时要注意根据要求分层压实,不然会遇水自然沉降,造成土体塌陷影响大树存活。有条件的也可以在场地平整后,实施漫灌透水,使土壤充分下沉。个别地形复杂、地下水位高、不便放坡的区域,可以在地下局部铺设盲沟或排水管,利用管道进行排水。

(2)土壤改良　在当前园林绿化建设中,场地内的土壤整体条件令人堪忧,很不利于树木生长。但可以通过局部的土壤改良大大缩短移植大树的恢复时间,快速发挥其景观价值。土壤改良主要采用深翻熟化、客土改良、施用有机肥等措施来改善土壤结构,提高土壤肥力。

①深翻熟化　一般在定植前一年的秋末冬初,以稍深于树木主要根系分布层次的深度深挖种植穴,深翻后的土壤增强了通透性和持水性,降低了根系扎入土壤的阻力,使土壤微生物和土壤动物的活性增强,加速了土壤内有机质的分解、熟化,提高了土壤肥力,从而为树木根系生长创造了有利条件。其深度与土壤质地、土壤结构、树种特性等因素相关,一般是 50～100 cm。如果施工时间充裕,可以通过深翻结合施有机肥的方式来促使土壤形成团粒结构,改善土壤结构与理化性质。

②客土改良　有时候定植点的土质过于黏重,或掺杂很多建筑残渣,或被严重污染过,这根本不适合树木生长。我们可以对其进行局部客土改良,以改善这种状况,方法见项目五。但是,外来基质要注意消毒,一般用 50%多菌灵或 50%甲基托布津,再加用 30%辛硫磷按 1∶1 000 拌土灭菌杀虫。

③施用有机肥　有机肥具有缓效性,能够持久、均衡地供应养分,还能有效改善土壤结构。在定植前,将充分腐熟的有机肥与土壤按照 1∶3的比例拌匀,然后施用到种植穴底部,再在肥土上覆盖至少 5 cm 厚的沙壤土,以免根系与肥土直接接触,造成烧根。

2.定植穴的准备

(1)定植穴的挖掘方法　为了保证移植存活率,定植穴的挖掘最好在大树运抵施工场地前就准备好。首先依照种植施工图准确定点放线,挖掘时以所定位置为中心,根据大树的设计规格估算出种植范围,并据此大致挖出种植穴。注意必须从四周垂直向下挖掘,挖成上下宽度一致的柱形或方形。切记不能挖成上大下小的锅底形,以免造成窝根或填土不实,影响大树成活。另外,在位置比较高的地方挖种植穴时还应适当深挖;在斜坡上挖掘时要对土壤外堆里挖,保证土穴完整;在低洼处则要适当填土并浅挖。挖穴时要将上层表土与底层心土分开堆放,堆放位置要统一,便于回填作业。如发现有预埋管线时,必须马上停止施工,及时汇报,研究出解决方案后再继续施工。

(2)种植穴规格确定　种植穴挖掘规格是否合理,对大树未来的生长也有很大的影响。当大树运抵施工场地后,要根据实际待种大树的根系状况、土球大小、木箱的规格以及土壤环境和地形来综合确定定植穴的形状与规格。

定植穴挖掘

一般除木箱移植的大树,其种植穴为方形以外,其余大树所需种植穴的形状也可为上下一样宽的圆柱状。一般定植穴的规格须与根系范围或土球的大小相适应,通常直径比根或土球高度大 40～60 cm,深度大 20～30 cm。如已预先大致挖好种植穴的话,只需按要求现场修整即可。如果水平根系发达的树种可以适当地扩大穴直径,深根性的树种则应加大种植穴深度。具有肉质根系的大树,例如玉兰,也需要扩大种植穴或往穴底回填粗砂或小石粒,这样有利于通气排水,防止烂根。此外,土壤条件差的,如回填土中含有很多建筑残渣的地方也应适当扩大种植穴的规格。

3.大树定植流程

大树起挖、装运到施工现场，并准备好定植穴后即可进行定植，其施工流程如下：

(1)把握定植时间　依据整个绿化施工进度以及各类树种的最适移植时间，尽力做到“适树适栽”。在实际施工中一旦大树运抵现场，只要不遇到诸如大雨、大风等极端天气，都应该连续作业，尽快将大树移植下去，以保证大树的存活。

(2)回填穴底土　定植前应先向种植穴的底部回填一些表土或混合基肥的肥沃壤土，高度在 15～25 cm，并堆成小土丘状。这样做有以下 3 个作用：①可以大大改善穴内土壤环境，滤水保墒；②可找平穴底，维持树体正直不倾斜，并借此调整树木种植高度；③在大树运装的过程中土球底部会多少有些破损，造成底部空洞，裸根大树也一样，如先在穴底回填底土，可以比较方便地将空洞填满，促进新根生长，有利于大树成活。

定植前修剪

(3)定植前的修剪　在定植前按前述情况对根系进行修剪，做好防腐处理；大树一般斜靠在地上时对树冠进行第二次修剪，以提升树木的观赏性。当然，个别树体水分损失严重，树势很弱的则要借此重剪尽量补救。常绿树种在保持树形的情况下尽可能地疏剪枝叶，以减少水分蒸发维持树体水分收支平衡，但像广玉兰等一些枝少叶大的树种，则只需将少量有芽树叶保留，摘掉大多数叶片就行。

(4)定植　只要场地条件允许，土球直径在 1.2 m 以上的大树都需要用车吊的方式来辅助定植。

①带木箱大树的移植　吊树的方法，和前面介绍的大树起吊方法一样。当木箱吊至种植穴上方还没有全部着地时，可以先将最中间的两块底板拆掉，然后在大树的四周各站一人，用粗木棍抵着木箱的侧板，大树一边下吊一边根据设计要求和树形特点修正大树位置。将木箱落实到种植穴内以后，及时拆除木箱最后两块底板，并用木棍做好支护，保持树体稳定。树身支稳以后，先拆除木板的盖板，并向穴内按照先表土后心土的方式回填土壤，待将土壤填至穴高的 1/3 时，逐步拆去周围挡板，接着再往里填土。注意须分层填实，每填 30 cm 厚的虚土就要用力捣实一次，直至将种植穴填满。

②带土球和裸根大树移植　一般采用吊干法。先在吊带捆绑的位置裹好毡布或木条，安装吊带时务必牢固、紧致，树干较长时，可设置两个吊装点。吊起时应使树干保持直立，缓慢进行，有条件的可以在树干上设置 1～2 根牵引绳，避免大树在空中过于晃动。运至种植穴上方时，让 1～2 名工人手扶大树，精确控制方向的同时可以轻微旋转树体，将树形最优的一面面向主要的观赏方向，并向根部喷淋杀菌剂和生根剂。随后根据土球高度进一步找好深浅，预先增减底土，并缓慢将大树放入种植穴内。如果不平，还需向倾斜的方向的底部再填施土壤，填土时仍要做到分层填实。裸根移植的，要做到“三埋二踩一提拉”，即填土至穴的 1/3 高时，夯实一次土壤；当填土至穴高的 1/2 时，抱住树干轻轻向上提两下，树体特别大时也可向前向后稍微推动一下树体，再继续填土夯实；最后将剩下的一部分土壤填实。切记整个移植过程，自始至终都不能拆下吊装带，吊绳要一直保持拉力，维持树体稳定，保证施工安全。

上带吊起　　　　指挥定植　　　　分层捣实

(5)树体支护　虽然大树已经定植，但仍没有生根固土，很容易被大风吹刮，树体松动，此时如遇大雨则容易积水，将导致大树死亡。所以无论是裸根还是带土球的大树，在移植基本完成之后，浇水之前，都要及时做好树体支护。一旦支护完成以后就可以拆下吊装带，进行下一棵大树的移植。

大树支护总体要求以美观、牢固、实用为原则。首先应对常用支护材料进行选择和处理。常用的有杉木杆、松木杆、桉树杆、竹竿和钢管，其中桉树杆、杉木杆需去皮使用，钢管则应刷绿漆或包金布美化后使用。撑杆大小应根据移栽大树的胸径和冠型大小来确定，一般撑杆直径不小于5 cm，并且不得老旧腐朽，必须统一规格、干直、无病虫害。常用的支护方式有5种，具体如下：

①“冂”字形支护　胸径在15 cm左右的大树，可以在树干的1/2处，相对的两侧位置上各立一根高1～2 m高的竹、木支柱，中间用一根较粗的木质横杆将其连接起来，并用铁丝绑扎牢固防止晃动。横杆与树干接触的位置一定要包裹软质材料，以防磨损擦伤树皮(图3-16)。

②三角形支护　胸径在15～25 cm的大树宜采用三角支护。即用较粗的木棍构成三角形，将一段端部削成斜面，支撑在树高的1/3～2/3处。倾斜角度40°～60°，木棍另一端要插入土壤30～40 cm，为增加支撑稳定性，可在基部增加锚桩固定。树体特别高大的可以用钢管支撑，但与树干的接触部位要用钢制扣件箍紧，基部要用螺栓固定。同样的，与树干接触部位也必须要用软质衬垫物或木条进行保护，以防损伤树体。但三角形的支架由于支撑角度小，牢固性低，必然会将木杆支撑得比较远，有可能会妨碍到行人通行，所以只适合在较为空旷的绿地内使用(图3-17)。

图3-16　“冂”字形支护

图3-17　三角形支护

③四角形支护　即在树干四周均匀地立 4 根支柱，以增加牢固性，方法同三角形支护。需注意在主风向上至少要有一根木棍支撑，与树干夹角控制在 35°～40°。如由于场地的限制，不能将木杆支撑得很远时，则必须采用四角形支护方式均匀锚固在四个方向上。移植行道树时一般也采用四角支护，支撑杆方向需保持一致，打开角度、支撑高度相同(图 3-18)。

④“井”字形支护　同样在树干四周均匀地立 4 根木支柱，略微向树干倾斜，只是上端不直接与树干接触，而是以 4 根适当长度的横杆围合成一个矩形夹住树干，再用铁丝或麻绳与支柱固定在一起。通常大树胸径≥25 cm 时，宜采用井字形的支护方式(图 3-19)。

图 3-18　行道树采用四角形支护

图 3-19　“井”字形支护

⑤网状支护　如移植大树较多、较密的话，可以利用横杆将相邻的树固定在一起，各个方向交叉固定排列形成网络状(图 3-20)。如片植大树，可根据树木大小及片植情况，选用网状支护，并在内部增加支撑杆，既整齐、美观，牢固性又更强。

图 3-20　网状支护

现在市场推广使用环套绑带式树木支撑固定器来支护大树(图 3-21)，这种支护方法省时、省力、易操作，可以非常方便地适应各种规格的大树，且材质防腐耐用，还能重复使用，符合环保、可持续发展施工的要求。

图 3-21 环套绑带式树木支撑固定器

大树支护工作完成以后，每月应对树体支护情况抽检、加固一次。大风或大雨前后，还需对其进行全面检查和加固。

(6)浇水 实践统计表明，移植树木死亡的主要原因就是失水过多。因此大树定植完成、做好支护以后，应马上向树干基部周围的土壤灌水，这次灌水俗称“定根水”“救命水”。一方面可以增加土壤含水量，为大树补充水分；另一方面由于灌水后的土壤会自然沉降，使大树根系与土壤能紧密接触，有利于根系的水分吸收；再者在挖掘、填埋的过程中土壤结构必然会遭到干扰破坏，灌水能通过水的重力作用重新塑造合理的土壤结构，有利于大树今后根系的生长发育。

浇定根水必须采取围堰灌水的方式，即在树盘附近直径略大于种植穴周围，筑高 15～20 cm 的土堰，土堰用铁铲拍实，不能垮塌漏水。堰筑好后，须缓慢向堰内灌水，浇则浇透，让其有足够的水分渗透至整个种植穴(图 3-22)。灌水完毕后要及时封堰，即将围堰土壤覆盖在植株树盘上，做到中间高四周低，这样做既能减少土壤水分蒸发又利于排水。秋季移植则要在土壤封冻前封堰。下次灌水同样要求先重新筑好围堰后再进行。

一般浇第一遍水以后 3 d 再浇第二遍水，5～7 d 后再浇第三遍水，俗称“三遍水”。但也并非一概而论，浇水的次数与量，要根据树根系类型、树体情况、天气等适当增减。如遇高温、干旱天气可以适当增加灌水次数；树体失水严重的，可以在灌水的同时对枝叶和树干喷水。浇水后或多或少会有土壤沉陷的情况发生，致使树体倾斜，此时要及时培土、扶正。

(7)树干包裹与树盘覆盖 方法参考项目(图 3-23)。

图 3-22 围堰灌水

图 3-23 用塑料薄膜进行树干包裹和树盘覆盖

4. 大树移植的注意事项

大树移植流程复杂、难度大、持续时间长，要想保证较高的移植成活率，除要采取前面提到的一系列技术措施以外，结合长期实践总结，还应注意以下几点。

(1)在移植实施前，施工人员应多方沟通，根据现场工程的进度情况，对移植苗木的种类和运输量进行计划。一旦大树运抵现场，都应该尽力克服困难，保证在 24 h 之内完成定植。如遇到不可抗拒的特殊状况时，则必须假植。长距离运输 2 d 以上的苗木建议二次修根后定植，避免根系在运输途中风干失去生根能力，影响成活。

(2)无论在装运前修剪还是定植前的二次修剪，疏剪枝条时都应在分枝基部贴近树皮的位置上下剪，注意不留残桩。在修剪较粗的树枝时，可采用两步法，即在枝条基部往上一段距离的位置下方先锯一切口，深度为枝干粗的一半，然后从上方将该枝条锯断，留下一根残桩，最后再锯掉残桩。这样可避免枝干开裂，保护树干，提高成活率。

(3)在大树移植作业过程中，务必要将树形最优美的方向朝向主观赏面。例如，树干有弯曲的树种，列植、做树阵时，要将弯曲的部位面向同一方向，顺着道路或视线方向成一条直线；在建筑物前、广场区域移植时，要将树体丰满、漂亮的一面朝向观赏人群，以达到最佳视觉效果；组团群植时，要求不同树种间的树干和树冠形态要互相协调，注意塑造优美的林冠线和林缘线。

(4)在大树移植中，施工人员要依据大树种类、土壤环境、地下水位、气候状况等来确定栽植深度。一般地下水位高、土壤排水不良的低洼处，最好不要栽树，实在无法避免的话，一定要在场地整理时期做好地下排水设施。总体原则是既要保证树体根系有充足的水分供应，又不能埋土过深，积水烂根。其中最简单有效的方法就是以树干原土面痕迹，即"土痕"为标准，一般带土球的大树与土痕齐平或略微高一些，裸根的则比原土痕深 5～10 cm(图 3-24)。对于玉兰、腊梅、雪松、合欢等这类不耐水湿的树种，则只能浅栽。但是浅栽又特别容易在移植初期导致根部失水，这时我们可以采取"浅栽高培"的方法来解决这一难题，即先将大树适当浅栽，再在树体基部培上更多的土壤，当然形式也是多种多样的。这样做既能保证根系通气又有土壤覆盖，避免了水分过度蒸发，能尽量维持土壤环境温度，待树体成活以后，只需将多培的土壤挖掉即可，可谓一举多得(图 3-25、图 3-26)。

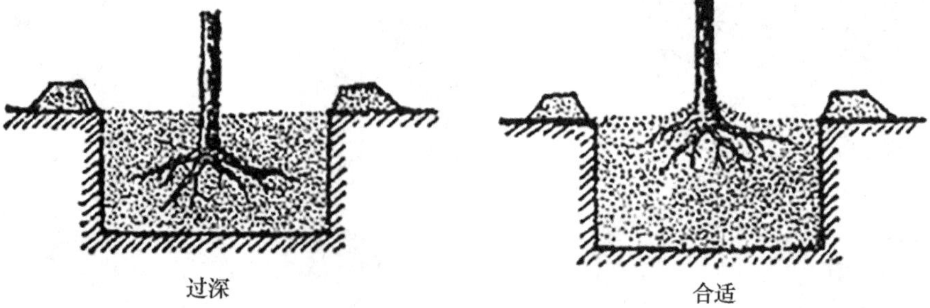

图 3-24　大树移植深度示意图

图 3-25　用“浅栽高培”法移植大树

图 3-26　用短木桩围土实现“浅栽高培”

(5)有些规格比较大的树，为了稳定必须采用钢制的扣件来固定树干。但随着时间的推移树干会增粗生长，而钢制材料没有延展性，时间长了树皮会嵌入进去，最终会伤害到树体，阻碍大树正常生长(图 3-27)。解决方法是将两片扣件的一端固定死，一端则用螺杆套螺母的方式固定，或使用前面所述的绑带式支撑固定器。以后发现树干增粗，只需要调节螺母即可(图 3-28)。

图 3-27　钢制的扣件阻碍大树正常生长

图 3-28　可以调节松紧的钢制扣件(图中圆圈处)

(6)大规模的绿化工程，要一边移植一边浇水，流水作业。施工范围宽，时间长，等到大量树木都移植完成以后再统一浇水的话，则间隔时间太长，大树很容易失水死亡。因此，我们可以在施工组织上加以改进，安排专人浇水，保证在 24 h 之内就能浇完第一遍水。

(7)浇定根水的正确做法是围堰灌水。但是由于建筑围堰花时间较长，如果移植数量多的话工程量会特别大，再加之工人技能水平参差不齐，做的围堰也往往不能满足要求，达不到预期目的。其实在很多时候，工人们都没有做围堰，而是直接用软管向种植穴内灌水。这种方法在赶工期、劳动力比较紧张的时候可以采用，但要注意软管出水力量不宜太大，需保证有足够的时间将水渗入到土壤中去。另外，一定要在种植穴的东南西北四个方向上都要灌足够的水，因为如果灌水不均匀的话，会造成土体局部沉降、塌陷，树体根部会翘起，加深对大树根系的伤害。

(8)当进行过包扎的土球移入种植穴后，需在不断填土的同时剪断草绳，尽量将其抽出，避免草绳霉烂、发热，影响断根愈合及新根生长。如土球底部实在抽不出，则要剪断铺平并用至少 20 cm 厚的土盖住。

(9)在回填土的过程中,要求一边填土一边夯实土壤,保证土壤能与根系紧密接触。在实践中可以预先准备几根 1.2～2.0 m 长的粗木棍,作业时一边填土,一边让 1～2 名工人用木棍捣实土壤。遇底部有空洞时更要用木棍使劲往里塞填土壤,如果没有准备木棍,也可用铁铲木柄那头来捣实土壤,切忌用脚踩踏土壤。

(10)大树移植结束后,需要对树盘进行覆盖处理。为了保持植物景观的整体性,通常我们会在大树基干周围种植草坪,但所谓"大树底下不长草",大树的根系有很强的化感作用,会将土表根系范围内的草全部杀死。现在比较主流的做法就是直接将树盘留出来,这样也便于养护管理(图 3-29)。这种做法在场地空旷、植物布置灵活、人流较小的大型公共绿地里可以使用,但是在居住区、广场、学校等地方就不适合。为了减少扬尘污染,减少土壤水分散失,我们有必要对大树树盘铺设树皮或卵石覆盖。铺设树皮可以有效防止泥土裸露,树皮木块分解后还可作为养分滋养树体,但树皮易腐烂且维持时间太短。用卵石覆盖其实也不错,增强了观赏性,不过卵石容易遗失,管理起来非常麻烦。

现在有一些新的处理方式值得我们学习。先用 HDPE 塑料板将大树树盘区域围起来,高于土表 3～5 cm,再往里面填充珍珠岩,最后在表面铺设一层大颗的陶粒。陶粒很多,不容易遗失,而且透气利水。下层填充的珍珠岩保水透气,对于土壤能起到很好的保温保墒作用(图 3-30)。这种做法简单易操作,既美观又实用,很好地解决了大树树盘覆盖的问题。

图 3-29　树盘留出来,便于养护管理

图 3-30　新型树盘处理方式(HDPE 塑料板保护树盘并填充珍珠岩后表面铺设陶粒)

综上所述,大树移植是一项具有一定风险性、专业性强、标准高的实践工作,我们应当始终树立安全、责任意识,严格按照相关操作规程履行到位,避免违规作业,杜绝一切安全责任事故的发生。

三、移植大树的成活期管理

大树定植后,未来一年的时间非常重要,需要精心地管理养护,养护的好坏直接影响到大树的移植成活率,尤其是前 3 个月。

(一)灌水与叶面补水

水分供应是否及时、合理、充分是移植树木成活的关键。除严格按照移植要求灌"三遍水"之外,如发现缺水还需要再次筑堰灌水。过一段时间以后,可以对树盘进行浅耕,这样能切断土壤毛细通气管，减少土壤内水汽的蒸发，进一步提高保水力。对于进行了树盘覆膜处理的，需要每隔 5 d 左右揭膜检查，膜下土壤如没湿气，应立即浇水。浇水也不能浇得过多、过勤，要做到见干见湿，浇则浇透。当然也要注意雨季排水的问题，以免烂根。如遇气温高、风特别大的情况，特别是常绿树种，可以在上午或傍晚时间根据需要喷施叶面水，或架设遮阳网、草绳裹干覆膜等。

（二）大树输液

由于新移植大树的根系受伤严重，生理活动相对很弱，如只对根部实施灌水的话，无论灌多少水，根系能吸收的水分却不多。长期实践证明，此时采取树干输液法（即将水分直接输入树体导管，通过导管将水分运输至全身）能够有效地为大树补充水分和养分，促进大树的成活。这种方法适用于胸径 5～10 cm 及以上的大树，具体方法如下：

在输液之前要先准备好注射液，一般是溶解氮、硫酸铁、各种氨基酸等营养物质的洁净水。在这里要特别注意输入液体中如果带菌、带毒、有絮状物、粉尘、藻类等，输入到树体中反而会加速树的死亡。因此，合格的大树输入液应该是根据大树需求进行营养配比的、无菌易吸收、对大树成活有帮助的营养液。最好选用正规厂家生产的专用营养液，经稀释后装入输液袋内，封口备用。接着用钻头直径为 4～5 mm 的手电钻在大树根颈处往上 10～50 cm 的范围内钻孔，钻头从上斜向下 45°角，3～5 cm 深，以钻到木质部为准。打孔时，电钻钻头注意不要摆动，以免孔过大或有缝隙造成药液外渗。孔打好后将针头插入孔里，输液袋吊挂在树干或树枝上（图 3-31）。通常每个输液袋用 2 个以上针头，胸径 5～10 cm 以下的大树挂一个输液袋，胸径 10～30 cm 以上则可用 2～4 袋，也可以使用说明为准。多个针头须均匀、对称布置，上下错开 1～2 cm（图 3-32）。如挂好输液袋后发现针头处往外渗水，可在针头周边缠上生料带，塞紧避免漏液。

大树输液

图 3-31　大树移植专用营养液

图 3-32　大树输液方法示意图

注意务必在失水症状表现的初期，即在叶黄、萎蔫、树势弱时实施输液。正常情况下一个吊袋 1～2 d 输完，不缺水的话 3～5 d 输完，通常要输至少 15 d，后期基本一周一袋，这样可保大树成活。一般 15 d 后树势将由弱逐渐变强，叶片由淡绿变至深绿而后吐出新梢。有时也会出现不走液的情况，要及时检查找出原因，如树体能否吸收液体，胶管是否通畅，针头是否堵塞等。

通常情况下同一输液孔使用时间最好不要超过 15 d，因为时间一长，伤口会产生愈伤组织堵塞输液孔，影响液流。有时孔口容易腐烂，伤口难以愈合。若需连续补液，则要及时更换插孔，并对使用后的插孔进行消毒处理，促进伤口愈合。每次输液完之后输液袋要及时取下，防止液体回流。

在整个养护管理期，输液可以在树木生长的各个阶段进行。但这种方法只是适用于树木缺乏水分且根系无法正常吸收时，是一种临时急救措施，不宜长期使用，还需配合大树移植后的常规养护管理。

（三）排水

虽然我们在移植过程中采取了排水措施，但在漫长的养护期难免会遇到多雨季节。例如春季清明时期、梅雨时节以及夏季局部大暴雨等。这期间雨水多，空气湿度又高，这时一定要想办法排水、防涝，避免根部长期泡水，导致树木死亡。常用的方法有透气网袋法和埋管法两种。

1.透气网袋法

即在网袋里装满陶粒或直径 5～8 cm 的浮岩石，埋在行道树根部的下方，起到通气、利水的作用。

2.埋管法

埋管法即在种植穴土壤中埋 1～4 根直径为 20～50 mm 的 PVC-U 管材，一端露出土面，一端埋在种植穴底下，也可以两两连通成"U"字形。每根管的管身需均匀地打很多小指头大小的孔（注意孔不能太小），并在管外壁包裹一层无纺布或细铁丝网作为过滤层。这样，土壤深处可以通过管道与地面连通透气，土壤中过多水分也可以通过塑料管身上的孔渗透到管中，然后人工排水或用水泵将水抽出。在高温干燥季节还可以往透气管里灌水，也是一种很好的补水措施。见图 3-33、图 3-34。

图 3-33　大树埋管(一)(引自恒大园林)

图 3-34　大树埋管(二)

3.挖洞开沟法

有时对于栽植在低洼处的大树，当排水不畅，埋管又不便施工时，还可以采取挖洞、开沟法等紧急排水措施。可在树盘四角的位置上挖 2～4 个直径 20～30 cm、深 1～2 m 的洞，积水特别严重的，可以通过开明沟排水。这种方法效果较为显著，缺点是会严重破坏景观效果(图 3-35)。

图 3-35　挖洞、开沟紧急排水

(四)补充修剪与抹芽去萌

必要时可以在夏秋季节进行对大树再次进行修剪、抹芽。由于刚移植不久，应避免过度修剪。夏季可剪去所有徒长枝、分蘖枝，以节约营养，保持树木的形态。晚秋则要剪掉枯枝、烂枝、病虫枝等，选留骨干枝。对于银杏、香樟、合欢等大树在开始萌芽时还要适当抹芽，一方面形成骨干枝；另一方面降低水分消耗。对于萌芽力较强的树木，应定期分次进行抹芽去萌，尽量除去基部及中下部的萌芽，保留上部新芽，保证树冠快速成形。

(五)松土除草

一段时间以后树盘位置土壤会板结，影响根系生长。这时就要对其进行松土、除草(深度 15～25 cm)，可以改善土壤通气状况，促进生根。同时，密切关注病虫害的防治，做到预防为主，综合治理。

（六）加施追肥

为了让移植后的大树早日恢复树势，增强抗性，需要适量给大树加施追肥，补充养分。一般采用灌施的方式，通常在春季萌芽前及深秋各追肥一次。即将氮肥和磷酸二氢钾配成复合肥水溶液，结合灌水施入根系附近的土壤中。注意这段时期的施肥一定要做到薄肥勤施，最好选择在雨天进行。有条件的也可在树池外的树冠垂直投影范围内打孔、挖沟施肥（沟宽 30 cm 左右，深度 20～30 cm，施加复合颗粒肥），引导根系向外生长，扩大根系的吸收范围。或采取开沟施肥法，即在树干基部周围挖一浅沟，往里面施加复合颗粒肥再灌足水即可。

（七）遮荫处理

如遇高温高热天气，为防止树冠被强烈阳光直晒导致树体水分过度蒸发，必须搭遮阳网棚给新移植的大树遮荫，以降低棚内温度，减少树体蒸腾。可在大树外围搭建一个支架，支架外围覆盖遮阳率为 70%左右的遮阳网，这样既能避免强烈阳光直射，又能让树体接受一定的散射光，保证光合作用正常进行。不过棚网四周应与树冠之间保持 50 cm 的距离，有利于棚内空气流通，防止高温伤害（图 3-36）。

图 3-36　为大树搭设遮阳网棚

（八）防冻抗寒处理

入秋进行一次追肥，可提高大树抗寒性。在深秋对树干基部涂白（大约 1.5 m 高，涂白区域不能留一点空隙，特别是树皮褶皱里面都要喷涂到位）。土壤封冻前需灌足封冻水，并及时往大树基部培土，保护大树干颈部位免受冻害。入冬前还需用草绳、塑料薄膜对树干及大枝条进行包裹保暖，必要时将薄膜延伸覆盖到树干基部和树盘附近（图 3-37）。但是用草绳裹干保温，一定注意保持草绳干燥，因为湿草绳冬季会结冰，直接与树皮接触会造成树皮冻伤坏死，最终导致大树死亡。因此，我们可以先给树干包一层塑料薄膜，再在外面捆草绳，避免草绳与树皮直接接触。如果树体特别大的主景树，大面积裹干不方便的话，可根据实际情况对重点部位着重保护（图 3-38）。对于一些抗寒能力较弱的名贵树种、造型树等可采取设立棚架，外搭塑料薄膜的方式将整个树体保护起来，使之能安全越冬（图 3-39）。

图 3-37　树盘覆盖保暖

图 3-38　重点部位保护

图 3-39　造型树外设立棚架，外搭塑料薄膜保护（图中圆圈处所示）

（九）大树成活率调查与补植

大树移植后应经常观察大树的生长状况，切实做好树木的成活调查。值得注意的是，在调查过程中不能通过观察大树是否有新芽、是否萌发了新的枝叶来判断大树的成活情况。因为大树在要死之前普遍会有“假活”现象，即死之前反而会萌发少量新的枝叶。所以关键是看是否已经萌发出新根，但检查根系实际操作很困难，因此可以通过查看树皮颜色来判断。用小刀轻剥外层粗糙的树皮，里面显青绿色则表示树已成活，如显棕褐色甚至黑色则说明已经死亡。一旦发现有树死亡，为了公共安全和景观效果应马上做好标记并及时移除补植。

（十）大树移植及养护档案的建立

在大树养护管理时期，除了必要的外业工作以外，有必要做好大树移植及养护工作的资料搜集、整理和建档工作。这既是证明工作经历的真实依据，也是这次大树移植、养护经验的总结。通过大树移植及养护档案的建立能让我们在实践过程中总结经验教训，取长补短。

通常将大树移植养护档案分为：大树起挖与装运档案、大树移植档案和大树养护档案。

1.大树起挖与装运档案

记录起挖大树的一些基本情况，如树种、来源、规格、生长状况等，重点大树要拍照记录。还要记录起挖方法、土球包扎方式、修剪情况、起吊时间和方法、运输情况等。

2.大树移植档案

主要包括移植前施工场地情况、场地整理、移植时的天气情况、整个移植过程的技术措施、现场施工工艺等。

3.大树养护档案

记载大树移植前后的各种养护管理措施，如大树支护措施、水分管理措施、养分管理措施、大树修剪工作、病虫害防治等工作流程和内容。

俗话说“大树三分种、七分养”，移植成功与否还得看移植后的养护水平。不同的园林绿化工程采取的技术措施会因树种、环境、施工技术条件、甲方要求的不同而有所差异。在选择实施的过程中需要结合实际情况，具体问题具体分析，因地制宜、灵活应用才能够达到预期目的。

大树成活养护管理工作不是在短期内完成的，需要一段漫长的时间，短则1年，长则2～3年，需一直等到大树逐步适应当地环境、恢复正常生长、满足景观要求时，移植工作才算成功结束。

第二课堂活动

合肥蜀山区南岗镇曾花费上亿元从越南原始森林引进250棵百岁以上紫薇树，由于技术把控不当，首批移植的98棵紫薇树集体死亡，造成一大遗憾。通过园林社团活动，对当地大树进行调研分类，思考树木的适时适栽主要考虑什么环境因素与树木生长相适应，从而保证大树移植成活率。

项目拓展

大树移植后的服务寿命

大树移植是现代城市建设的需要，也是人们向往高品质生活的迫切需求，在整个城市绿化建设中都具有十分积极的意义。大树移植可以缩短城市绿化建设的周期；拉动社会经济发展；改善城市局部小气候；优化城市生态系统。但是大树毕竟是有生命的，树体本身无时无刻不在发生着变化。况且在短时间内要将其移植于一个全新的环境，还要考虑到大树与环境、树与树之间各种微妙关系。因此大树移植是集知识性、技术性、经验性为一体的复杂工作，移植时只要在众多环节上稍有疏忽，就会造成不可挽救的损失，总之没有充分把握，切不可盲目实施。

大树移植风险虽然很大，但效果却很明显，恐怕在短时间内是无法被替代的。所以我们在实施大树移栽工作时，是不是应该掌握两者之间的平衡，也就是所谓的“性价比”？这就是我们现在要讲的服务寿命。

大树移植的服务寿命是指大树移植后为人们服务的年龄。移植大树的目的就是为了营造一个有价值的园林景观。不过经过移植的大树，根系必定受到很大损伤，水分平衡被打破，各器官会受到不同程度的伤害，如果不能在短时间内恢复，其寿命将大打折扣。一棵大树移植后的危险期一般为1～2年，有的更长，过了十年二十年才表现出来，原因有如下几点：一是受植物本身寿命长短的影响；二是植物移植时树木年龄的大小；三是植物移植后的树势情况；四是大树适应能力对移植后长势及寿命的影响。

例如，在20世纪70年代末80年代初的4年时间里，上海一个新公园引种了一大批大树，有些树木的胸径达50～60 cm，在保证成活率的前提下，不同大树服务寿命的长短有明显差异。比如，移植胸径20 cm以上的紫藤，共有上千棵，当年种植成活率达100%，非常不容易。但在1～2年后大紫藤树身全部枯烂只留下根部发的新芽。这样算来，这么多紫藤树其服务寿命只有约1年的时间。移植的罗汉松，胸径27～60 cm，成活率95%以上，长势特别好，至今几十年了长势依然旺盛。应该说罗汉松的服务寿命是最长的，估计再活上几百年也没有问题。当年移植了3棵胡颓子，一棵胸径达62 cm，另两棵胸径在50 cm左右，移植3年后生长正常，发枝旺盛。据估计这几棵胡颓子至少有几百年的历史了，不过现在已严重衰老，其中1棵已经无法挽救，其余2棵也很难恢复。如果用服务寿命来衡量，这几棵胡颓子为25年左右，这对我们来说是不合算的，如果当初移植的是比较年幼的胡颓子的话，或许服务寿命更长，价值更大。

由此可见，尽管在绿化建设中不可避免地要移植一些大树，但是不能过分追求年龄大、树体大、造型奇，而应该多选择生长发育阶段早、寿命长的乡土树种，这样才有利于提高大树移植成活率，尽快恢复长势，延长大树的服务寿命。

实训与知识巩固

实训 桂花的大树移植

一、实训内容分析

大树移植是一项复杂的系统工程，起挖、装运、假植、定植、养护多个步骤环环相扣，而且与树种、树形、生活习性、立地环境的密切相关，这就要求在大树移植前必须做好充分的论证工作和技术准备。首先，须充分考虑移植树木的生态习性与立地环境是否匹配；树形树貌是否满足设计要求，与周围环境是否协调。从技术上来讲，大树移植又是一项操作性很强的工作，为保证移植效果，还应做好以下准备工作：第一，制定一个科学合理的施工方案。从大树的起挖、包扎、装运、到定植的每个环节都要有周密、详细的计划，以保证移植工作有序地进行。第二，严格依照种植施工图纸定点放线，定植大树对点施工，以保证景观效果。第三，严格按照大树移植流程作业，并根据实际情况灵活运用相关技术措施。通过此次实训，可以让同学们熟悉大树移植的整个流程，并能通过操作实践锻炼解决现场施工问题的能力。

二、实训材料

胸径 12 cm 左右的桂花树若干棵。

三、用具与用品

修枝剪、高枝剪、铁楸、锄头、手锯、粗木棍、桦木杆、草绳等。

四、实训内容

(1)对场地的立地条件进行全面调查。调查内容：平均温度、光照条件、水位线、土壤条件、道路状况、水源情况等。

(2)通过资料收集掌握桂花树的生物学特性和生态习性，并作详细记录。如有条件可以到苗圃现场考察、号苗。

(3)根据所移植树木的实际状况与立地条件，确定移植时间和移植方法。

(4)制定一个科学合理的大树移植施工方案，包括大树的起挖、包扎、装运、定植等，每个环节的方法、步骤和措施都要有周密、详细的计划。

(5)大树移植现场作业。

五、实训效果评价

评价项目	分值	评价标准	得分
对场地的立地条件进行调查	10	调查内容设计合理； 调查方法正确； 调查数据客观、准确。	
掌握桂花树的生物学特性和生态习性，并现场号苗	10	会利用有效途径收集树种特性； 记录结果清晰明了； 现场号苗方法得当。	
确定移植时间和移植方法	10	根据实际情况确定合理的移植时间和移植方法。	
制定一个科学合理的大树移植施工方案	25	大树移植施工方案是否合理； 是否具有可操作性； 是否考虑到突发状况，有没有制定紧急预案。	
大树移植现场作业	45	现场施工流程是否准确； 施工方法和措施运用是否得当； 操作是否熟练； 是否做到安全施工和文明施工。	
总分			

知识巩固

一、名词解释

1. 大树移植　2. 断根缩坨　3. 假植　4. 浅栽高培　5. 大树的服务寿命

二、单选题

1. 下列哪一项措施不能提高大树移植成活率？（　　）

A. 浅栽高培　B. 缩小土球体积　C. 施用抗蒸腾剂　D. 断根缩坨

2. 下列哪一项不属于大树移植成活期的养护管理措施？（　　）

A. 浇灌定根水　B. 松土除草　C. 根外追肥　D. 抹芽去萌

3. 下列哪一种做法不利于大树排水？（　　）

A. 输液　B. 放坡　C. 浅栽　D. 埋管

4. 下列树种中较难移植成活的是（　　）。

A. 云杉　B. 朴树　C. 栾树　D. 银杏

5. 大树移植过后，下列哪一项措施对恢复树体水分平衡不利？（　　）

A. 输液　B. 叶面淋水　C. 围堰灌水　D. 树干刻伤

三、填空题

1. 常见的大树支护形式有________、________、________、________、________。

2. 大树假植的方法，按其假植时间长短，分为________、________、________三类。

3. 常见的大树吊装方法有__________、__________、__________。

4. 大树移植中土球的常见的包扎方式有__________、__________、__________。

5. 大树移植为保持水分平衡主要采取的修剪方法有__________、__________、__________。

四、判断题

(　　)1. 为保证大树移植存活，土球应该越大越好。

(　　)2. 定植后浇定根水，可以直接将软水管放到树盘灌水即可。

(　　)3. 大树运抵施工现场后，如不能及时定植，则必须就近假植。

(　　)4. 在苗圃里的假植苗，在定植时可以不用断根缩坨。

(　　)5. 树木起挖后，不需要尽快装运，只要能保证树体不受损伤、土球完整，安全运至目的地就可以。

五、案例分析题

1. 在一次大树起吊作业中保护物突然脱落，树皮被钢丝绳刮到，造成了比较严重的机械损伤。另外由于重心不稳，树重重摔在了地上，土球破裂受损严重。你作为现场施工人员应该怎样处理？今后应当采取什么措施避免这种现象再次发生？

2. 在某一大道两旁新移植了很多大树，但是没多久，就看到树下的土壤被挖开了很多洞（图 3-40），为什么要这么做？这样做必然会影响美观，我们有没有其他更好的方法？

图 3-40　树下土壤的洞

3. 在大树移植成活期管理中，技术人员发现树木的大部分叶片已经枯萎凋落，此时判断可能是树木缺水，于是及时进行了灌水。但是经历几次灌水后树木的状态并没有好转。试分析树木出现缺水可能的原因？为什么及时灌水却没有解决根本问题？还可以怎么补救？今后怎样预防这种情况发生？

4. 在一次树木移植后不久，大树就出现了倾斜，这可能会是什么原因引起的？应该采取什么措施？

案例分析：为深入贯彻习近平生态文明思想，牢固树立绿水青山就是金山银山理念，坚决反对“大树进城”等急功近利行为，根据《森林法》第五十六条“采挖移植林木按照采伐林木管理”的规定，国家林业和草原局发出“关于规范林木采挖移植管理的通知”。谈谈现今严禁采挖移植天然大树、古树名木搞绿化下，结合园林树木的栽植，如何做到坚持以自然恢复为主、人工修复和自然恢复相结合搞绿化。

项目三知识巩固参考答案

项目四

园林树木的整形与修剪

素养目标

☞ 培养学生吃苦耐劳、团结合作、开拓创新的职业素养；
☞ 增强学生尊重生命、爱护园林环境及花草树木的主观意识；
☞ 培养学生按相应技术规程与标准操作的意识，及精益求精的精神；
☞ 培养学生科教融汇的学习技能和科技传播的家国情怀。

知识目标

☞ 了解园林树木整形与修剪的作用和依据；
☞ 能复述常见园林树木整形与修剪的要点；
☞ 掌握园林树木整形与修剪的程序及应注意的安全事项。

技能目标

☞ 掌握园林树木整形与修剪的常用基本技法；
☞ 基本掌握常见园林树木的修剪与整形技术；
☞ 会正确使用常用修剪工具和打磨保养常用修剪工具。

为了改善人居环境，在人口密集的城市中心区及郊区需要大量种植树木，营建公园、绿地、生态廊道和林地等，进行绿化改造。为使种植的树木充分发挥其功能，达到设计要求，我们必须对其进行长期、科学的管理，实现园林绿化可持续发展。而整形修剪，则是园林绿地树木养护管理中最重要的措施之一，广泛应用于树木的培植、养护以及盆景的艺术造型。通过合理适度的修剪，可使园林绿地树木健康生长，植株达到理想的高度和幅度，若同时进行适量艺术造型，既提高了园林绿地树木个体及群体的生态与观赏等绿化美化效果，也体现了城镇绿化水平的高低，展示了园林工作者的专业技能。

任务 1　园林树木的枝芽特性与枝的生长

树体枝干所形成的树形取决于枝芽特性，两者关系极为密切。了解树木的枝芽特性与枝的生长规律，对园林树木的整形与修剪有着非常重要的意义。

一、芽的特性

芽是树木为适应不良环境条件和延续生命活动而形成的重要分生组织。它是带有生长锥和原始小叶片而呈潜伏状态的短缩枝或是未伸展的紧缩的花或花序，前者称为叶芽，后者称为花芽。所有的枝、叶、花都是由芽发育而成的，芽是枝、叶、花的原始体。

芽与种子有部分相似的特点，是树木生长、开花结实、更新复壮、保持母株性状、营养繁殖和整形修剪的基础。了解芽的特性，对研究园林树木的树形和整形修剪都有重要的意义。

(一)芽的异质性

同一枝条上不同部位的芽存在着大小、饱满程度等差异的现象，称为芽的异质性(图4-1)。这是由于在芽形成时，树体内部的营养状况、外界环境条件和着生的位置不同而造成的。

枝条基部的芽，是在春初展雏叶时形成的。这一时期，新叶面积小、气温低、光合效能差，故这时叶腋处形成的芽瘦小，且往往为隐芽。其后展现的新叶面积增大，气温逐渐升高，光合效率也高，芽的发育状况得到改善，叶腋处形成的芽发育良好，充实饱满。

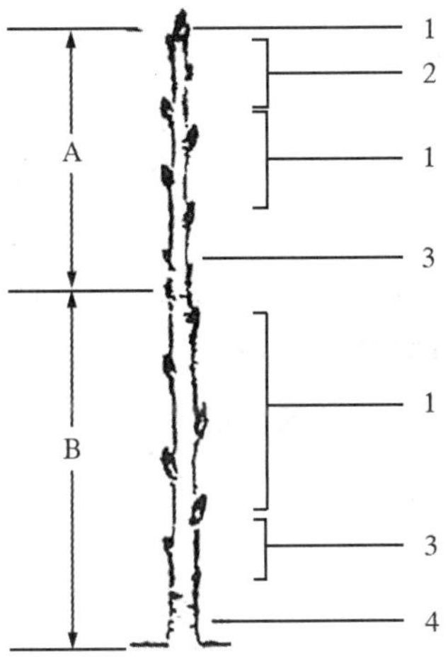

图4-1 梨树芽的异质性

A.秋梢 B.春梢

1.饱满芽 2.半饱满芽 3.瘪芽 4.盲节

有些树木(如苹果、梨等)的长枝有春梢、秋梢，即春季一次枝生长后，夏季停长，在秋季温度和湿度适宜时，顶芽又萌发成秋梢。秋梢常组织不充实，在冬寒时易受冻害。如果长枝生长延迟至秋后，由于气温降低，枝梢顶端往往不能形成顶芽。所以，一般长枝条的基部和顶端部分或者秋梢上的芽质量较差，中部的最好；中短枝中、上部的芽较为充实饱满；树冠内部或下部的枝条，因光照不足，生长其上的芽质量欠佳。

了解芽的异质性及其产生的原因后，在对树木进行整形修剪时就知道剪口芽应怎样选留；在选择插条和接穗时，也知道应在树冠的什么部位采取枝条为好。

(二)芽的萌芽力和成枝力

树木一年生枝上叶芽的萌发能力，称为萌芽力，常用萌芽数占该枝芽总数的百分率(萌芽率)来表示。不同树种或品种的萌芽力不同，凡枝条上的叶芽有一半以上能萌发的则为萌芽力强或萌芽率高，如悬铃木、榆树、桃、紫薇、女贞等；凡枝条上的芽多数不萌发，而呈现休眠状态的，则为萌芽力弱或萌芽率低，如广玉兰、梧桐、核桃、苹果和梨的某些品种等。萌芽率高的树种，一般来说耐修剪，树木易成形。因此，树木的萌芽力是修剪的依据之一。

枝条上的叶芽萌发后，并不是全部都能抽成长枝，能够抽成长枝的能力称为成枝力。不同树种的成枝力不同，如悬铃木、葡萄、桃等萌芽率高，成枝力强，树冠密集，幼树成形快，效果也好。这类花果树，则进入开花结果期也早，但也会使树冠过早郁闭而影响树冠内的通风透光，若整形修剪不当，易使内部短枝早衰；而银杏、西府海棠等成枝力较弱，所以树冠内枝条稀疏，幼树成形慢，遮荫效果也差，但树冠通风透光较好。

(三)芽的早熟性与晚熟性

树木枝条上的芽形成后到萌发所需的时间长短因树种而异。有些树种在生长季早期形成的芽,当年就能萌发,甚至有些树种一年内能连续萌生 3～5 次新梢并能多次开花(如月季、米兰、茉莉等),这种当年形成当年就能萌发的芽,称为早熟性芽。一般具有早熟性芽的树木当年即能长成小树。

当年形成的芽需经一定的低温时期来解除休眠,到第二年才能萌发成枝的芽,称为晚熟性芽。如银杏、广玉兰、毛白杨等。也有一些树种二者特性兼有,如葡萄,其副芽是早熟性芽,而主芽是晚熟性芽。

芽的早熟性与晚熟性是树木比较固定的习性,但在不同的年龄时期、不同的环境条件下,也会有所变化。如生长环境条件较差的适龄桃树,1 年只萌发 1 次枝条;具晚熟性芽的悬铃木等树种的幼苗,在肥水条件较好的情况下,当年常会萌生二次枝;叶片过早衰落也会使一些具晚熟性芽的树种,如梨、垂丝海棠等二次萌芽或二次开花,这种现象对第二年的生长会带来不良的影响,所以应尽量防止这种情况的发生。

(四)芽的潜伏力

树木枝条基部的芽或上部的某些副芽,在一般情况下不萌发而呈潜伏状态,称为潜伏芽或隐芽。当枝条受到某种刺激(上部或近旁受损,失去部分枝叶时)或树冠外围枝处于衰弱状态时,潜伏芽萌发抽生新梢的能力,称为芽的潜伏力。潜伏芽寿命长的树种容易更新复壮,复壮得好的几乎能恢复至原有的冠幅或产量,甚至能多次更新,所以这种树木的寿命也长。潜伏芽寿命较短的树种不易更新复壮,寿命也短。

潜伏芽的寿命长短与树种的遗传性有关,但环境条件和养护管理等也有重要的影响。如碧桃一般的寿命为 15～20 年,但在良好的养护管理条件下,可延长观赏时间。

(五)芽序

芽在枝条上按一定规律排列的顺序性称为芽序。因为大多数的芽都着生在叶腋间,所以芽序与叶序一致。不同树种,芽序可能不同,多数树种具 2/5 式的互生芽序,有些树种的互生芽序为 1/2 式;另外,还有具对生芽序的树种,如洋白蜡、丁香、油橄榄等,其每节的芽相对而生,相邻两对芽交互垂直;有的具轮生芽序,如油松、雪松、夹竹桃、灯台树等,芽在枝上呈轮生状排列。由于芽的质量与其着生位置有很大关系,枝条也是由芽发育生长而成的,芽序与枝条的排列、着生位置和方向乃至树冠形态密切相关。所以,了解树木的芽序对整形修剪、安排主侧枝的方位等有着重要的作用。

二、枝的特性

(一)顶端优势

植物的顶芽生长占优势而抑制侧芽生长的现象称为顶端优势。因此,一个近于直立的枝,其顶端的芽能抽生出最强的新梢,而侧芽所抽生新梢的生长势呈自上而下递减的趋势,最下部的一些芽则不萌发。顶端优势在母枝产生的分枝角度上,表现为自上而下依次更开张。通常,顶端优势强的树种较高大挺拔和具较狭窄的树冠,而顶端优势弱的树种容易形成广阔圆形的树冠。有些针叶树的顶端优势极强,如松类和杉类,当顶梢受到损害,侧枝很难代替主梢的位置,影响冠形的培养。一般来说,幼树、强树的顶端优势比老树、弱树明显;枝条在树体上的着生部位越高，顶端优势越强；枝条着生角度越小，顶端优势越强，而下垂的枝条顶端优势越弱。

如去掉顶芽或上部芽，则可促使下部腋芽和潜伏芽的萌发；如去除先端对角度的控制效应，则所发侧枝又垂直生长。因此，根据不同树种和枝芽顶端优势的差异，合理修剪可以培养良好的树干和树冠形态。要促进观花树种，如紫薇、玫瑰、紫玉兰等花芽分化和开花，就可以通过改变枝的顶端优势来调节生长势，促使枝条由营养生长向生殖生长转化。

(二)干性

树木中心干的强弱和维持时间的长短，称为树木的干性，简称干性。凡是中心干明显而坚挺、并能长期保持优势的，则称为干性强。顶端优势明显的树种，中心干强而持久。乔木树种的枝干的中轴部分比侧生部分具有明显的相对优势，但乔木树种的干性也有强有弱，如雪松、水杉、广玉兰等树种干性强，而梅、桃以及迎春等灌木树种则干性弱。树木干性的强弱对树木高度和树冠的形态、大小等有重要的影响。

(三)层性

由于顶端优势和芽的异质性，强壮的一年生枝产生部位比较集中，在树木幼年期尤其明显，使得主枝在中心干上的分布或二级枝在主枝上的分布，形成明显的层次，这种现象称为树木的层性，简称层性。

一般顶端优势强而成枝力弱的树种层性明显，如黑松、马尾松、广玉兰、枇杷等树种，几乎是一年一层。此类乔木在中心干上的顶芽萌发成一强壮的延长枝和几个较壮的主枝及少量细弱侧生枝，基部的芽多不萌发，而成为隐芽。同样，在主枝上以与中心干上相似的方式，先端萌生较壮的主枝延长枝和几个自先端至基部长势递减的侧生枝。其中有些能变成次级骨干枝，有些枝较弱，生长停止早，节间短，单位长度叶面积多，生长消耗少，积累营养物质多，因而容易形成花芽，成为树冠中的开花、结实的部分。多数树种的枝基，或多或少都有些未萌发的隐芽。这一习性也可以作为测定这些树木树龄的依据之一。

有些树种的层性，一开始就很明显，如油松、雪松等；而有些树种则随树龄增大，弱枝衰退、死亡，层性逐渐明显起来，如苹果、梨等。具有层性的树冠，有利于通风透光。但层性又随中心干的生长优势和保持年代而变化。树木进入壮年之后，中心干的优势减弱或失去优势，层性也就随之消失。

不同树种的干性和层性强弱不同。雪松、龙柏、水杉等树种干性强而层性不明显；南洋杉、黑松、广玉兰等树种干性强，层性也明显；悬铃木、银杏、梨等树种干性比较强，主枝也能分层排列在中心干上，层性最为明显。香樟、苦楝、构树等树种，幼年期能保持较强的干性，进入成年期后，干性和层性都明显衰退；桃、梅、柑橘等树种自始至终都无明显的干性和层性。

树木的干性与层性在不同的栽培条件下会发生一定变化，如群植能增强干性，孤植会减弱干性，人为修剪也能左右树木的干性和层性。干性强弱是构成树冠骨架的重要生物学依据。了解树木的干性与层性，对树木的整形修剪，增减树木的生长空间，提高花果的产量和质量都有重要的意义。

三、枝的生长

树木枝干的生长包括加长生长和加粗生长两个方面。树木枝干生长的快慢，用一定时间内枝干增加的长度或粗度，即生长量来表示。生长量的大小及其变化，是衡量、反映树木生长势强弱和生长动态变化规律的重要指标。

(一)枝的加长生长

随着树木芽的萌动，树木的枝干也开始了一年的生长。加长生长主要是枝、茎尖端生长点的向前延伸(竹类为居间生长)，生长点以下各节一旦形成，节间长度就基本固定。枝干的加长生长并非是匀速的，而是按“慢—快—慢”的节律进行，生长曲线呈“S”型。而其加长生长的起止时间、增速期长短、生长量大小与树种特性、年龄、环境条件等有密切关系，幼年树的生长期较成年树长；生长在温带地区的树木，一年中枝条大多只生长一次；生长在热带、亚热带的树木，一年中能抽生 2～3 次。多数树种的新梢生长可划分为以下 3 个时期。

(1)开始生长期　树木叶芽幼叶伸出芽外，随之节间伸长，幼叶分离。此时期的新梢生长主要依靠树体在上一生长季节储藏的营养物质，新梢生长速度慢，节间较短，叶片由前期形成的芽内幼叶原始体发育而成，其叶面积较小，叶形与后期叶有一定的差别，叶的寿命也较短，叶腋内的侧芽的发育也较差，常成为潜伏芽。

(2)旺盛生长期　一般从开始生长期之后，随着叶片的增加和叶面积的增大，枝条很快进入旺盛生长期。此期形成的枝条，节间逐渐变长，叶片的形态也具有了该树种的典型特征，叶片较大，寿命长，叶绿素含量高，同化能力强，侧芽较饱满，此期的枝条生长从利用贮藏物质转为利用当年的同化物质。所以，上一生长季节的营养贮藏水平和本期肥水供应决定着新梢生长势的强弱。

(3)缓慢或停止生长期　旺盛生长期过后，树木新梢生长量减小，生长速度变缓，节间缩短，新生叶片变小。新梢从基部开始逐渐木质化，最后形成顶芽或顶端枯死而停止生长。枝条停止生长的早晚与树种、部位及环境条件关系密切。一般来说，北方树种早于南方树种，成年树木早于幼年树木，观花和观果树木的短果枝或花束状果枝早于营养枝，树冠内部枝条早于树冠外围枝，有些徒长枝甚至会因没有停止生长而受冻害。土壤养分缺乏、通气不良、干旱等不利环境条件都能使枝条提前 1～2 个月结束生长，而氮肥施用量过大，土壤含水量大均能延长枝条的生长期。在生产中应根据目的合理调节光、温、肥、水，来控制新梢的生长时期和生长量，加以合理的修剪，促进或控制枝条的生长，达到园林树木培育的目的。

树木在生长季的不同时期抽生的枝，其质量不同，生长初期和后期抽生的枝，一般节间短，芽瘦小；速生期抽生的枝，不但长而粗壮，营养丰富，且芽健壮饱满，质量好，为扦插、嫁接繁殖的理想材料。速生期树木对水、肥需求量大，应加强管理。

(二)枝的加粗生长

树木枝、干的加粗生长都是形成层细胞分裂、分化、增大的结果。加粗生长比加长生长稍晚，其停止也稍晚。在同一株树上，下部枝条停止加粗生长比上部稍晚。

当树木芽开始萌动时，在接近芽的部位，形成层先开始活动，然后向枝条基部发展。因此，落叶树种形成层开始活动稍晚于萌芽，同时离新梢较远的树冠下部的枝条，形成层细胞开始分裂的时期也较晚。由于形成层的活动，枝干出现微弱的增粗，此时所需的营养物质主要靠上年的贮备。此后，随着新梢不断加长生长，形成层活动也持续进行。新梢生长越旺盛，则形成层活动也越强烈，而且持续时间长。秋季由于叶片积累大量光合产物，因而枝干明显加粗。

(三)枝的生长习性

枝的生长是背地性的，多数是垂直向上生长，也有呈水平或下垂生长的。树木枝的生长习性可分为以下3类：

(1)直立生长　茎干以明显的背地性，垂直地面，枝直立或斜生于空间，多数树木都是如此。在直立茎的树木中，也有变异类型，如龙爪槐、龙桑等。

(2)攀缘生长　茎细长柔软，自身不能直立，但能缠绕或具有适应攀附他物的器官(如卷须、吸盘、吸附气根、钩刺等)。借他物为支柱，向上生长。具缠绕茎或攀缘茎的木本植物称为木质藤木，如紫藤、凌霄等。

(3)匍匐生长　茎蔓细长，自身不能直立，又无攀附器官的藤木或无直立主干的灌木，常匍匐于地面生长。这种生长类型的树木，在园林中常用作地被植物，如扶芳藤等。

四、树木的分枝习性

园林树种中，除掉少部分树种不分枝，大多数树种都需要分枝。树木的分枝是树木生长的特征之一。分枝对培养树木的观赏树形、整形修剪、提高光能利用率或促使早成花等都有重要的意义。

(一)总状分枝(单轴分枝)

枝的顶芽延长生长占优势，形成通直的主干或主蔓，同时依次发生的侧枝也以同样方式形成次级侧枝，这种有明显主轴的分支方式叫总状分枝(单轴分枝)。具有这种分枝方式的树种以裸子植物为最多，如银杏、水杉、雪松、冷杉、云杉等，被子植物中也有大量属于单轴分枝的树种，如白杨、山毛榉、银桦等。

(二)合轴分枝

有些树种在生长过程中，顶芽生长没有明显的优势。主干顶芽在生长季节生长迟缓或自行枯缩，或者分化为花芽，由紧接顶芽下面的腋芽伸长代替原有的顶芽生长，每年交替进行，使主干继续延长。这种主干是由许多腋芽伸展发育而成，实际是侧枝联合组成的，这种分枝方式即合轴分枝。具有这种分枝方式的树种有杏、李、梨、桃、榆树、柳树等。合轴分枝以被子植物为最多。

合轴分枝使树木或树木枝条在幼嫩时呈现出曲折的形状，在老枝和主干上由于加粗生长曲折的形状逐渐消失。合轴分枝使树木的树冠呈开展型，侧枝粗壮，既提高了对宽大树冠的支持和承受能力，又使整个树冠枝叶繁茂，通风透光，有效地扩大光合作用面积，是较为进化的分枝方式。

合轴分枝的树木有较大的树冠能提供大面积的遮荫，在园林绿化和景观美化中适合于营造一种悠闲、舒适和安静的环境，是主要的庭荫树种，如法国梧桐、泡桐、白蜡、菩提树等。

(三)假二叉分枝

具有对生芽的树种，顶芽自枯或分化为花芽，由其下对生芽同时萌发生长所代替，形成叉状延长枝，以后照此继续分枝。其外形上似二叉分枝，因此称为假二叉分枝。这种分枝方式实际上是合轴分枝的另一种形式。具有假二叉分枝的树木多数树体比较矮小，但在园林绿化中的作用非常广泛，如丁香、石榴、连翘、迎春花、金银木、四照花、八仙花、红枫和桂花等。

(四)多歧式分枝

有些树种的顶芽侧芽之间的节间短，或者在顶梢上直接形成两个以上实力均等的侧芽。到下一个生长季，梢端周围能抽生出3个以上的新梢同时生长的分枝方式。具有这种分枝方式的树种，一般是主干比较低矮，如臭椿、石楠、苦楝、梧桐等。

但是，树木的分枝方式不是一成不变的。许多树木年幼时呈单轴分枝，生长到一定树龄后，就逐渐变成为合轴或假二叉分枝。因而在幼年、青年树木上，可见到两种不同的分枝方式。如杜英、木棉、玉兰等均可见单轴分枝与合轴分枝及其转变的痕迹，女贞既有单轴分枝也有假二叉分枝。

另外，树木枝条抽生后与其着生枝条间的夹角形成的分枝角度，由于树种、品种的不同，常有很大差异。在一年生枝上抽生枝梢的部位距顶端越远，则分枝角度越大。

第二课堂活动

观察所处区域及其周边绿地或某住宅小区里园林树种的应用情况，了解各种乔灌木的树体结构、花期、着花位置及其生物学特性。选取1～2种树木（如紫薇、西府海棠等），用小视频展示你对树木的成枝力、萌芽力等枝芽特性的认识和理解，分析树木的成枝力、萌芽力等与其修剪整形的关系。

任务2 园林树木花芽分化与开花结实

一、园林树木花芽分化的含义及过程

园林树木生长发育过程中最明显的质变是由营养生长向生殖生长的转变，花芽分化就是由营养生长向生殖生长转变的生理和形态标志，而花芽分化和开花是树木生殖生长开始的标志。

(一)园林树木花芽分化的含义

树木枝的生长点可以分化为叶芽，也可以分化为花芽。而树木枝生长点（位于植物根、茎和枝的先端，又称顶端分生组织，可以分化为叶芽，也可以分化为花芽）由叶芽状态开始向花芽状态转变，逐渐分化为萼片、花瓣、雄蕊、雌蕊以及整个花蕾或花序原始体的全过程，即树木的花芽分化。

(二)园林树木花芽分化的过程

树木花芽分化过程由花芽分化前的诱导阶段及之后的花序与花结构分化的具体进程所组成。一般花芽分化可分为生理分化期、形态分化期、性细胞形成期3个时期。

1.生理分化期

由叶芽生理状态转向花芽生理状态过程，即树木花芽分化的生理分化期，它是控制花芽分化的关键时期。此时，生长点原生质不稳定，对外界因素有高度敏感性，易于改变代谢方向，是花芽分化的临界期。生理分化常出现在形态分化前1～7周，持续4周左右。树种不同，生理分化开始的时间也不同，如月季3—4月份，牡丹7—8月份，柑橘于果熟采收前后，苹果在花后2～6周。持续时间与树种和品种、树体营养状况及外界温度、湿度、光照等密切相关。

2.形态分化期

形态分化期是树木花芽分化生理分化期后，花或花序的各个花器原始体发育过程所经历的时期。整个过程需1～4个月，有的更长，一般在第二年春季开花前完成。树木的花芽形态分化期又可分为以下5个时期：

(1)分化初期　因树种稍有不同。一般于芽内突起的生长点逐渐肥厚，顶端高起呈半球体状，四周下陷，从而与叶芽生长点相区别；从组织形态上改变了发育方向，即为花芽分化的标志。此期如果内外条件不具备，也可能退回去。

(2)萼片原基形成期　下陷四周产生突起体，即为萼片原始体，经过此阶段才可能分化成为花芽。

(3)花瓣原基形成期　在萼片原基内的基部发生的突起，即花瓣原始体。

(4)雄蕊原基形成期　在花瓣原始体内基部发生的突起，即雄蕊原始体。

(5)雌蕊原基形成期　在花瓣原始体中心底部发生的突起，即为雌蕊原始体。

上述雄蕊原基形成期和雌蕊原基形成期，有些树种延迟时间较长，一般是在第二年春季开花前完成。

关于花芽形态分化的过程及形态变化还因树种是混合芽或纯花芽，是否是花序，是单室还是多室等而略有差别。例如，南京椴越冬休眠芽为混合芽，萌发后叶腋处形成花芽。花芽分化期为当年3月底至5月初，历时35～40 d，具有分化时间短、速度快的特点，且其花芽分化包括花序分化和小花分化两个阶段，又可划分为花芽分化始期、花序原基分化期、小花原基分化期、花萼原基分化期、花瓣原基分化期、雄蕊原基分化期、雌蕊原基分化期等7个时期。而混合芽单花的牡丹中台阁品种'大富贵'和托桂品种'莲台'花芽分化的过程分为苞片原基分化期、萼片原基分化期、花瓣原基分化期、雄蕊原基分化期、雌蕊原基分化期及雄蕊原基瓣化期共6个时期；台阁型品种'大富贵'花芽分化前期与'莲台'相似，然而在雄蕊原基分化期以后，并不相继产生雌蕊原基，而是在此部位又出现花瓣原基，随后出现雄蕊原基、雌蕊原基，发育形成"上方花"，最终上下两花重叠，形成台阁。

3.性细胞形成期

从雄蕊产生花粉母细胞或雌蕊产生胚囊母细胞开始，到雄蕊形成二核花粉粒、雌蕊形成卵细胞为止，为树木花芽分化的性细胞形成期。当年分化、当年开花的树木，花芽性细胞在年内较高温度下形成；夏秋分化、次春开花的树木，其花芽形态分化后要经冬春一定低温(0～10 ℃以内)的累积作用，才形成花器和进一步分化完善与生长，第二年春萌芽后至开花前较高温度下才完成。

性细胞形成时期，消耗能量及营养物质很多，如不能及时供应，就会导致花芽退化，影响花芽质量，引起大量落花落果。故此时应及时供应营养物质，即花前花后及时追肥灌水，可提高花芽质量，提高坐果率。

二、园林树木花芽分化的特点和类型

(一)园林树木花芽分化的特点

1.园林树木花芽分化的临界期

各种树木从生长点叶芽状态转为花芽状态的形态分化之前，必然都有一个生理分化阶段。

在此阶段，生长点细胞原生质对内外因素有高度的敏感性，处于易改变的不稳定时期。因此，树木花芽的生理分化期也称花芽分化临界期，是树木花芽分化的关键时期。花芽分化临界期因树种、品种而异，如苹果在开花后2～6周，柑橘于果熟采收前后。

2.园林树木花芽分化的长期性

大多数树木的花芽分化，以全树而论是分期、分批陆续进行的，这与树体各部位枝的生长点所处的内外条件和营养生长停止时间有密切关系。同一树种不同品种间差别也很大，有的5月中旬就开始生理分化，到8月下旬为分化盛期，12月初仍有10%～20%的芽处于分化初期，甚至到翌年2—3月份还有5%左右的芽仍处于分化初期状态。这说明树木在落叶后，在暖温带可以利用贮藏营养进行花芽分化，即分化是长期的。

3.园林树木花芽分化的相对集中性和相对稳定性

各种树木花芽分化的开始期和盛期(相对集中期)在不同年份有差别，但并不悬殊。南京椴3—5月份，柑橘12月至翌年2月份，苹果、梨6—9月份，梅花、玉兰、牡丹6—7月份、火棘7—8月份。这与稳定的气候条件和物候期密切相关。绝大多数树木都是在新梢(春、夏、秋梢)生长缓慢或停长后(此时树体由消耗占优势转为积累占优势)、采果后各有一次分化高峰。

4.园林树木花芽分化所需时间因树种和品种而异

从生理分化到雌蕊形成所需时间，因树种、品种而不同。苹果需1.5～4个月，甜橙需4个月。梅花的形态分化从7月上中旬至8月下旬花瓣形成；牡丹6月上中旬至8月中旬为分化期；枣树一朵花形成需5～8 d，月季形成一个花苞需半个月左右。

5.园林树木花芽分化早晚因条件而异

不同树木、不同枝条花芽分化早晚有差异。一般幼树比成年树晚，旺树比弱树晚，同一树上短枝、中长枝及长枝上腋花芽形成依次渐晚。一般停长早的分化早，但大年的新梢停长早却因结实多花芽分化推迟。

(二)园林树木花芽分化的类型

园林树木花芽分化开始时期和延续时间的长短，以及对环境条件的要求，因树种与品种、地区、年龄等的不同而有所不同。根据不同树种花芽分化的特点，花芽分化的类型可以分为以下4类：

1.夏秋分化型

绝大多数早春和春夏之间开花的观花树木，如腊梅、榆叶梅、梅花、樱花、迎春、连翘、玉兰、丁香、牡丹、石榴等，以及常绿树种中的枇杷、杨梅、杜鹃等，它们都是在前一年夏秋(6—8月份)开始分化花芽，并延迟至12月份，完成花器分化的主要部分。但也有些树种，如板栗、柿子分化较晚，在秋天只能形成花原始体而看不到花芽，延续时间较长。这类树种还要经过一段低温，花芽分化才能进一步分化和完善，即需经过长日照和低温诱导两个阶段才能提高开花质量和提前开花。夏秋分化型的树木，通过实施生产技术措施，还可以促进二次开花。冬季剪枝插瓶水养催花，必须经过一段适宜的低温后才能进行，否则也达不到要求。

2.冬春分化型

此类树种的花芽分化在冬春短日照和低温条件下分化而成。原产亚热带、热带地区的某些树种，一般在秋梢停止生长后至第二年春季萌芽前，即在11月至翌年4月份，在花原基完成分化后，随即进行花器各部分原基的分化和发育以及性细胞的分化，之后转入开花，中间没有停滞过程，如龙眼、荔枝、油橄榄、猕猴桃等。柑橘类从12月至翌年3月份完成，特点是分化时间短并连续进行。此类型中，有些延迟到年初才开始分化，而在冬季较寒冷的地区，如浙江、四川等地有提前分化的趋势。

3.多次分化型

此类花木可以在一年中多次抽梢，每抽一次就分化一次花芽，可以多次开花。如茉莉花、白兰、月季、倒挂金钟、无花果等，以及华南地区的一些植物（榕树、桉树、柠檬、巴西橡胶）等，还有其他树木中某些多次开花的变异类型，如四季桂、四季石榴、四季橘等。多次分化型树木，春季第一次开花的花芽有些可能是去年形成的，花芽分化交错发生，没有明显的分化停止期，花芽分化节律不明显。

4.当年分化型

一些夏秋开花的树木，对光周期和低温要求不严格，只要温度条件适宜即可分化花芽，并随着新梢的抽生分化花芽和开花。如紫薇、木槿、槐树、木芙蓉、珍珠梅等。这一类树木可根据需要及时修剪和管理，促其多次开花。

三、影响园林树木花芽分化的因素

园林树木花芽分化是在内外条件综合作用下进行的，但起决定性作用的因子是树体的物质基础（营养物质的积累水平），激素作用和一定的外界环境因素，如光照、温度、水分、矿质元素及栽培技术等，则是花芽分化的重要条件。

（一）园林树木芽内生长点细胞必须处于分裂又不过旺的状态

形成顶花芽的新梢必须处于停止加长生长状态或处于缓慢生长状态，即处于长而不伸、停而不眠的状态，才能进入花芽的生理分化状态；而形成腋花芽的枝条必须处于缓慢生长状态，即在生理分化状态下生长点细胞不仅进行一系列的生理生化变化，还必须进行活跃的细胞分裂才能形成结构上完全不同的新的细胞组织，即花原基。正在进行旺盛生长的新梢或已进入休眠的芽是不能进行花芽分化的。

（二）营养物质的供应是园林树木花芽形成的物质基础

近百年来不同学者提出了以下几种学说，为园林树木养护提供了较全面的管理理论指导：

（1）碳氮比学说　认为细胞中氮的含量占优势，促进生长；碳水化合物稍占优势时，有利于花芽分化。

（2）氮代谢的方向　认为氮的代谢转向蛋白质合成时，才能形成花芽。

（3）细胞液浓度学说　认为细胞分生组织进行分裂的同时，细胞液的浓度增高，才能形成花芽。

（4）成花激素学说　该理论是基于叶子接受光刺激后产生的刺激产物。认为叶子中产生的名为“Hd3a”和“FT”的蛋白质，向茎尖端迁移，调控植物的开花时间。

总之，充分的营养物质不仅是花芽分化的营养基础，也是形成成花激素的物质前提。

（三）内源激素的调节是花芽形成的前提

激素在植物体内的一定部位内产生，并输送到其他部位起促进或抑制生理过程的作用。花芽分化需要激素的启动与促进，与花芽分化相适应的营养物质的积累和运输等直接或间接与激素有关。目前已知能促进花芽形成的激素有细胞分裂素、脱落酸、乙烯；对花芽分化有抑制作用的有生长素和赤霉素。现在已有人工合成的促花激素类物质：B9、矮壮素（CCC）、多效唑（PP333）等。利用这些外用生长调节剂同样可以调节树体内促花激素与抑花激素之间的平衡关系，借此达到促进花芽形成的目的。

（四）遗传基因是花芽分化的关键

植物细胞都具遗传的全能性。在遗传基因中，有控制花芽分化的基因。这种基因要有一定的外界条件（如花芽生理分化所要求的日照、温度、湿度等）和内在因素（如各种激素的某种平衡状态、结构物质和能量物质的积累等）的刺激，使这种基因活跃，就能促使植物花芽分化。所以，控制花芽分化基因的连续反应活动，是控制组织分化的关键。这些内外条件能诱导出特殊的酶，以导致结构物质、能量物质和激素水平的改变，从而使生长点进入花芽分化，即控制花芽形态分化的 DNA 与 RNA，是代谢发育方向的决定者。例如，实生树首次成花是由其遗传性决定的。实生树通过幼年期要长到一定的大小和年龄以后，才能接受成花诱导。但不同树木在一定条件下，首次成花的快慢不同，这是受其遗传性所决定的，快则 1～3 年以后，慢则半个世纪。

（五）叶、花、果影响花芽分化

叶是同化器官，在树木的短枝上叶成簇，累积多，营养物质多，极易形成花芽。一般情况下，树木开花多的则结实多，消耗树体营养也多，这样会影响花芽分化。因此，大年应当疏果，有利于花芽分化，促进稳产。

（六）影响花芽分化的外界环境条件

1. 光照

光是影响树木花芽分化的重要因素之一，光照度、光周期和光质均影响树木的开花。开花需要一定的光能的积累，而且对于一些短日照的树木，必须经过一段时间短日照的天数才能开花，长日照的树木必须经过一定的长日照天数才能开花。光不仅影响营养物质的合成和积累，也影响内源激素的产生与平衡。在强光下激素合成慢，特别是紫外线照射下，生长素和赤霉素被分解或活性受抑制，从而抑制新梢生长，促进花芽分化。因此，光照充足容易成花，否则不易成花。

2. 水分

在花芽分化的生理分化期前，应当适当控水，使新梢生长缓慢或停止，促进光合产物的积累和花芽分化。控制和降低土壤含水量（60%），可提高树体内氨基酸特别是精氨酸的水平，并增加叶中脱落酸的含量，从而抑制赤霉素的合成和淀粉酶的产生，促进淀粉积累，抑制生长素的合成，有利于花芽分化。所以花芽分化临界期前应当适当控水。夏季适度干旱有利于树木花芽形成，但长期干旱或水分过多，均影响花芽分化。

3. 温度

温度影响树体内一系列生理过程和激素平衡，间接影响花芽分化的时期、质量和数量。各种树木的花芽分化都要求有一定的温度条件，温度过高或过低都不利于花芽分化。柑橘属花芽分化适宜温度为 13 ℃以下，夏季高温期其花芽分化就受阻；苹果花芽分化最适温度为 22～30 ℃；森林树种的花芽分化与夏季高温一般呈正相关；山茶花花芽分化温度为 15～20 ℃以上；杜鹃花花芽分化温度为 19～23 ℃；栀子花花芽分化温度为 15～18 ℃的夜温，高于 21 ℃就不能进行分化；八仙花花芽分化温度要求 10～15 ℃及以下，并有充足光照，18 ℃以上不能进行分化。

4.矿质元素

当大量元素相当缺乏时,会影响成花。施大量的氮肥对花原基的发育有很大的影响。当树木缺氮时,影响叶的生长,进而影响组织成花。对柑橘和油桐施用适量氮肥,可以促进诱导成花。施用硫酸铵既能促进苹果根的生长,又能促进花芽分化。磷对成花的作用因树而异,苹果施磷肥促进开花,而樱桃、梨、李、柠檬、板栗、杜鹃花等无反应;缺铜可使苹果、梨等花芽减少;缺钙、镁可使柳杉花芽减少。

5.栽培技术

在树木的生产栽培中,先用综合措施(挖大穴、用大苗、施大肥等)促进根系水平发展,进而扩大树冠,加速养分积累;然后采取转化措施(开张角度或拉平、环剥或倒贴皮等)促其早花芽分化成花;同时在搞好周年管理的同时,加强肥水管理,防治病虫害,合理疏花疏果来调节养分分配,减少消耗,使树体每年形成足够的花芽。另外,还可以利用矮化砧和生长延缓剂来促花。

四、调控园林树木花芽分化的途径

在了解树木花芽分化规律和条件的基础上,可综合运用各项栽培技术措施,调节树体各器官间生长发育关系,以及外界环境条件的影响,来促进或控制树木的花芽分化。

决定树木花芽分化的首要因素是树体营养物质的积累水平,这是花芽分化的物质基础。所以应采取一系列的技术措施,如适地适树(土层厚薄与干湿等)、选砧(乔化砧、矮化砧)、嫁接(枝接、靠接、芽接等)、促控根系(穴大小、紧实度、土壤肥力、土壤含水量等)、整形修剪(适当开张主枝角度、环剥、主干倒贴皮、摘心、扭梢、摘幼叶促发二次梢、轻重短截和疏剪)、疏花疏(幼)果、施肥(肥料类别、叶面喷肥、秋施基肥、追肥等),以及施用生长调节剂[B9、矮壮素(CCC)、乙烯利]等,来抑制枝条生长和节间长度等,控制树木的花芽分化与成花。

控制花芽分化应因树、因地、因时制宜,需注意以下几点:

(1)首先研究各种树木花芽分化的时期与特点,区别对待。

(2)抓住花芽分化临界期,采取相应措施进行促进或抑制。

(3)根据树木不同年龄时期的树势,协调枝条生长与花芽分化的关系。

(4)根据不同分化类别的树木,其花芽分化与外界因子的关系,通过满足或限制外界因子来控制。

(5)使用生长调节剂来调控树木花芽分化。

必须强调的是,对树木采取促进花芽分化的措施时,需要建立在树木健壮生长的基础上,抓住花芽分化的关键时期,实行上述方法(单一的或几种同时进行),才能取得满意的效果,否则就难尽如人意了。

五、园林树木开花与果实发育

(一)园林树木的开花与授粉受精

树木上正常花芽的花粉粒和胚囊发育成熟后,花萼与花冠展开露出雌雄蕊的现象称为开花。在生产实践中,开花的概念有着更广泛的含义,例如裸子植物的孢子球(球花)和某些观赏植物的有色苞片或叶片的展现,都称为开花。

开花是植物生命周期幼年阶段结束的标志，是年周期一个重要的物候期。花又是园林植物美化环境的主要器官，也与果实及种子的生产和观赏密切相关。因此，了解园林树木的开花习性，掌握开花规律，有助于提高观赏效果，增加经济效益。

1.园林树木的开花顺序

(1)不同树种的开花顺序　供观花的园林树木种类很多，由于受其遗传性和环境的影响，在一个地区内一般都有比较稳定的开花时期。除特殊小气候环境外，各种树木每年的开花先后有一定顺序。了解当地树木开花时间对于合理配置园林树木，保持园林绿化地区四季花香具有重要指导意义。如在北京地区常见树木的开花顺序是：银芽柳、毛白杨、榆树、山桃、玉兰、小叶杨、杏树、桃树、绦柳、紫丁香、紫荆、核桃、牡丹、白蜡、苹果、桑树、紫藤、构树、栓皮栎、刺槐、苦楝、枣树、板栗、合欢、梧桐、木槿、国槐等。如在北方地区的树木，一般每年按下列顺序开花：腊梅、梅花、柳树、杨树、榆树、玉兰、樱花、桃树、紫荆、紫藤、刺槐、合欢、梧桐、木槿、槐树等。

(2)不同品种开花早晚不同　同一地区同种树木的不同品种之间，开花时间也有一定的差别，并表现出一定的顺序性。如在北京地区，碧桃的早花白碧桃品种于3月下旬开花，而亮碧桃则要到4月下旬开花；梅花不同品种间的开花顺序可相差1个月左右的时间。有些品种较多的观花树种，可按花期的早晚分为早花、中花和晚花三类。在园林树木栽培和应用中也可以利用其花期的差异，通过合理配置，延长和改善其美化效果。

(3)同株树木上的开花顺序　有些园林树木属于雌雄同株异花的树木，雌雄花的开放时间有的相同，也有的不同。凡长期实生繁殖的树木，如核桃，常有这几种类型混杂的现象；鹅掌楸的雌雄花开放的时间就不一致，致使结实率很低。同一树体上不同部位的开花早晚也有所不同，一般短花枝先开放，长花枝和腋花芽后开。向阳面比背阴面的外围枝先开。同一花序上的不同部位开花早晚也可能不同。具伞形总状花序的苹果，其顶花先开；而具伞房花序的梨，则基部边花先开。柔荑花序于基部先开。

这些特性多数是有利于延长花期的，掌握这些特性也可以在园林树木栽培和应用中提高其美化效果。

2.园林树木的开花类别

按树木开花与展叶的先后关系可把树木分为3类：

(1)先花后叶类　此类树木在春季萌动前已完成花器分化。花芽萌动不久即开花，先开花后长叶。如腊梅、梅花、迎春、连翘、紫荆、日本樱花等。

(2)花、叶同放类　此类树木花器也是在萌动前完成分化。开花和展叶几乎同时，如先花后叶类中榆叶梅、桃与紫藤中的某些开花较晚的品种与类型。此外，多数能在短枝上形成混合芽的树种也属此类，如苹果、海棠、核桃等。混合芽虽先抽枝展叶而后开花，但多数短枝抽生时间短，很快见花，此类开花较前类稍晚。

(3)先叶后花类　此类多数树木花芽是在当年生长的新梢上形成并完成分化，一般于夏秋开花，在树木中属开花最迟的一类。如紫薇、木槿、凌霄、槐树、桂花、珍珠梅、栾树、垂丝海棠等。有些能延迟到初冬，如枇杷、油茶、茶树等。

3.园林树木的花期延续时间

花期延续时间的长短受树种和品种、外界环境以及树体营养状态的影响而有差异。

(1)因树种与类别不同而不同　由于园林树木种类繁多，几乎包括各种花器分化类型的树木，加上同种花木品种多样，在同一地区树木花期延续时间差别很大。如一些花木开花延续时间较短，如丁香 6 d；长的可达 100～240 d（茉莉可开 110 d，六月雪可开 117 d，月季可达 240 d 左右）。不同类别树木的开花还有季节特点。春季和初夏开花的树木多在前一年的夏季就开始进行花芽分化，于秋冬季或早春完成，到春天一旦温度适合就陆续开花，一般花期相对短而整齐；夏秋开花者多在多年生枝上分化花芽，分化有早有晚，开花也就不一致，加上个体间差异大，因而花期较长。

（2）同种树因树体营养、环境而异　同种树木，青壮年树比衰老树的花期长而整齐；树体营养状况好，开花延续时间长；在不同小气候条件下，开花期长短不同，树荫下、大树北面、楼北花期长。树木开花期因天气状况而异，花期遇冷凉潮湿天气可以延长，而遇到干旱高温天气则缩短。树木开花期也因环境而异。高山地区随着地势增高树木花期延长，这与海拔增高，气温下降，湿度增大有关。如在高山地带，苹果花期可达 1 个月。

4.园林树木的开花次数

多数园林树木每年只开一次花，特别是原产温带和亚热带地区的绝大多数树种，但也有些树种或栽培品种一年内有多次开花的习性，如茉莉花、月季、四季桂、西洋梨中的三季梨、柠檬等。紫玉兰中也有多次开花的变异类型。

每年开花一次的树木种类，如一年出现第二次开花的现象称为再度开花或二度开花，我国古代称作重花。常见再度开花的树种有桃树、杏树、连翘等，偶见玉兰、紫藤等出现再度开花现象。树木出现再次开花现象有两种情况：一种是花芽发育不完全或因树体营养不足，部分花芽延迟到夏初才开，这种现象常发生在某些树种的老树上；另一种是秋季发生再次开花现象，通常是由于气候或病虫害原因导致的再度开花，如进入秋季后温度下降但晚秋或初冬时气温回暖，一些树木花开二度。如 1975 年，春季物候期提早，在 10—11 月份很多地方的树木再度开花；1976 年，北京的秋季特别暖和，连翘从 8 月初到 12 月初都有开花的；上海地区在近年来多见海棠、含笑等树木在秋季再度开花的现象。

一般情况下，树木再度开花时花的繁茂程度不如第一次开花，因为有些花芽尚未分化成熟或分化不完全，使树木花芽分化不一致，部分花芽不能开花。出现再度开花对园林树木影响因栽培目的而不同，有时还可加以研究利用。如人为促成一些树木在国庆节等重要节假日期间再度开花，就是提高园林树木美化效果的一个重要手段。如丁香，可在 8 月下旬—9 月初摘去的全部叶子，并追施肥水，至国庆节前就可再次开花。

5.园林树木的授粉与受精

（1）授粉方式

①自花授粉，自花结实　同一品种内授粉叫自花授粉。具有自花亲和性的品种，在自花授粉后结实量能达到满足生产要求产量的，叫自花结实，如桃树、樱桃树、枣树等。自花授粉获得的种子，培育的后代一般都能保持母本的习性，但很易衰退。

②异花授粉，异花结实　不同品种间进行授粉叫异花授粉。异花授粉后能得到丰产的叫有异花亲和性（能异花结实）。异花授粉获得种子的杂种优势使后代具有较强的生命力，培育的后代一般很难继承父本、母本的优良品性而形成良种。所以，生产上不用这类种子直接繁育苗木，尤其是花灌木、果树等，仅用于做嫁接苗的砧木。需要异花授粉的树种在自花授粉的情况下，不易获得果实，如苹果、梨等。异花授粉对果实的品质影响不大，自花结实的植物经异花

授粉后,可提高坐果率,增加产量。

③单性结实　未经过受精而形成果实的现象叫单性结实。单性结实的果实大都无种子,但无种子果实并不一定都是单性结实。例如无核白葡萄可以受精,但因内珠被发育不正常,不能形成种子,叫种子败育型无核果。

④无融合生殖　一般是指不受精也产生发芽力的胚(种子)的现象。湖北海棠和一部分核桃品种,其卵细胞不经受精可形成有发芽力的种子,即是无融合生殖的一种孤雌生殖。柑橘由珠心或珠被细胞产生的珠心胚也是一种无融合生殖。

(2)影响授粉受精的因素

①授粉媒介　有的树种靠风媒传粉,如杨树、柳树、松类、柏类、杉类、榆树、法国梧桐、槭树、核桃、板栗和银杏等树木;有的树种靠虫媒传粉,如大多数花木和果木类、泡桐、油桐树等。但是风媒和虫媒并不绝对,有些虫媒树木如椴树、白蜡也可借风力传粉。

②授粉适应　尽管树木授粉有上述4种方式,但绝大多数树木还是以异花授粉为主。树木在长期的自然选择过程中对传粉有不同的适应,对异花授粉的适应主要表现在这几个方面:a.雌雄异株:如构树、银杏、杨、柳、黄连木、杜仲、雪松等;b.雌雄异熟:有些树种雌雄异熟现象明显,雌花先熟或雄花先熟,造成雌花与雄花的花期不相遇,导致授粉受精不良,如雪松雄球花10月下旬开花,雌球花11月上中旬开花。鹅掌楸为两性花,很多雌蕊在花蕾尚未开放时已先成熟,到雄蕊成熟散粉时,雌蕊柱头枯萎,已失去接收花粉的能力;c.雌雄不等长:有些树种雌雄虽同花、同熟,但其花蕊不等长,影响自花授粉与结实,如某些杏、李的品种;d.柱头的选择性:分泌柱头液对不同花粉刺激萌发上有选择性,或抑或促。

③营养条件对授粉受精的影响　亲本树的营养状况是影响花粉发芽、花粉管伸长速度、胚囊寿命以及柱头接受花粉时间的重要内因。树体内氮素、碳水化合物、生长素的供应都对上述过程有影响。在树体营养良好的情况下,花粉管生长快、胚囊寿命长、柱头接受花粉的时期也长,这样就大大延长了有效授粉期。氮素不足的情况下,花粉管生长缓慢、胚囊寿命短,当花粉管到达珠心时,胚囊已经失去功能,不能受精。对衰弱树,花期喷尿素可提高坐果率。生长后期(夏季)施氮肥有利于提高次年结实率。

硼对花粉萌发和受精有良好作用,有利于花粉管的生长。在萌(花)芽前喷1%～2%的硼砂,可增加苹果坐果率。秋季施硼肥,有利于欧洲李第二年坐果率和产量的提高。

钙也有利于花粉管的生长,最适浓度可高达1.0 mmol/L。故有人认为花粉管向胚珠方向的向性生长,是对从柱头到胚珠钙浓度梯度的反应。

施磷可提高坐果率,缺磷的树发芽迟、花序出现迟,降低了异花授粉的概率,还可能降低细胞激动素的含量。

用赤霉素处理,可以使自花不结实的树种、品种提高结果率。它除有促进单性结实的效应外,还由于赤霉素可加速花粉管的生长,使生殖分裂加速。

多量的花粉有利于花粉发芽,这是因为花粉密度大,由花粉本身供应的刺激物增多。如果花粉密度不大,增加花粉水浸提液,仍可促进花粉发芽。

④环境条件对授粉受精的影响　环境条件中,温度是影响授粉受精的重要因素。温度影响花粉发芽和花粉管生长,不同树种、品种,花粉发芽和花粉管生长最适温度不同。苹果是10～25 ℃,30 ℃以上发芽不好;葡萄要求温度较高,在20 ℃以上者居多。花期遇低温会使胚囊和花粉受害。温度不足,花粉管生长慢,到达胚囊前胚囊已失去受精能力。低温期长,开花

慢，叶生长相对加快，消耗养分多，不利于胚囊的发育与受精。低温还不利于昆虫传粉，一般蜜蜂活动要 15 ℃以上的温度。

花期遇大风使柱头干燥，不利于花粉发育，也不利于昆虫活动。

阴雨潮湿时，花粉不易散发或易失去活力，雨水还能冲掉柱头黏液，也不利于传粉。

大气污染也会影响花粉发芽和花粉管生长，不同树木花期对不同污染的反应不同。

(3)提高授粉受精的措施

①配置授粉树　不论是自花结实还是自花不实的树种，除能单性结实者外，异花授粉均能提高结实量，生产上常按一定比例混栽。园林绿化地中若不能配置授粉树，则可用异品种高枝嫁接或花期人工授粉。

②调节营养　首先要加强头一年夏秋季的管理，保护叶片不受病虫的危害，合理负担，提高树体营养水平，保证花芽健壮饱满。其次要调节春季营养的分配，均衡树势，不使枝叶旺长，必要时采用控梢措施。对生长势弱或衰老树，花期根外喷洒尿素、硼砂等对促进授粉受精有积极的作用。

③人工辅助授粉　对于一些雌雄异熟的树木可采集花粉后进行人工辅助授粉。

④改善环境条件　搞好环境保护、控制大气污染，对于易受大气污染的植物的授粉受精是很重要的。另外，在花期禁止喷洒农药，保护有益传粉昆虫的活动，促进虫媒花的授粉受精。花期遇到气温高、空气干燥时，对花喷水雾也很有效。

(二)坐果与果实的生长发育

研究了解果实的生长发育，在园林树木栽培实践中，对提高观果树木的观赏价值与果品、种子的产量和质量具有重要的意义。

1.坐果与落花落果

经授粉受精后，子房膨大发育成果实，在生产上称为坐果。事实上，坐果数比开花的花朵数要少得多，能真正成熟的果实则更少。其原因是开花后，一部分未能授粉受精的花脱落了；另一部分虽已授粉、受精，但因营养不良或其他原因也造成脱落。这种从花蕾出现到果实成熟全过程中，发生花果陆续脱落的现象称为落花落果。

各种树木的坐果率是不一样的，如苹果、梨树的坐果率为 2%～20%，枣树的坐果率仅占花朵的 0.5%～2%，芒果坐果率则更少，仅为万分之几。这实际上是植物对适应自然环境、保持生存能力的一种自身调节。这样树木可防止养分过量的消耗，以保持健壮的生长势，维持良好的合成功能，达到营养生长与生殖生长的平衡。但是在栽培实践中，常发生一些非正常性的落花落果，严重时影响观赏价值或减产，这是应该尽力避免的。

(1)落花落果次数　根据对海棠、石楠、杜梨、苹果等仁果类和桃树、梅树、杏树等核果类树种的观察，其落花落果现象一年可出现 4 次。

①落花　第一次于开花后，因花未受精，未见子房膨大，连同凋谢的花瓣一起脱落。这次对果实的丰歉影响不大。

②落幼果　这一次出现约在花后 2 周，子房已膨大，是受精后初步发育了的幼果。这次落果对丰欠有一定的影响。

③6 月落果　在第一次落果后 2～4 周出现，大体在 6 月份。此时落果已有指头大小，因此损失较大。

④采前落果　有些树种或品种在果实成熟前也有落果现象，即采前落果。

以上这几种不是由机械和外力所造成的落花落果现象，统称为生理落果。另外，也有些由于果实大，结果多，而果柄短，因互相挤压造成采前落果。夏秋暴风雨也常引起落果。

(2)落花落果的原因　造成生理落果的原因很多，早期的落花、落果是由于花器发育不全或授粉、受精不良而引起的。另一原因是幼胚发育初期生长素供应不足。只有那些受精充分的幼果，种胚量多且发育好，能产生大量生长素，对养分水分竞争力强而不脱落。其他不良的环境条件也会导致生理落果，如水分过多造成土壤缺氧而削弱根系的呼吸，使其吸收能力降低，导致营养不良，6 月落果主要就是营养不良引起的；而过分干旱，造成树木整体生理缺水，也会导致严重落果。缺锌也易引起落花落果。

幼果的生长发育需要大量的养分，尤其是胚和胚乳的生长，需要大量的氮才能形成所需的蛋白质，而此时有些树种的新梢生长也很快，同样需要大量的氮素。如果此时氮供应不足，两者就会发生对氮争夺的矛盾，常使胚的发育停止而引起落果。因此，应在花前施氮肥。磷是种子发育重要的元素之一，种子多，生长素就多，可提高坐果率，花后施磷肥对减少 6 月落果有显著成效，可提高早期坐果率和总的坐果率。

采前落果的原因是果实将近成熟时，种胚产生生长素的能力逐渐降低。这与树种、品种特性有关，也与高温干旱或雨水过多有关。日照不足或久旱突降大雨，会加重采前落果。不良的栽培技术，过多施氮肥和灌水，栽植过密或修剪不当，通风透光不好，也都会加重采前落果。

(3)提高坐果率

①采用各种保花保果措施，减少落花落果现象，保证花和果实的良好生长发育。

②进行必要的疏花疏果，克服大小年现象，协调营养生长与生殖生长的关系。保护营养面积和结果的适当比例，使叶片数与果实数成一定比例。疏花比疏果更能减少养分的消耗，但也要把握住疏花疏果的量，疏多疏少都不利。要根据具体树种、具体条件，并要有一定的实践经验才能获得满意的效果。

③在幼果生长期，在保证新梢健壮生长的基础上，防止新梢过旺生长。一般可采用摘心或环剥等措施，以削弱新梢的生长，提高坐果率。

④在盛花期或幼果生长初期喷涂生长激素(如 2,4-D、赤霉素等)以提高幼果中生长素的浓度。激素的使用能防止果柄产生离层而落果，也可促进养料输向果实，有利于幼果的生长发育。但在树体营养条件较差的情况下使用生长素后即使不发生落果，其幼果因为营养不良或结果过多，也不能达到应有的栽培目的。

2.果实的生长发育与调控

从花谢后至果实达到生理成熟时止，经过的细胞分裂、组织分化、种胚发育、细胞膨大和细胞内营养物质的积累转化等过程，称为果实的生长发育。园林中栽培观果类树木，以果的“奇”(奇特、奇趣之果)、“丰”(丰收的景象)、“巨”(果实巨大)和“艳”(果色丰富且艳丽)提高树木的观赏效果和美化作用，但必须根据果实的生长发育规律，通过一定的栽培和养护管理措施，才能使树木充分发挥这些方面的作用。

(1)果实成熟所需的时间　各类树木在果实成熟时，在果实外表上表现出成熟的颜色和形态特征，这称为果实的形态成熟期。果熟期与种熟期有的一致，有的不一致；有些种子要经过后熟，个别也有较早果熟期。其长短因树种和品种而不同。柳树、杨树、榆树等最短，桑树、杏树次之，而樱桃的种子则需要后熟。另一些树种，种实成熟要经历较长时间，如华山松 4 月份开花，到翌年9—10月份种子才成熟。一般早熟品种发育期短，晚熟品种发育期长。果实外表受外伤或被虫蛀食后成熟得早些。另外还受自然条件的影响，高温干旱，果熟期缩短，反之则长。山地条件、排水好的地方果熟得早些。

(2)果实生长发育的规律　果实生长发育与其他器官一样，也遵循"慢—快—慢"的"S"型生长曲线规律。但在众多的观果树种中，其生长情况有两种类型：一种是单"S"型生长曲线，如梨树、苹果、橘子等。此类果实生长全过程由小到大，逐渐增大，中间几乎没有停顿现象，但也不是等速上升，在不同时期的生长速率是有变化的。另一种是双"S"型生长曲线(两个速生期)，如梅树、桃树等。这类果实有较明显增大的迹象，主要是内部种胚的生长和果核的硬化，最后是增大期，生长速度再次加快，直至成熟。园林观果树木果实多样，有些奇特果实的生长规律有待于更多的观察和研究。

(3)果实的生长　果实内没有形成层，果实的增大是靠果实细胞的分裂与增大而进行的。果实先是伸长生长(纵向生长)为主，后期以横向生长为主。果实重量的增长，大体上与其体积的增大呈正比。果实体积的增大，决定于细胞的数目、细胞体积和细胞间隙。

花器和幼果生长的初期是果实细胞主要分裂期，此时树体内营养状况决定着果实细胞的分裂数，对许多春天开花、坐果的多年生果树，花果生长所需的养分主要依靠去年贮藏的养分供应。贮藏养分的多少对幼果细胞分裂数有决定性影响，所以，可秋施基肥，合理修剪，疏除过多的花芽，对促进幼果细胞的分裂有着重要作用。

果实发育中、后期，主要是果肉细胞的增大期，此期果实除含水量增加外，碳水化合物的含量也直线上升。合适的叶果比、良好的光照和介质适宜的土壤水分条件，满足其水肥的要求，是提高果实产量和质量的保证。此时若浇水过多，施用氮肥过多，虽能增加一定产量，但果实含糖量下降，品质降低。

激素与果实的生长发育有着密切的关系。试验证明，果实发育过程中，生长素、赤霉素、细胞分裂素、脱落酸及乙烯等多种激素都存在。但果实发育的不同阶段，是在一种或几种激素的相互作用下，调节和控制果实的生长发育的。如，桃树在幼果生长快速期的赤霉素含量高于生长缓慢期，最后进入果实增大期后，乙烯含量显著增加。对大部分树种的果实来说，前期促进生长的细胞分裂素、赤霉素等激素的含量高，后期则抑制生长的乙烯、脱落酸等激素的含量高。了解了激素对果实生长发育的作用，可通过人工合成激素来促控果实生长发育，以达到栽培目的。

(4)果实的着色　果实的着色是其成熟的标志之一。有些果实的着色程度决定其观赏价值。果实着色是由于叶绿素分解，细胞内已有的类胡萝卜素、黄酮等使果实显出黄、橙等色。果实中的红、紫色是由叶片中的色素原输入果实后，在光照、温度及氧等条件下，经氧化酶而产生的花青素苷转化形成的。花青素苷是碳水化合物在阳光(特别的短波光)的照射下形成的，所以在果实成熟期，保证良好的光照条件，对碳水化合物含量的合成和果实的着色是很重要的。

(5)促进果实发育的栽培措施

①要从根本上提高包括上一年在内的树体贮藏营养的水平，这是果实能充分长大的基础。要创造良好的根系营养条件，保持树体代谢的相对平衡和对无机养料最强的吸收能力。为此要注意适时深翻土壤、增施有机肥、注意栽植密度，使树木的地上与地下部分有良好的生长空间。

②运用科学的整形修剪技术措施　培养树体形成良好的形态结构，调节好营养生长和生殖生长的关系，扩大有效的光合面积，提高光合效率和树体营养水平。根据具体情况适时采用摘心、环剥和应用生长激素来提高坐果率；根据观赏目的，适当疏(幼)果，注意通风透光，并加强病虫害防治等。

③保证肥水供应　在落叶前后施足基肥的基础上，在花芽分化、开花和果实生长等不同阶段，进行土壤和根外追肥。在果实生长前期可多施氮肥，后期促进果实的膨大应多施磷钾肥。

④加强病虫害防治　在我国的城市化进程中，许多原有植被和乡土植物被引进的外来植物、新的植物类群代替，形成了城市植被的园林新格局，却导致城市园林树木病虫害的严重发生。而太阳光和紫外线对大多数病菌起抑制作用，适度修剪促使树冠通风透光有利于减少病虫害的发生。

第二课堂活动

用小视频展示不同花芽分化类型的树木与开花类别的关系，分析其花芽分化类型与修剪的关系。某小区里，每年3月份开花的玉蝶梅却在元旦前已满树繁花，请你解密该地玉蝶梅提前开花的原理，如果是观果的玉蝶梅品种，应如何应对呢？

任务3　园林树木整形修剪的作用依据和修剪的时期

一、园林树木整形修剪的作用

园林树木是重要的造景素材，有时自然树形不一定完全符合设计意图，通过修剪整形，可以减缓或限制树木的生长速度，控制树木的体量和造型，满足设计意图的需要。而我们常说的园林树木的养护性修剪分常规修剪和造型(整形)修剪两类。常规修剪以保持自然植株形态为基本要求，按照“多疏少截”的原则，及时剥芽、去蘖、摘心，或对树木合理短截与疏剪内膛枝、重叠枝、交叉枝、下垂枝、干枯枝、病虫枝、徒长枝、衰弱枝和损伤枝等，保持内膛通风透光，冠形丰满，调节树木的生长、开花结实。造型修剪是以剪、锯、捆、扎、曲、盘、拉、吊、压等手段，将树冠整修成特定的形状，达到外形轮廓清晰，树冠表面平整、圆滑，不露空缺、不露枝干、不露捆扎物的技术措施。常规修剪是在造型(整形)修剪基础上进行的。

(一)保证园林树木健壮生长

通过修剪可以剪去生长位置不当的密生枝、衰老枝、徒长枝或病虫枝，以保证树冠内部通风透光、均衡生长。夏季多风雨，尤其沿海有台风侵袭的地区，为减轻迎风面积，可以对树冠进行疏剪或短截，以免被风吹倒。

(二)调整园林树木生长势

园林树木地上部分的大小与长势如何，决定于根系状况和从土壤中吸收水分、养分的多少。通过修剪可以剪去地上部不需要的部分，使养分、水分集中供应留下的枝芽，促使局部的生长。

(三)促使园林树木多开花结实

对于观花、观果或结合花、果生产的园林树木,正确修剪可调节营养生长与花芽分化,促使提早开花结果,或使养分集中到留下的枝芽,促进大部分短枝和辅养枝成为花果枝,形成较多花芽,从而达到繁花似锦,增加结果量。也可以通过修剪克服花果大小年,获得稳定的花果量,提高观赏效果。

(四)调整园林树木株型及树体结构,创造最佳环境美化效果

在园林景观中,因园林艺术上的需要,园林树木有时起衬托作用,不需过于高大。如绿篱和花坛与周围环境相适应,需及时调整树木与环境比例,整形成规则或不规则的特种形体和大小,以便和某些景点、建筑物相互烘托。例如,大叶女贞、榆树等种植后可长成高大的乔木,但从幼龄期经过修剪整形成绿篱,则成为了矮小的灌木形。其他如园林中多采用自然树形的树木,为维持这些树形也需要适当修剪,不断完善树体结构,充分发挥树木的综合功能,实现经济、实用、美观、安全、生态协调统一。

(五)提高园林树木移栽的成活率

树木移植时要及时剪除断枝、机械损伤的根或枝,保留骨干枝,修去多余的小侧枝,以减少水分蒸发,提高栽植成活率。

二、园林树木整形与修剪的依据

(一)依据园林绿化对该树木的要求

园林中应用园林树木的目的不同,对修剪的要求就不同。有些同种树木,可以有不同的应用,其修剪与整形措施也不同。从园林艺术要求上,有自然式的,规则式的整形。如槐树用于行道树常修剪成杯状形,用于庭荫树时常进行自然式整形;桧柏用于孤植树时尽量保持自然树冠,作绿篱树时要重度修剪、规则式整形;榆叶梅在草坪上常修剪成丛状扁球形,在路边拐角处常是主干圆头形。

(二)依据树种品种特性

树木因潜伏芽寿命长短而生长、更新特点不同,如梅树、银杏、槐树、柑橘、杨梅、柿子等树种,芽的潜伏力较强或很强,有利于更新复壮;有些树种芽的潜伏力弱,如桃树,潜伏芽寿命只有 2～3 年,因此就不利于更新复壮。一般来说,芽潜伏力强的树种,如悬铃木、紫薇、木槿、月季等可行回缩和短截;芽潜伏力弱或无潜伏芽的树种的大龄树木,如樱花及松属中的油松、黑松等,仅行疏剪或以疏剪为主。

不同树种,其枝芽特性不同,修剪措施也就不同,如悬铃木、大叶黄杨、珊瑚树、香樟、女贞、木槿、腊梅、月季等成枝力及愈伤能力强,称为耐修剪树种,可以一年中多次修剪;反之,如梧桐、玉兰、山茶、枇杷等成枝力及愈伤能力弱,称为不耐修剪树种,仅能轻度修剪或不修剪。很多呈尖塔形、圆锥形树冠的乔木,如银杏、桧柏、雪松等顶芽的成枝力特别强,形成明显的主干与侧枝的从属关系,对这一类树种就应采用保留主干的整形方式。对一些顶端中心干长势不太强,但发枝力却很强,易形成丛状树冠的,如山茶、栀子、含笑、海桐等,就可修剪成圆球形、半球形等树形。

另外,树木对光照要求、枝条硬度与分枝角度、树皮厚薄对日灼的反应等,也会影响修剪整形的时期及方法。

(三)因树修剪,随枝作形

即依据树木生长的生长势和自然条件,采取相应的整形修剪方法,做到“因树修剪、随枝造型”。幼树修剪的主要目的是增枝扩冠、培养树形,若要促使早开花,应以拉枝为主、疏除多余的分枝,但不能过分强调整形;成年期树木,处于旺盛开花结实阶段,修剪时应保持植株的健壮完美、枝叶繁茂;衰老期树木,生长势衰弱,应恢复生长势,修剪时应以强剪为主。水、肥、光差,生长势弱的轻剪。树木遵循离心生长—离心秃裸—向心更新—向心枯亡规律,修剪目的是适应之,延长离心生长的生命活动周期,控制过早出现离心秃裸,因势利导,利用向心更新维持或造就新的树冠,并保持树冠的圆整和整个树体的生命周期。但是,栽培管理水平的高低,直接影响到树体的生长发育状况,不同的生长发育状况又决定着一定的修剪方法和程度发挥。管理水平跟不上,整形修剪的作用就不会很好地表现出来。比如,一味追求轻剪,多留花芽,多结果,但由于土肥水管理差,会造成树势衰弱,病虫害加重、出现大小年结果等后患。试想,一棵衰弱到近乎死亡的树,无论怎样短截,也不可能抽出强旺的枝条来。因此,修剪反应只有在管理水平高的情况下,才能充分发挥其作用。

(四)依据修剪反应

修剪反应是以往修剪后枝条生长情况和全树的表现。“修剪好不好,全凭树上找”,诠释了修剪反应是检验修剪是否适度的重要标准,是合理修剪的重要依据,也是搞好修剪的最好指导老师。由于枝条生长势和生长状态不同,应用同一剪法其反应也不同。通过观察局部反应和全树整体反应,了解不同的修剪方法是否正确和程度合适,做到修剪时心中有数,有的放矢。

(五)依据植物群落中各树种的生态位

从植、群植与林植的园林树木,栽植初期只是一种群聚关系,只有经过长期的生长栽培和外界环境的作用才能逐步形成具有一定种类组成、一定外貌的植物群落。各种树木在植物群落中趋于形成各就其位、各得其所的生态位。在修剪过程中必须重视植物群落结构,在外貌、色彩、线条等方面处理得丰富多样、美观协调,具有一定的艺术性和观赏性。按照群落整体结构要求,合理进行整形修剪。

总之要在遵循“统筹兼顾,轻重结合;主从分明,长远规划”的原则基础上,综合考虑才能确定修剪时间、修剪方法、修剪成的树形。

三、园林树木修剪的时期

一般落叶树冬季停止生长,修剪时养分损失少,伤口愈合快;常绿树的根与枝叶终年活动,新陈代谢不止,剪去枝叶时养分损失,有冻害的危险,所以修剪时期一般在春季树木即将发芽萌动前进行。因此,园林树木的修剪因树种、修剪目的、修剪作用的不同,各有适宜的修剪时期。确定对园林树木适宜的修剪时期总体依据:一是不影响园林树木的正常生长,减少营养消耗,避免伤口感染,如抹芽、除萌宜早不宜迟;二是不影响开花结果,不破坏原有冠形,不降低其观赏价值。常见有以下 2 个时期:

1.休眠期修剪(或冬季修剪)

一般说来,园林树木从秋季落叶到春季萌芽前的修剪都叫休眠期修剪,也叫冬季修剪。从伤口愈合速度上来说,则以早春树液开始流动,生长发育机能即将开始时修剪为佳;有伤流现象的树种如核桃、灯台树、槭树、悬铃木、元宝枫、枫杨、桦木、葡萄等,应在伤流期前 15 d 完成;

抗寒力差的，宜早春剪；常绿树木，尤其是常绿花果树，如桂花、山茶、柑橘等，为减少营养损失，宜在春季树木的芽即将萌动之前修剪，同时还要控制修剪强度。

2. 生长季修剪(或夏季修剪)

从园林树木春季芽萌动到休眠前的整个生长期所进行的修剪都叫生长季修剪，也叫夏季修剪，是休眠期修剪的继续和补充。夏季修剪应与冬季修剪紧密结合，从修剪的作用及重要性来说，冬季修剪与夏季修剪是不分伯仲的。生长季修剪可以促使植株体内养分、水分、激素等生长所需物质进行合理分配，见效比冬季修剪快，能及时改造或保持冠形，调整冠内枝叶密度，改善通风透光条件，从而提高园林树木的观赏效果和保持合理的花果量。

生长季修剪应因树木种类、品种、生长时期进行修剪。树木在夏季正处于旺盛生长期，修剪免不了要剪掉许多新梢和叶片，尤其对花果树的外形有一定影响，故应尽量从轻。但对于有些落叶阔叶树如枫杨、薄壳山核桃等，冬春修剪伤流不止，整形修剪宜在生长旺盛季节进行，伤流能很快停止。对于刺槐、杨树、榆树等萌发力强的树种，如在冬剪基础上培养直立主干，就必须对主干顶端剪口附近的大量新梢进行剪梢或摘心，控制生长，调整并辅助主干的长势和方向，修剪时期如放在旺盛生长的季节，则效果反而更好。绿篱、球形树的整形修剪，通常也应在晚春和生长季的前期或后期进行。

许多树种在修剪时期上应以生长季为主，如桃树、梅花、丁香、榆叶梅等春季先花后叶的树种，只能在冬季轻剪，疏除病虫枝、枯死枝和细弱枝和影响观花的枝条，而把重点放在花后的修剪——夏季修剪上，否则就影响二年生枝条上的着花数量，从而影响开花效果。此外，法桐、木槿、紫薇等在北方易受冻害的苗木，也不宜冬季重剪，以免造成更严重的冻害，而将初春作为主要的修剪时期。对夏季开花的金银花、金银木、珍珠梅、木槿、紫薇等，为节省营养，应在开花后期立即进行疏花修剪。对月季类灌木，要随时剪除残花，防止结果消耗营养，促使早发副梢，早形成顶花芽，早开花、多开花，缩短开花间隔时间。对棕榈类植物，要随时剪掉下面衰老、发黄、破碎的叶片，保持观赏效果。

为了促进某些花果树新梢生长充实，形成混合芽或花芽，则应在其生长后期进行修剪。具体修剪时期选择合适，既能避免二次枝的发生，又能使剪口及时愈合。常绿针叶树类的修剪，早春进行可获得部分扦插材料，6—7 月份生长期内进行的剪梢修剪，则可培养紧密丰满的圆柱形、圆锥形或尖塔形树冠。

规则式造型的树木夏季生长快，易产生大量萌生枝、杂乱枝，原有修剪整齐的树形很容易遭到破坏，而夏季是园林树木一个重要的观赏季节，要达到精细化园林养护管理的标准，做到横平、竖直、立有形，就必须加大色块色带、造型灌木、绿篱等重要观赏点的夏季修剪频率。因此，夏剪是保持规则式造型树木原有设计效果的重要手段。但勿过迟，否则容易促发新的副梢，不但消耗养分，而且不利于当年新梢的充分成熟。

有些园林工作者对特型树、常规树的夏季修剪有些放松，只注重冬季重剪，常造成柿树树冠一侧长出君迁子的枝条；龙爪槐的头上长出了直立的国槐枝条，而垂枝槐的枝条由于生长下垂，遇到大风天气很容易折断；春季重剪后的紫薇等萌蘖枝成堆，丛生灌木的根盘萌蘖影响了通风透光。可见，不重视夏季修剪很难达到理想的景观效果，我们的养护管理也很难达到精细化管理标准。

第二课堂活动

白居易，作为唐代的著名诗人，文学地位是无可争议的，其实他还是一位“爱花人”。在白居易的诗歌中，有大量的花木知识，如他的《有木诗八首·之一》：“有木名弱柳，结根近清池。风烟借颜色，雨露助华滋”；《种桃杏》诗：“无论海角与天涯，大抵心安即是家。路远谁能念乡曲，年深兼欲忘京华。忠州且作三年计，种杏栽桃拟待花”。通过网络查找白居易与花木的故事，感受唐代园林艺术的魅力。

任务4　园林树木整形修剪的基本技法与程序

园林树木的常用修剪技法

一、园林树木整形修剪的基本技法

在园林苗木大苗的培育或养护阶段，我们对树木的修剪，主要是对树体上不同部位、不同年龄各类组织、器官的修剪。针对树体上不同部位、不同年龄、不同粗度的根、枝及芽、花、果等，应用的修剪技法也不同。常用修剪技法可用“截、疏、变、放、伤”概括分类。

（一）截

将树木的根或枝、新梢甚至主干的一部分剪去，以刺激剪口下部的根、枝或芽生长更旺或植株更紧凑。根据截对树木生长发育的影响，可将其分为以下几种：

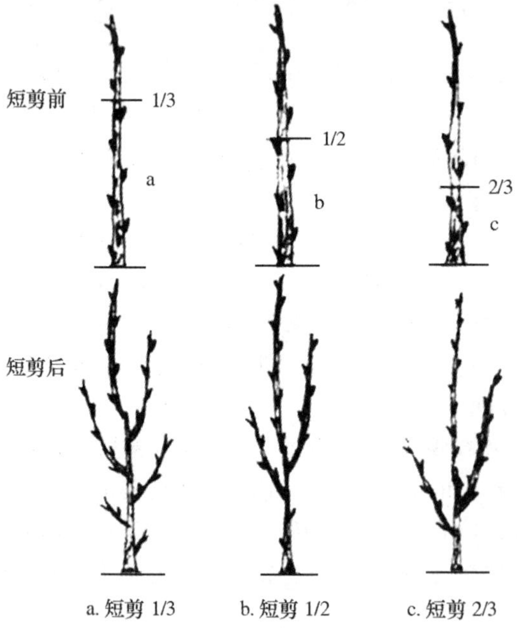

图 4-2　枝的短剪及短剪后的萌枝状

1. 短截

短截也叫短剪，即把树木一年生枝的一部分剪去，以刺激侧芽抽生新梢，增加枝条数量，多发叶、多开花。在休眠期进行，程度不同抽枝状不同（图 4-2）。根据短剪的程度可分为以下几种：

（1）轻短截　即剪去一年生枝的顶梢（剪去枝全长的 1/5～1/4），主要用于花果类树木强壮枝修剪。此种修剪方法在枝去掉顶梢后，刺激其下部多数半饱满芽的萌发，分散枝的养分，使观赏花果树木的枝能产生更多中短枝，易形成花芽。

（2）中短截　即剪到一年生枝中部或中上部饱满芽处（剪去枝条长度的 1/3～1/2），主要用于某些弱枝复壮以及各种骨干枝和延长枝的培养。因剪口芽饱满强健，养分相对集中，可刺激其多发强旺营养枝。

(3)重短截　即剪到一年生枝下部的半饱满芽处(剪去枝条全长的 2/3～3/4),此种修剪方法刺激作用大,主要用于弱树、老树、老弱枝的更新复壮。因剪去大部分,刺激作用大,一般都发旺枝。园林中紫薇常采用此方法。

(4)极重短截　即在一年生枝基部留 1～2 个瘪芽,其余全部剪去,主要用于更新复壮或降低枝位。因剪口芽在基部,质量较差,一般发中短营养枝,个别也萌发旺枝。

2.回缩

回缩又叫缩剪,即将多年生枝剪去一部分,以降低顶端优势部位,促进多年生枝条基部更新复壮(图 4-3)。常用于恢复树势和枝势。在树木部分枝条开始下垂、树冠中下部出现光秃现象时,在休眠期将衰老枝或树干基部留一段,其余剪去,使剪口下方的枝条旺盛生长,来改善通风透光条件或刺激潜伏芽萌发徒长枝来人为更新。

3.摘心与剪梢

新梢在生长盛期长到一定阶段摘去幼嫩顶尖即摘心,可使侧芽萌发和生长,增加未来开花枝的数量,也有利于花芽分化(图 4-4)。例如,蜡梅夏季生长时摘心,可促进养分积累、冬季多开花,而某些树种自然分枝已很多或仅有单干茎,不易发侧芽(如棕榈类、南洋杉等),应避免;剪梢是在生长季节,将生长过旺枝条的一般木质化新梢先端剪除,主要是调整树木主枝和侧枝关系。

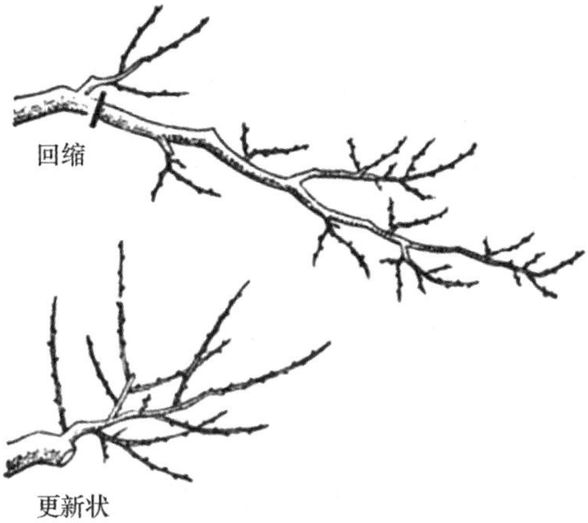

图 4-3　回缩更新状

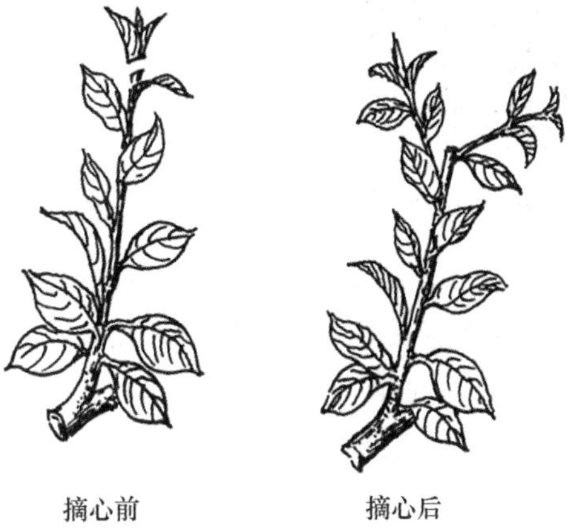

图 4-4　摘心及反应

4.断根

断根是将植株的根在一定范围内全部或部分切断的措施。断根后,可以抑制树冠生长过旺;可刺激根部发生新的须根,有利于树木移植成活。因此,在珍贵苗木出圃前或进行大树移植前,常应用断根措施。也可对根系上部或下部断根,使根部分别向土壤深层或浅层发展。

(二)疏(或疏删)

疏是将植株的某一枝、叶、芽、花或果从基部全部疏除,以调整枝、叶、花等的匀称分布或长势,改善树冠的通风透光条件。依处理对象和程度不同又分为以下几个方面:

1.疏枝

将枝或新梢自基部全部剪去称为疏枝或疏剪,可调节枝的均匀分布、加大树冠分布空间、改善通风透光条件(图 4-5)。这样有利于树冠内部枝的生长发育,促进花芽分化,可在休眠期、生长期进行。

疏剪的对象主要是病虫枝、干枯枝、过密枝、下垂的衰弱枝、交叉枝或徒长枝等。萌芽力、成枝力都弱的树种少疏枝,如广玉兰、梧桐、桂花、枸骨、罗汉松、棕榈;马尾松、雪松等枝轮生,每年发枝有限,尽量不疏;萌芽力与成枝力都强的园林树木,如法国梧桐、葡萄、紫薇、桃树、月季、黄杨、榆树、柽柳等,可多疏;幼树、弱树尽可能不疏,结果期的树适量疏。

图 4-5 不同类型树木的疏枝法(虚线轮廓的枝为需疏剪的枝)

除蘖与抹芽

2.除蘖与除芽(或剥芽或抹芽)

除蘖是疏除树木主干基部及伤口附近当年长出的嫩枝或根部长出的根蘖,避免这些枝和根蘖有碍树形,分散树体养分,可在休眠期、生长期进行;除芽是在芽萌动后至新梢生长前,抹除无用或影响主干枝生长的芽,如月季、牡丹、花石榴的脚芽。除弱芽可增强树势,除主芽可缓解树势。

3.摘蕾

在花蕾形成期,如有些月季,需将主蕾旁的小花蕾摘除,使营养集中于主蕾,获得肥硕花朵,提高观赏价值。

4.摘花与摘果

即在幼果形成期,摘除残缺、僵化、病虫损害而影响美观的花朵或把不需结果、凋谢的花及时摘去。摘果是摘除不需要的小果或病虫果,提高观赏价值。

5.摘叶

即在叶密集期,摘除枝干上黄叶和已老化、徒耗养分的叶片以及影响花芽光照的叶片和病虫叶,改善通风透光。

(三)变

即将直立或空间位置不理想的枝引向水平或其他方向,以加大或缩小枝的开张角度,使其顶端优势转位、加强或削弱。包括曲枝、拉枝、抬枝、圈枝(常在幼树整形时)等使主干弯曲或成疙瘩状采用的技术措施,使枝条生长势缓和,树生长不高,并能提早开花(图 4-6)。

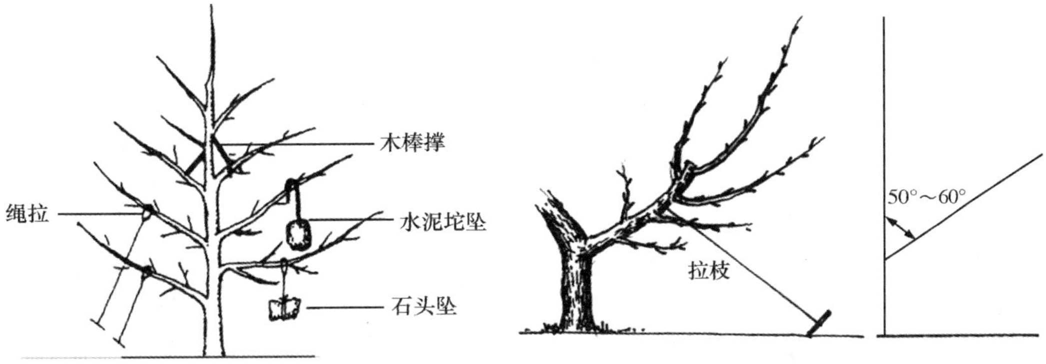

图 4-6　变的方法

(四)放

放又称缓放、甩放或长放,即对长势中庸的一年生枝条不作任何处理,任其自然生长,促使其下部发生中、短枝,促进花芽形成。利用单枝生长势逐年减弱的特点,对部分长势中等的枝条长放不剪,停止生长早,同化面积大,光合产物积累多,促进花芽分化,培养开花枝组(图 4-7)。

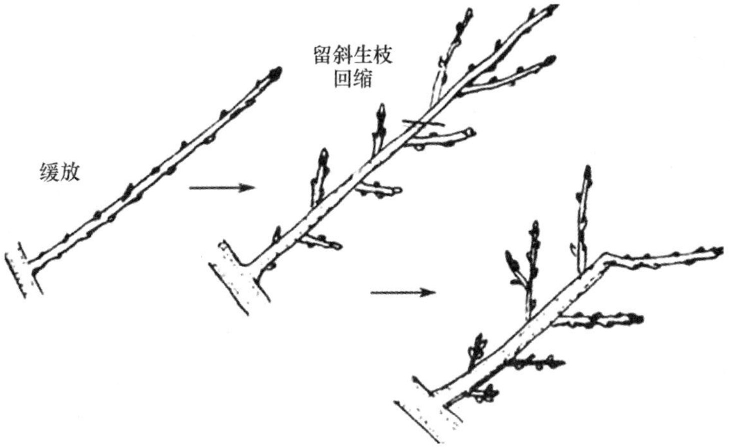

图 4-7　先放后缩的开花枝组培养法

(五)伤

通过适度损伤枝干或新梢,削弱受伤枝梢的生长势,或刺激伤口下的芽萌发、枝长势更旺。常见有刻伤、折裂、环割或环剥、扭梢与折梢等。

1. 刻伤

在枝或芽上方 0.5～1.0 cm 处,用刀或钢锯条横拉一道,深达木质部,以促进弱枝长得更旺或芽萌发成枝,增加中、短枝比例(图 4-8)。刻芽以萌芽前 20 d 为宜,提早或推迟均达不到理想效果,主要用于幼树整形和促使树冠内光秃部位多抽枝。

2. 折裂

即于早春芽略萌动时,切枝(直径的 1/2～2/3)—小心弯折—折裂处木质部斜面互顶—伤口涂泥,来控制枝条旺长,满足某种艺术造型(图 4-9)。

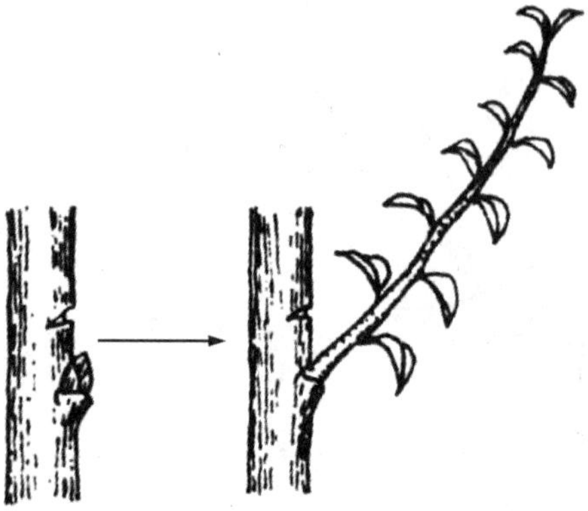

图 4-8　刻芽的效果

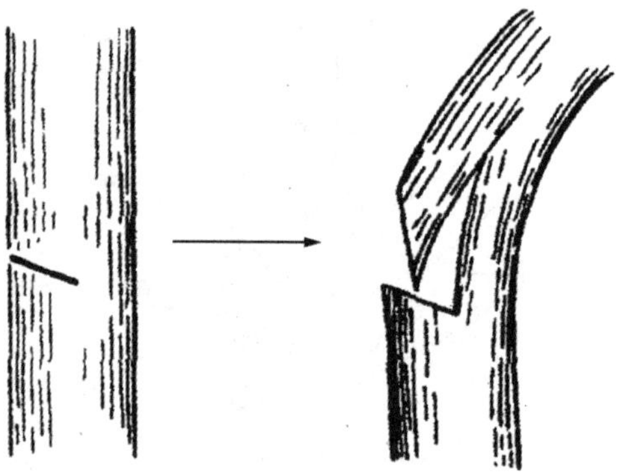

图 4-9　折裂

图 4-10　环剥

3.环割或环剥

在发育期,用刀在开花结果少的强壮枝干或枝条基部适当部位切断皮层的一圈或几圈,或剥去一定宽度(该部位直径 1/10 以下或 2～10 mm 内,视枝干的粗细和树种的愈伤能力、生长速度而定)的环状树皮,称为环割或环剥(图 4-10)。环剥切忌过宽,否则伤口长期不能愈合对树木生长不利。应注意的是环剥不宜用于伤流过旺或易流胶的树种。

4.扭梢与折梢

在树木旺盛生长期内,为抑制新梢的过旺生长,将生长过旺的枝条,特别是着生在枝背上的旺枝,在中上部将其扭曲下垂,称为扭梢(图 4-11);只将其折伤但不折断(只折断木质部),称为折梢。扭梢与折梢是伤骨不伤皮,其阻止了水分、养分向生长点输送,削弱枝条生长势,有利于短花枝的形成。

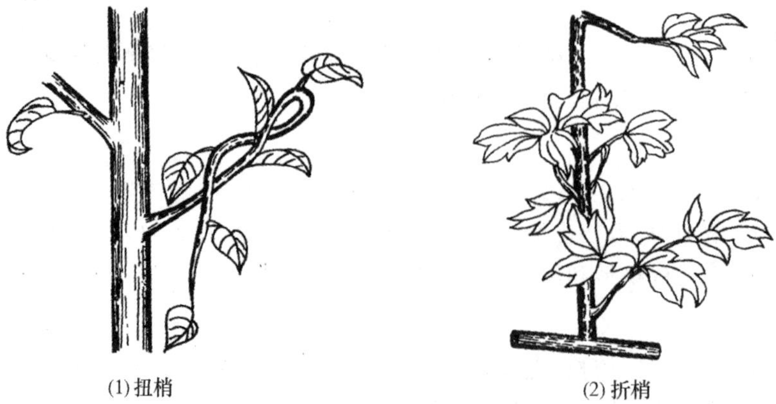

(1) 扭梢　　(2) 折梢

图 4-11　扭梢与折梢

二、修剪程序及修剪工具

园林树木的修剪程序与注意事项

(一)修剪程序

修剪程序概括地说就是“一知、二看、三剪、四查、五处理、六保护”。

“一知”,修剪人员修剪操作前必须知道操作规程与技术要求及其他特别要求,以免操作错误。对于修剪量大、技术要求高、工期长的修剪任务,作业前应对计划修剪的树木种类、各种树木的树冠结构、树势、主侧枝的生长状况、平衡关系等进行了解,知道具体修剪及保护方案(包括时间、人员安排、工具准备、施工进度、枝条处理、现场安全措施等)。对重要景观中的树木、古树、珍贵的观赏树木,修剪前需咨询专家的意见,或在专家直接指导下进行。

“二看”,修剪前应对树木进行仔细观察,因树制宜,合理修剪。要了解所剪植株的生长习性、枝芽的发育特点、植株的生长状况、冠形特点及周围环境与园林功能,结合实际进行修剪。

“三剪”,对每株树木要按知道的内容和观察到植株的状况分析后修剪,最忌无次序。做到:长远规划,全面安排;因树修剪,随枝作形;有形不死,无形不乱;以轻为主,轻重结合;均衡树势,主从分明。就一株树来说,则应先剪下部,后剪上部;先剪内膛枝,后剪外围枝;由粗剪到细剪。动剪时先找好骨干枝,并从基部主枝入手,各侧枝间根据空间方位留好辅养枝,先疏后截。在疏枝前先要决定选留的大枝数及其在骨干枝上的位置,先疏除大枝,再疏除徒长枝、背上直立枝、枯枝、密生枝、重叠枝和竞争枝等,再按大、中、小枝的次序,对多年生枝进行回缩修剪;最后根据整形需要,对一年生枝进行短截修剪,延长头从饱满芽处剪截,应注意剪口芽的方位;临时辅养枝插空补缺,无空间的回缩或疏除。剪完后,再修剪另一主枝。

为了使短截枝条的剪口伤面小,容易愈合,芽萌发后生长快,修剪时剪口要平滑,与剪口芽呈 45°,离新芽过长,则新芽以上的枝会坏死,易引发病虫;离新芽太近,则新枝长不出来;修剪时修剪面过于倾斜,伤口难以愈合而伤害树木(图 4-12)。同时还要注意:疏枝、除蘖的剪口,于分枝点处剪去,不留残桩;丛生灌木疏枝与地面相平;对常绿针叶树如松树等,锯除大枝时,应留 1～2 cm 短桩。剪口芽的方向、质量决定新梢生长方向和长势强弱,需向外扩张树冠时,剪口芽留在枝条外侧,如欲填补内膛空虚。剪口芽方向应朝内,抑制生长过旺的枝条以弱芽当剪口芽,扶弱枝时应选饱满的壮芽。

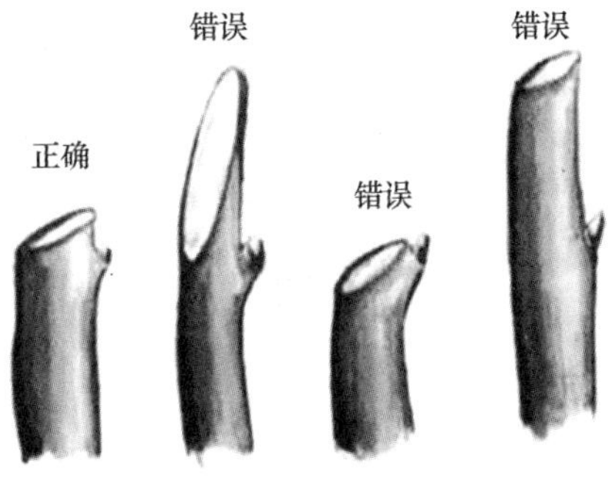

图 4-12　短剪时切口的处理

修剪较粗大的树枝和树干时,可采用分步作业法。先用锯在粗枝基部的下方向上锯一切口,深度为枝干粗度的 1/3～2/5,再从上方基部略前方处从上往下将枝干锯断,然后将伤口沿基部修平滑,同时做到准、稳、快,可以避免枝干劈裂。同时,锯口一定要切削平整。

“四查”,一般修剪完成后尚需检查修剪的合理性,有无漏剪、错剪,并修正或重剪。最终达到“抑强扶弱,正确促控,合理用光,枝条健壮”的目的。

“五处理”,即清理作业现场,对剪下的枝叶、花果的集中处理(如选插条、接穗,病虫枝烧毁、深埋)。文明施工,及时清理、运走修剪下来的枝条同样十分重要,既要保证环境整洁,又要确保安全。目前在国内一般采用把残枝运走的办法，在国外则经常用移动式削片机在作业现场就地把树枝粉碎成木片，节约运输量，并可再利用。这一环节不可拖过久，以免影响市(园)容和引起病虫害扩大蔓延。

"六保护"，即对剪口的保护。剪直径 2 cm 以上的大枝时，剪口必须削平，并涂抹防腐剂(如保护蜡：用松香、黄蜡、动物油按 5∶3∶1比例熬制而成；豆油铜素剂：用豆油、硫酸铜、熟石灰按 1∶1∶1比例制成；或者调和漆或专用伤口涂补剂)，起到防腐、防干、促进愈合的作用。

同时，还要注意安全作业。安全作业包括 2 个方面：一方面，是对作业人员的安全防范，所有的作业人员都必须配备安全保护装备，使用前检查上树机械和工具的各个部件是否灵活，有无松动，在高压线附近作业时要特别注意安全，避免触电，必要时请供电部门配合。操作时思想要集中，严禁说笑打闹，上树前不准饮酒；另一方面，是对作业树木下面或周围行人与设施的保护，在作业区边界应设置醒目的标记，避免落枝伤害行人和车辆。当几个人同剪一棵高大树体时，应有专人负责指挥，以便高空作业时的协调配合。在建筑及架空线附近，截除大枝时，应先用绳索，将被截大枝捆吊在其他生长牢固的枝干上，待截断后慢慢松绳放下，以免砸伤行人，建筑物和下部保留的枝干。另外，修剪时应注意天气变化，选择无风晴朗的天气进行施工。

(二)园林树木的修剪工具及维护

园林树木常用的修剪工具如下(图 4-13)：

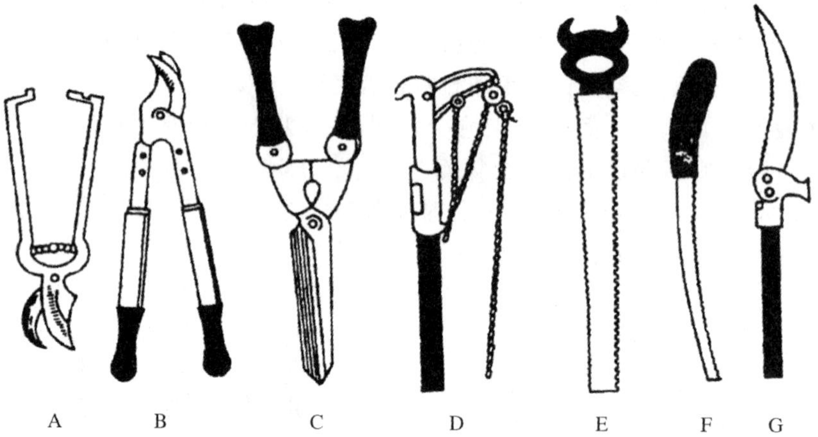

图 4-13　常用的修剪工具

A. 普通修枝剪　B. 长把修枝剪　C. 绿篱剪(大平剪)　D. 高枝剪

E. 双面修枝锯　F. 单面修枝锯　G. 高枝锯

1. 修枝剪

(1)普通修枝剪　普通修枝剪一般用于疏截直径 3 cm 以下的硬枝条。使用时只要将需修剪部位放入剪口内，一手握刀用力，另一手同时将枝条向剪刀厚的一侧猛推或猛拉，就能轻松自如地剪断。注意买回来要先调节双剪是否过松或过紧，开刃磨快后才好使用，否则大片太厚，会把枝条剪劈，切口也不够平滑，剪柄中央的弹簧还常常脱落丢失；操作时不要左右扭动剪刀，以防夹枝甚至损坏剪刀；避免动作过大；不应用于修剪较大硬枝或铁丝等物品，以免损坏剪刀。

(2)双手修枝剪　双手修枝剪主要为了站在地面上就能短截比较高的灌木株丛顶部的枝

条。其剪口呈月牙形，虽然没有弹簧，但手柄很长，因此，杠杆的作用力相当大，在双手各握一个剪柄的情况下操作。

(3)电剪刀　电剪刀用于剪截直径 2 cm 左右的硬枝（冬青、黄杨、桧柏、刺柏、紫薇、茶树等）至 30 cm 左右的软枝（葡萄枝类），使用灵活，维护简单。修剪后接近绿篱的自然生长状态，形成的树冠面较大，修剪面既整齐又美观，而且芽叶萌发比手工修剪的萌发整齐。每天可连续工作 8 h，生产效率是传统手工剪刀的 2～3 倍，可减轻生产（剪刀使用）工人的劳动强度，同时减少用工人数，降低生产成本。

(4)高枝剪锯　高枝剪锯具有高枝剪和高枝锯的双重功能，主要用于绿化树木高处细枝的修形整枝。它装有一根能够伸缩的铝合金长柄，可以根据修剪的高度来调整。在刀叶的尾部绑有一根尼龙绳，修剪是靠猛拉这根尼龙绳来完成的。在刀叶和剪筒之间还装有一根钢丝弹簧，在放松尼龙绳的情况下，可以使刀叶和镰刀形固定剪片自动分离而张开。但高枝剪短截时，剪口的位置往往不够准确。为修剪树冠上部的大枝，在刀叶一侧用螺丝固定一把高枝锯。

2.修枝锯（手锯）

用于锯除剪刀剪不断的枝条。领用后，检查手柄与锯条的接口螺丝是否拧紧，需挫刀挫的要先把锯齿挫锋利。在锯割时，用力均匀。如发生夹锯，不应用力继续拉锯，应从锯口处轻轻抽出锯子，从另处继续拉锯。使用完毕后，应及时清洁锯面、锯齿。如长时间不用应涂上保护液，置于干燥处保存。常用的有 3 种：

(1)单面修枝锯　单面修枝锯用于截断树冠内的一些中等枝条。此锯有弓形的细齿，锯片很狭，可以伸入到株丛当中去锯截，使用起来非常方便。

(2)双面修枝锯　双面修枝锯用于锯除粗大的枝。这种锯的锯片两侧都有锯齿，一边是细齿，另一边是由深浅两层锯齿组成的粗齿。在锯除枯死的大枝时用粗齿，锯截活枝时用细齿，以保持锯面的平滑。操作时用双手握住锯把上的椭圆形孔洞，可以增加锯的拉力。

(3)刀锯　刀锯常是木匠用的锯。园林修剪锯除较粗的枝条时，如果没有双面修枝锯也可以用刀锯。

3.大平剪

大平剪又称绿篱剪，用于修整绿篱和球形树及造型树的植株造型。它的条形刀片很长、很薄，一下可以剪掉一片枝梢，从而把绿篱顶部和侧面修剪平整。绿篱剪刀面较薄，只能用来平剪嫩梢，不能修剪充分木质化的粗枝，个别粗枝冒出绿篱株丛，应当先用普通修枝剪把它们剪掉，然后再使用绿篱剪。

使用时双手正握双柄中部，按绿篱高度合力剪下，并适时调节双剪支点处螺帽，控制双剪面。使用后应及时抹去灰尘、垃圾及水珠，如长期不用，应涂上黄油、保护液等，存入干燥库房。

4.梯子或升降车

梯子或升降车用于修剪较高大的树木，不然无法作业。

5.绿篱机

绿篱机用于茶叶修剪和公园、庭园、路旁树篱等园林绿化方面的专业修剪。有手持式小汽油机、手持式电动机、车载大型机。一般说的绿篱机是指依靠小汽油机为动力带动刀片切割转动的，目前分单刃绿篱机与双

绿篱的修剪工具

刃绿篱机。主要包括汽油机、传动机构、手柄、开关及刀片机构等。

以上工具使用后应及时抹去灰尘、垃圾及水珠，用一块油布擦掉上面淤积的树脂，然后涂上防锈油。如长期不用，应涂上黄油、保护液等，存入干燥库房。操作过程中，还需配备安全带（劳保用具）、安全绳（劳保用具，另一头要拴在不影响操作的牢固的大树枝上，随时注意收、放）、大绳（吊树冠用）、小绳（吊细枝用）、安全帽（劳保用具）、工作服、手套、胶鞋等其他劳保用具。

第二课堂活动

以小组为单位，选取园林绿地里的垂榆、紫薇、大叶黄杨球、红叶石楠绿篱、紫藤、小叶女贞造型树等代表树种，录制小视频，指出录制对象目前存在的修剪整形问题，并介绍具体的修剪技法、调整思路和选取合适修剪工具进行修剪的过程等修剪整形要点。

任务5 不同绿化用途园林树木的修剪整形

一、园林树木的整形方式

园林树木常见的整形方式有自然式整形、规则式整形及混合式整形三大类。

（一）自然式整形

根据园林树木的生长发育习性，在保持其原有自然冠形的基础上，对枯枝、病弱枝和少量干扰树形的枝进行适当修剪调整，称为自然式整形。自然式整形的树木生长发育健壮，能充分发挥出该树种的观赏特性。自然树形优美的树种，萌芽力、成枝力弱的树种及造景需要时，均可采用自然式整形。常见园林树木的自然式整形方式见图4-14。

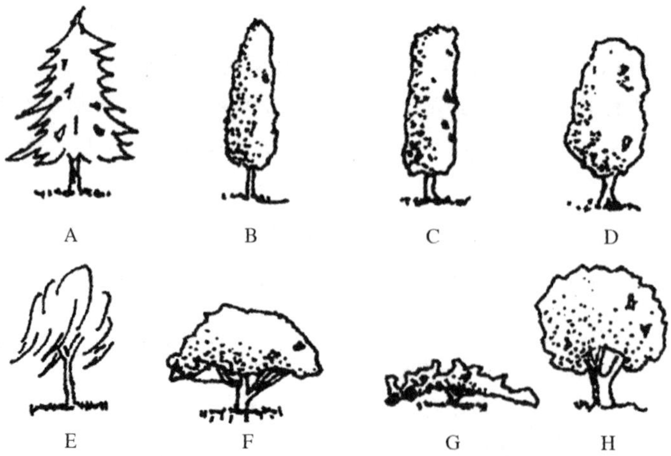

图4-14 常见园林树木的自然式整形方式

A.尖塔形 B.圆锥形 C.圆柱形 D.椭圆形
E.垂枝形 F.伞形 G.匍匐形 H.圆球形

(二)规则式整形(人工式整形或整形式整形)

根据绿化美化的需要，将树木树冠修剪成各种特定的形状的整形，称为规则式整形，一般适用于萌芽力、成枝力都很强的耐修剪树种。常见的规则式修剪整形有：几何形式，如正方形、长方形、杯形、圆柱形、球体、半球体的几何体等；建筑形式，如亭、廊、楼等；动物形式，如孔雀、鸡、马、虎、鹿、鸟等；人物形式，如孙悟空、猪八戒、观音、拉车人等；树桩盆景。常见园林树木的规则式整形方式见图 4-15。

图 4-15　常见园林树木的规则式整形方式

(三)混合式整形

这种整形方式在花木类中应用最多。修剪者根据树木的生物学特性及对生态条件的要求，将树木整形修剪成与周围环境协调的树形，通常有无中心干形、有主干形等。

1. 无中心干形

(1)自然杯状形　杯状形是“三股六叉十二枝”，自然杯状形是杯状形的改良树形，内膛无内向枝、直立枝。

(2)自然开心形　是自然杯状形的改良和发展，留的主枝多为 3 个，个别的植株也有 2 或 4 个的，主枝在主干上错落着生。此种整形方式比较容易，又符合树木的自然发育规律，生长势强，骨架牢固，立体开花。目前，园林中干性弱的树种、强阳性树种多用此整形方式。

(3)多主干形和多主枝形　这两种整形方式基本相同，其区别是具有低矮主干的称为多主枝形；直接从根部保留多个均匀骨干枝的称为多主干形。目前海棠类多采用此类整形方式。

(4)丛球形　此种整形方式颇似多主干形或多主枝形，只是主干极短或无，留枝较多，呈丛生状。多用在萌芽力强的灌木类，如黄刺玫、珍珠梅、贴梗海棠、厚皮香、红花檵木等。

(5)棚架形　这是藤木类常用的整形方式。

2. 有主干形

(1)分层形　在主干上分层配列主枝，层与层之间留有一定的层间距，每层的主枝最好是邻近，不要邻接。

(2)疏散形　与上面的分层形整形方式不同的是其主枝配列在主干上是随意的。

二、不同绿化用途的园林树木的修剪整形

(一)行道树的修剪整形

行道树是指种在分车线绿岛、人行道、广场游径、河滨林荫道及城乡公路两旁，给车辆和行人遮荫并构成街景的树种。一般使用树体高大的乔木，枝条伸展，枝叶浓密，树冠圆整有装饰性。干高与周围环境相协调，主干道的行道树干高通常 2.5 m 以上，要求冠行整齐，不影响车

辆的通行和阻挡行人及驾乘人员的视线(在交通路口 30 m 范围内的树木不能遮挡信号灯);园路或林荫道上的行道树干高以不影响行人为准。

定植后的行道树要每年修剪以调整枝条的伸展方向,扩大树冠,增加遮阳保湿效果。冠形根据栽植地点的架空线路及交通状况决定。主干道及一般干道上,通常修剪整形成杯状形、开心形等混合式整形树冠,在无机动车通行的道路或狭窄的巷道内可采用自然式树冠。

1.杯状形树形的修剪整形

行道树杯状形即常说的三股六叉十二枝的冠形,对于上方有架空线或美化需求的悬铃木、国槐、白蜡、香樟等行道树,常使用该树形(图 4-16,以悬铃木为例)。

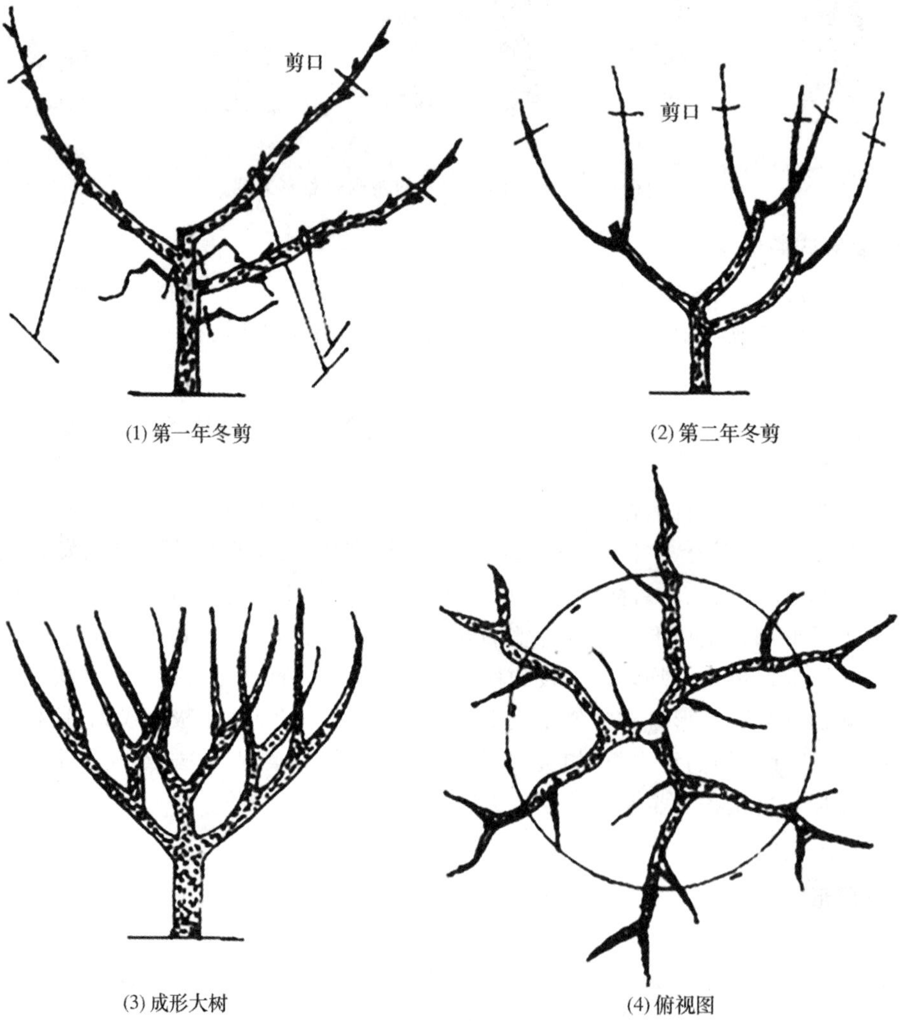

图 4-16　悬铃木杯状形的修剪整形

如果苗木出圃定植时未形成杯状形树冠,栽植后按以下修剪造型:

(1)定干高　主干的分枝点高度应在架空线路之下,又不妨碍行人、车辆的通行,一般为 2.5～3.0 m。

(2)三股六叉十二枝的培养　定干后,第一年在截口下选 3 个方向不同、分布均匀且与主干成 45°～60°夹角的新梢作主枝培养，其余分期剥芽或疏枝或留作辅养枝。冬季对主枝留 80～100 cm 短截，剪口芽留在侧面，并处于同一平面上；第二年夏季再剥芽、疏枝；冬季于主枝两侧发生的侧枝中，选 2 个作二级侧枝，并在 60～80 cm 处再短截，剪口芽仍留在枝条侧面，疏除原暂时保留的直立枝、交叉枝等。如此反复整形修剪 4～5 年后，即可形成三股六叉十二枝的杯状形树冠。

(3)成形树的修剪　大树成型后，每年冬季可剪去主枝的 1/3，保留弱小枝为辅养枝。及时剪除病虫枝、交叉枝、重叠枝、直立枝、过密枝，促发交互侧生枝，但长度不应超过主枝。对强枝要及时回缩修剪，以防树冠过大、叶幕层过稀。六叉内无内向枝、直立枝。其余内膛枝可适当保留，增加遮荫效果。以后每两年修剪一次。上方有架空线路时，避免枝与线路接触，按规定保持一定距离(一般情况下，1 kV 以下的电力线路安全间距为 1 m，与通信电缆、有线电视线的安全距离为 0.5 m)回缩修剪。

2.开心形树形整形修剪

开心形树形的分枝较低，其树冠自然展开但不空，管理方便，多用于无中心干或顶芽自枯的行道树树种，如合欢、樱花、桃树等(图 4-17)。

定植时，将主干留 2.5～3.0 m 截干或截枝，然后选留 3～5 个不同方位、分布均匀的主枝进行培养，每主枝上选留 2～3 个侧枝，其余全部抹去。生长季注意将主枝上的芽抹去，保留 3～5 个方向合适、分布均匀的侧枝。下年萌发后选留侧枝，全部共留 6～10 个，使其向四方斜生，并进行短截，促发次级侧枝，使冠形丰满、匀称。

图 4-17　自然开心形

3.自然式冠形整形修剪

在不妨碍交通和其他公用设施的情况下，树木有任意生长的空间时，行道树多采用自然式冠形，如塔形、卵圆形、扁圆形、圆球形等。每年修剪的主要工作是疏除密生枝、枯死枝、病虫枝和伤残枝等。

(1)有中心干的行道树

①定干高　如银杏、悬铃木、水杉、枫香、雪松、枫杨、楸树、杨树等，干高按园林配置要求、树种特性及树木规格而定。郊区高大乔木干高在 4～6 m 及以上。在快车道旁的分枝点高至少应在 2.8 m 以上。

②保持中心干延长枝　栽培养护过程中要保护顶芽向上生长，保持树木的顶端优势。中心干延长枝受损时应选择靠近顶端的一直立向上生长的枝条做顶端延长头或在壮芽处短剪，并把其下部的侧芽抹去，抽出直立枝条代替，避免形成多头现象；中心干延长枝出现一年生竞争枝时，如果一年生竞争枝未超过延长枝，且下邻枝又弱小，可将一年生竞争枝齐基部一次疏除；如果一年生竞争枝未超过延长枝且下邻枝较粗壮，可当年先对一年生竞争枝重短剪，抑制其生长势，下一年延长枝长粗后再齐基部疏除竞争枝；如果一年生竞争枝超过延长枝，且竞争枝的下邻枝又弱小，可一次剪除较弱的原延长枝，使一年生竞争枝成为中心干延长枝；如果一年生竞争枝长势旺，原延长枝弱小而一年生竞争枝的下邻枝较粗壮，应在第一年对原延长枝重

短剪,第二年再予以齐基部疏除;中心干延长枝出现多年生竞争枝时,可将竞争枝一次回缩到下部侧枝处或一次性疏除;若会破坏树形或留下大空位,可逐年回缩疏除(图 4-18)。阔叶类树种如毛白杨,不耐重抹头或重截,应以冬季疏剪为主。修剪时应保持冠与主干的适当比例,一般树冠高占 3/5,主干(分枝点以下)高占 2/5。

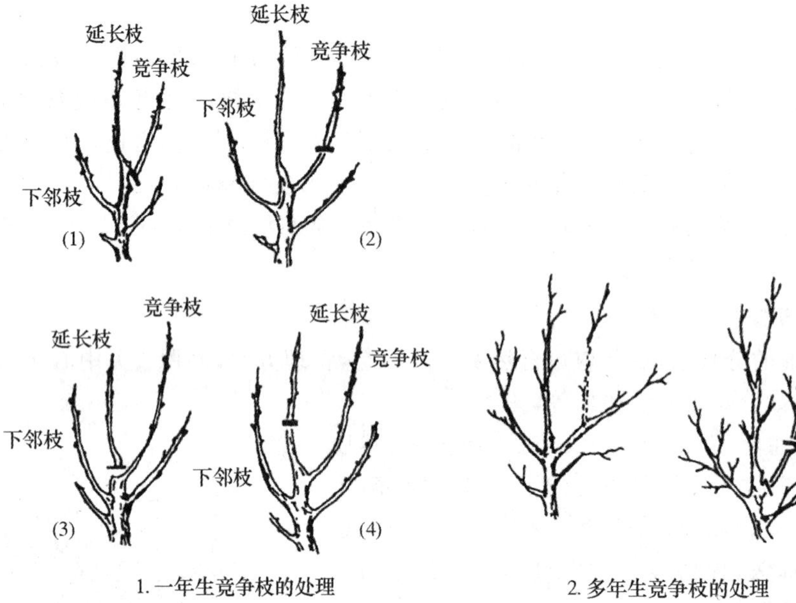

图 4-18　延长枝的竞争枝的处理

③选留主枝　一般选留主枝最好下强上弱,主枝与中央领导枝角度呈 40°～60°,注意最下的三大枝上下位置要错开(间距保留 20 cm 左右),方向匀称,角度适宜。还要及时剪掉三大主枝上最基部贴近树干的侧枝,并选留好三大主枝以上的枝条,并使下层枝留得长,萌生后形成圆锥状树冠。成形后,仅对枯病枝、过密枝疏剪,一般修剪量不大。银杏修剪只能疏枝,不准短截。对轮生枝可分阶段疏剪。

(2)无中心干的行道树　干性不强的乔木树种,如大叶女贞、旱柳、榆树、栾树、国槐、香樟等可选作有架空线路下无中心干的行道树。

①定干高　干高一般为 2～3 m。

②留主枝养树冠　留 5～6 个健壮、分布均匀的大枝作为主枝,各层主枝间距短,使自然长成卵圆形或扁圆形的树冠。每年修剪主要对象是密生枝、枯死枝、病虫枝和伤残枝等。

由于街道走向、高层建筑和地下管线等影响,常造成行道树偏冠、倾斜等现象,应尽早通过修剪来调整重心。近建筑物一侧的行道树,为防止枝条影响室内采光和安全,需及时对过长枝条短截或回缩。对生长势较弱一方的枝条,只要不与架空线、建筑物有矛盾,应行轻剪,以达到缓和树势、平衡生长的目的。

(二)孤植树的整形修剪

孤植树又称为园景树、独赏树或标本树。可独立成景,主要展现树木的个体美,通常作为庭园和园林局部的中心景物,赏其树形、花、果、叶色等。孤植树多形体高大,树形美观,树姿独特优美,或具有突出观赏特点且寿命较长,常见于公园入口内或园路交叉处或草坪自然中心处,如绿岛中心种植塔形的雪松,小池畔转折处孤植的枝垂水面的垂枝梅。可选圆柏、雪松、紫薇、枫香、金钱松、龙柏、白玉兰、紫叶李、龙爪槐等。

孤植树观赏特性不同，对其修剪的依据和方法及目的也不同，下面以雪松、白玉兰、龙爪槐为例，了解孤植树的修剪方法。

1.雪松的整形修剪

雪松是我国最负盛名的园林风景树种之一。它主干挺拔苍翠，树姿潇洒秀丽，枝叶扶疏，气势雄伟，在园林绿化上应用很广泛。但我国雪松的实生苗（种子繁殖）种源不足，扦插繁殖仍为主要的繁殖方法，而扦插繁殖的苗木，在生长过程中很难自然形成优美的树形，有的产生偏冠，有的修长欠健壮，有的无正头等，都影响其观赏价值。

(1)雪松正常的树形　雪松的树形主干挺直、具有明显的中心领导干，生长旺盛，挺拔向上；大侧枝不规则轮生，向外平伸，四周均衡、丰满；小枝微下垂；下部侧枝长，渐至上部依次缩短，疏密匀称，形成塔形的树冠。

(2)不正常树形的整形修剪

①主干弯曲应扶正　雪松为乔木，必须保持中央领导干延长枝不分叉且向上生长的优势。但是，有些苗木的中央领导干延长枝弯曲或软弱，需每年一次用细竹竿绑扎嫩梢，使树干挺直，并利用顶端生长优势，促使其向高生长。若主干上出现竞争枝，应选留一个强者为中央领导干，另一个短截回缩，于第二年再将回缩短截的竞争枝疏除（图4-18）。

②主枝的选留　雪松喜光，其主枝在中央领导干上呈不规则的轮生，如果数量过多，树冠会郁闭。所以要调整各主枝在中央领导干上的分层排列，每层可留主枝3～5个，并向不同方向伸展，层间距离30～40 cm。对确定的主枝不剪，并注意保护新梢，过密枝或病虫枝适当疏除。对层内非主枝却较粗壮的枝条，应先短截，辅养一段时间再作处理。细弱的枝条则可疏除。

③平衡树势　雪松的树形要求下部侧枝长，向上渐次缩短，而同一层的侧枝长势须平衡，才能形成优美的塔形树冠。对于“下强上弱”的树势，应对下部的强壮枝回缩剪截，并选留生长弱的平行枝或下垂枝替代；对上部的植株喷施生长激素，促使枝条生长。对于偏形树的修剪是引枝补空，将附近的大枝用绳子或铁丝牵引来补空；或在空隙大而无枝的植株上，用腹接法嫁接一健壮的芽发出新枝来补救。

2.白玉兰的整形修剪

白玉兰是落叶乔木，花白如玉，先叶开放，顶生、朵大，花香似兰，其树形魁伟，树冠卵形。古时多在亭、台、楼、阁前栽植，现多见于园林绿地、厂矿中孤植、散植，或于道路两侧作行道树。实生苗的大树常主干明显，树体壮实，雄奇伟岸，生长势壮，节长枝疏，然而花量稍稀。嫁接树往往呈多干状或主干低分枝状特征，节短枝密，树体较小巧，但花团锦簇，远观洁白无瑕，妖娆万分。

因玉兰枝条的愈伤能力差，幼树可适当短剪、疏枝培养树形。常规一般不做大的整形修剪，只在花谢后与叶芽萌动前，适当疏剪过密枝、徒长枝、交叉枝、干枯枝、病虫枝等使其姿态优美。在剪锯伤口直接涂擦愈伤防腐膜可促进伤口愈合，防病菌侵染，防土、雨水污染，防冻、防伤口干裂。

3.龙爪槐的整形修剪

龙爪槐系国槐的变种，落叶乔木。树冠如伞，姿态优美，枝条构成盘状，上部蟠曲如龙。喜光、稍耐阴，能适应干冷气候。姿态、叶、花供观赏，多对称栽植于庙宇、祠堂等建筑物两侧以点缀庭园；或对植路口或列植路边草坪上，柔和潇洒。

园林应用的龙爪槐是以国槐做砧木嫁接而成，其伞形树冠越大，枝条越蟠蜒扭曲，观赏价值就越高。龙爪槐的伞状造型若想达到理想的形状和大小，修剪和蟠扎至关重要。

(1)龙爪槐修剪造型

①伞形造型　对幼年树早期定枝、抹芽确定理想主枝，剪口芽留外芽或上芽，可以形成开张状树形。但是，因为只保留了主枝，其他枝条全部去除，往往限制了龙爪槐生长的多态性，使其造型面过窄。

②波纹状伞形造型　即将龙爪槐的伞面修剪成波纹状。具体做法是第一年将预留的枝条在弯曲最高处留上芽短截，第二年将下垂的枝条留 15 cm 左右留外芽修剪，下一年仍在一年生枝弯曲最高点处留上芽短截。如此反复修剪，即成波纹状伞面。若下垂的枝条略微留长些短截，几年后就可形成一个塔状的伞面，孤植或成行栽植都很美观。

③凉廊式造型　道路两边的龙爪槐在定植后的前几年，可在路面上搭设棚架，将临近路径两侧的枝条引到棚架上，让其相向生长。几年之后，当枝条交织固定在一起时将搭设的棚架撤掉。这时，路上会出现一条绿色长廊，形成一道别致的风景。还可以在道路入口两侧各植一株龙爪槐，也可以依照上述方法整形修剪，形成一种很好的造型。

(2)成形龙爪槐的修剪　成形龙爪槐的修剪包括夏剪和冬剪，一年各一次。在保持树冠不偏斜、空枝的原则上确定修剪的程度。

①休眠期修剪　首先确定骨架枝，再在骨架枝上的当年生枝条中选取新一轮的延伸骨架，剪去多余的平行枝、交叉枝、重叠枝、枯死枝。对于偏冠、不对称或缺稀的部位以拉枝、绑扎的办法使整个树冠枝条分布均匀。然后，根据枝的强弱对新一轮骨架枝在弯曲最高点处留上芽进行短截，一般是粗壮枝留长些，细弱枝留短些。

②生长季修剪　在生长旺盛期，将当年生的下垂枝剪梢截去 2/3 或 3/4，促使剪口发出更多的枝条，扩大树冠。剪梢的剪口留芽必须留上芽(或上侧芽)，使萌发出新梢呈抛物线形向外扩展生长。

(三)花灌木(或观花小乔木)的整形修剪

以观花为主的灌木或观花小乔木类，种类繁多，能营造出五彩缤纷的景色，适合于湖滨、溪流、道路两侧和公园布置，及小庭院点缀和盆栽观赏，对园林景观的色彩与层次营造有重要意义。

整形修剪是促进花灌木或观花小乔木类健康生长、繁花不断的关键措施之一，但是其使用量大，不同种类生长发育规律各不相同，必须区别对待。要先观察种类及植株生长的周围环境、光照条件、长势强弱及其在园林中的功能等，再实施修剪与整形技术。在疏弱枝、病虫枝、枯枝、交叉枝、过密枝、萌蘖枝、徒长枝及扰乱树形的其他枝基础上，实行重点促花的修剪技术。

1.因树势整形修剪

幼树生长旺盛，以整形为主，宜轻剪。冬剪时剥掉斜生枝的上位芽，防止萌生直立枝。对直立枝应选位置适宜的摘心，促其早开花，并对病虫枝、干枯枝、人为破坏枝、徒长枝等疏剪或短剪，改善树冠通风透光条件。

壮年树应充分利用立体空间，促使多开花。休眠期在秋梢以下适当部位进行短截，逐年选留部分根蘖，同时疏掉部分老枝，以保证枝条不断更新，保持株型丰满匀称。

老弱树以更新复壮为主，重短截使营养集中于少数腋芽，萌发壮枝。及时疏删细弱枝、病虫枝、枯死枝等。

2.因时修剪

把握修剪的时期很重要，依据树种特性及绿化要求对花灌木或观花小乔木修剪的时期可分两大类：

(1)生长季修剪　对冬春、夏初开花的花灌木或观花小乔木，如樱花、蜡梅、红叶李、黄金条等，花谢后短剪、回缩、缓放、疏果等，节省营养，改善通风透光条件，促进花芽分化，保证来年开花。修剪宜早不宜迟，修剪过晚，会形成直立徒长枝、过密枝等。

(2)休眠期修剪　主要对夏秋开花的树木进行修剪，如紫薇、木芙蓉、石榴、木槿等。

3.因生长和开花习性修剪整形

(1)新植树的修剪　为保证成活，一般栽植时重剪。容器培育的珍贵花木可轻剪栽植，当年的花芽应剪除，促进成活和生长。

①单干直立树　如碧桃、榆叶梅等，根据需要保留一定干高，选留3～5个方向合适、分布均匀、生长健壮的主枝短截1/2左右，其余疏掉，如有侧枝疏去2/3，留下的短截，其长度不能超过主枝的延长枝。

②丛生型树　如玫瑰、黄刺玫、连翘等，自地下生出多数粗细相近的枝条，选留3～6个分布均匀、生长正常的，留下的丛生枝短截1/2，其余疏去，并剪成内高外低的圆头形。

(2)养护期树的修剪

①冬春或夏初开花的树种　如连翘、金钟花、碧桃、迎春、丁香、牡丹、海棠类等，在秋冬两季均不宜大量修剪。应主要在花残谢后叶芽萌发前及时剪截或疏剪，防止结果或形成徒长枝消耗养分；生长季摘心等还可促发副梢，在花芽分化期形成花芽。修剪的部位依植物种类及纯花芽或混合芽的不同而不同，连翘、金钟花、丁香、碧桃、迎春等可在开花枝条基部留2～4个饱满芽进行短截；牡丹则仅将残花剪除即可；海棠类的具混合芽，以疏剪为主，适当截。

②夏秋季开花的树种　其花芽着生在当年生新梢上，如金银花、金银木、紫薇、木槿、杜鹃、栀子花、珍珠梅等，花芽是当年由萌发的新梢进行花芽分化形成的。修剪时，应在早春树液流动前的休眠期将二年生枝基部留2～3节的饱满芽重剪，其余疏剪。有利于促发壮枝，营养集中进行花芽分化，产生花大、花色艳、花期长的效果。为了节省营养，应在开花后期立即疏除残花和幼果。

③多年生枝干亦可分化花芽的树种　如紫荆、榆叶梅、贴梗海棠等，虽然花芽大部分着生在一年生枝上，但当营养条件适合时多年生的老干亦可分化花芽。对于这类树种的已进入开花年龄的植株，修剪量应较小。早春，将枝条先端干枯部分剪除；生长季，为防止当年生枝条过旺而影响花芽分化，摘心或剪梢使营养集中于多年生枝干上。

④花芽着生在开花短枝上的树种　如苹果属海棠类树种，早期生长势较强，每年自基部发生多数萌芽，自主枝上发生大量直立枝；进入开花年龄时，多数枝条形成开花短枝，在短枝上连年开花。这类树木一般不大修剪，只在花后剪除残花，旺长期将旺梢适当摘心，将过多的直立枝、徒长枝等疏剪或截断。

⑤对一年多次抽梢开花树种　如月季、米兰、茉莉花等，休眠期对当年生枝条短剪或回缩强枝，同时剪除交叉枝、病虫枝、并生枝、弱枝及内膛过密枝。寒冷地区可强剪，必要时埋土防寒。花后在新梢花梗下方第2～3饱满芽处短剪，防止结果消耗营养，促使早发副梢，早形成顶花芽，早开花、多开花，缩短开花间隔时间。如此重复。

(四)绿篱的修剪整形

绿篱是由萌芽力、成枝力强、且耐修剪的树种密集呈带状栽植而成,起防范、美化、组织交通和分隔功能区的作用。根据修剪程度可分为自然式绿篱和规则式绿篱。其各自修剪整形因造篱目的而不同。

1.自然式绿篱

如高杆式竹篱和以观花、观果为目的的花果篱,一般只进行少量的调节生长势、控制高度的修剪,并剪去病虫枝、干枯枝,使枝条自然生长。

绿篱栽植后,第一年可任其自然生长,使地上部和地下部充分生长。从第二年开始,绿篱生长至 30 cm 时,按确定的绿篱高度截顶,对条带状绿篱不论充分木质化的老枝还是幼嫩的新梢,凡超过标准高度的一律整齐剪掉。

常绿针叶树因为它们每年新梢萌发得较早,在春末夏初完成第一次修剪;盛夏前多数树种已停止生长,树形可保持较长一段时间;立秋以后,如果水肥充足,树木会抽生秋梢并旺盛生长,可进行第二次修剪,使秋冬季都保持良好的树形,并在严冬到来之前完成伤口愈合。大多数阔叶树种生长期新梢都在生长,仅盛夏生长比较缓慢,在春、夏、秋季都可根据需要随时进行修剪。通常待新的枝叶长至 4~6 cm 时进行下一次修剪。中午、雨天、强风、雾天不宜修剪。花果灌木栽植的绿篱,最好在花谢后修剪,既可防止大量结实和新梢徒长而消耗养分,又能促进新的花芽分化。

2.规则式绿篱

规则式绿篱多采用几何图案式栽植,修剪培养成圆球形、矩形、梯形、拱形或波浪形等造型。适宜作绿篱的树种很多,如女贞、大叶黄杨、小叶黄杨、桧柏、侧柏、冬青等。常需要定期整形修剪保持形体外貌。

(1)条带状绿篱　这是最常用的方式,一般为直线形;依园林设计要求也可整成曲线或几何图形;根据绿篱断面形状,可以是梯形、方形、圆顶形、柱形、球形等。此形式绿篱的整形修剪较简便,应注意防止下部光秃。

绿篱定植后,按规定高度及形状及时修剪。为促使其枝叶的生长,保证粗大的剪口不暴露,最好将主尖截去 1 /3 以上,剪口在规定高度 5~10 cm 及以下,最后用大平剪和绿篱机修剪表面枝叶。修剪时高度一致,整齐划一,篱面与四壁要求平整,棱角分明或圆润过渡。适时修剪,缺株应及时补栽,以保证供观赏时已抽出新枝叶,生长丰满。

(2)拱门式绿篱　即将树木制作成拱门,一般常用藤木,也可用枝条柔软的小乔木,如山毛榉等。

①首先种植绿篱。绿篱以 1.6 m 的间隔种植,在两道绿篱之间形成开放的空间。

②绿篱种植后的第二年和第三年夏季,修剪周边绿篱,当绿篱长到 1.8 m 高时,在其间隙的两侧插入一对垂直的树桩来支撑生长发育中的拱门。它们必须很牢固,可以达到 2.5 m 的高度。这两对木桩间的间隔大约是 1.5 m,每对木桩之间的距离为 20~25 cm。它们应通过平行的竹竿系在一起,在 2.0~2.3 m 高处分别用绳子固定。

③当绿篱达到 1.8 m 高时,把表面修剪成水平状,只在间隙两侧留下大约 80 cm 距离。

④第四年的夏季,修剪留下来的部分,允许间隙两侧的部分垂直生长,培育枝条形成拱门形状,在垂直的木桩之间试着用绳子把枝条绑扎成水平状。

当拱门形成得较好时，移走垂直的木桩和竹竿，如果有必要固定枝条直到拱门完全形成。

⑤成形后，要经常修剪，保持既有的良好形状，并不影响行人通过。

(3)雕塑形绿篱 选择枝条柔软、侧枝茂密、叶片细小又极耐修剪的树种，通过扭曲和蟠扎，按照一定的物体造型，由主枝和侧枝构成骨架，对细小侧枝通过绳索牵引等方法，使它们紧密抱合，或进行细微的修剪，剪成各种雕塑形状。制作时，可用几株同树种不同高度的植株共同构成雕塑造型。在养护时要随时剪除破坏造型的新梢。

(4)图案式绿篱 在栽植前，先设立支架或立柱，栽植后保留一根主干，在主干上培养出若干等距离生长均匀的侧枝，通过修剪或编织等辅助措施，把植物彼此编结起来成网状或格状，或制造成其他各种图案；也可以不设立支架，利用墙面进行制作。常用的树种有木槿、杞柳、紫穗槐、紫薇等。

3.绿篱修剪操作要求

一年中为了始终保持规则式绿篱的理想树形，应随时根据生长情况剪去突出于树形以外的新梢，以免扰乱树形，并使内膛小枝充实繁密生长，保持绿篱的体形丰满。

目前多采用大平剪手工或绿篱机机械操作修剪规则式绿篱，要求刀口锋利紧贴篱面，不漏剪少重剪。旺长后突出的部分多剪，弱长凹陷部分少剪，直线平面处可拉线修剪，造型(圆型、磨茹型、扇型、长城型等)绿篱按型修剪，顶部多剪，周围少剪。定型后每次把新长的枝叶全部剪去，保持设计规格形态。

对自然式绿篱，用修枝剪和锯等按观赏特性要求进行修剪。

4.带状绿篱的更新复壮

大部分阔叶树种的萌发和再生能力都很强，当年老变形后，可采用平茬的方法更新，因有强大的根系，一年内就可长成绿篱的雏形，两年后就能恢复原貌；也可以通过老干逐年疏伐更新。大部分常绿针叶树种再生能力较弱，不能采用平茬更新的方法，可以通过间伐，加大株行距，改造成非完全规整式绿篱，否则只能重栽，重新培养。

第二课堂活动

以小组为单位，对身边绿地及周边环境的各类园林树木的修剪整形进行打分或"找茬"，拍照、讨论并指出其可取之处或不合理之处，同时给出评判高分和低分的评判依据，并对树木剪整中存在的问题提出解决方案。

项目拓展

园林树木特殊造型的整形修剪

园林树木特殊造型是指除对行道树、孤植树及绿篱等的造型以外的造型形式。常用于特殊造型的树木，一般应具有萌芽力强、成枝力强或枝条柔软细长、耐修剪等特性。制作树桩盆景的树种除具有耐修剪的特性以外，一般还要求具有生长速度慢、叶片厚实而形小等特性。常见树种有松柏类中的黑松、日本五针松、圆柏、刺柏、罗汉松、紫杉等；花果类中的南天竹、红梅、垂丝海棠、火棘、枸骨、胡颓子、石榴、枸杞等；杂木类中的苏铁、银杏、榆树、榕树、五角枫、鸡爪槭、雀梅、柽柳、小叶女贞等；藤木类中的紫藤、常春藤、络石、凌霄、金银花、扶芳藤等。树木特殊造型主要包括仿形造型和仿意造型两类。

一、树木的仿形造型

仿形造型是对单株或多株乔木、灌木或藤木采用搭架、牵引、绑扎、编结、修剪等手法，模仿各类建筑、动物、运输工具及文字等制作的树木雕塑、树木建筑、树木图案的艺术造型，以供游人观赏。

(1)树木雕塑　是利用单株或多株树木组合，通过修剪、蟠扎等造型手法创造出的各种几何造型、独干造型、动物造型及其他奇特造型等，如蘑菇、花瓶、火车、孔雀、青龙、大象、骏马，还有卧龙、青蛇、长颈鹿、虎、羊、狗、猫等，以及猛虎下山造型、紫薇或贴梗海棠屏风、十二生肖、孔雀开屏、熊猫滚球、狮子踩球、金鸡报晓等(图 4-19)。

图 4-19　树木雕塑造型

(2)树木建筑　是用大量的树木通过修剪、蟠扎等手法组成类似于建筑的各种大规模的树木类型，如屋宇、松亭、松塔或宏伟壮观的城楼及长廊造型等形成的屏障等。

(3)树木图案　主要是指彩结和模纹花坛，它们形成各种各样的图案，由图案又可产生不同的观赏效果和寓意。如“喜”字的造型树、树木彩结、云朵、浪花、迷阵等(图 4-20)。

(一)仿形造型树的制作(桧柏为例)

桧柏又称圆柏、刺柏，常绿乔木，株型高大，枝叶丛密，耐修剪。所谓桧柏造型，即通过绑、扎、扭、捏、拉、疏、剪等制作过程，使一株平淡的桧柏成为各式各样、生机盎然的几何图形以及动物、人物造型，如狮、虎等动物造型；亭、楼等建筑造型；飞机、火箭等科普造型，使其景观效果明显提高。桧柏造型的形象一般体量较大，多用本身的枝干作骨架而不需要另行制作骨架。桧柏造型可保持多年，甚至超过 10 年。

图 4-20　树木迷阵图案

1.造型时间的确定

根据桧柏的生长习性,一年四季均可造型,但根据它春秋两季萌抽新枝的特性,故在春秋两季造型最佳。

2.造型株的选择

选择树形,在桧柏造型过程中尤为关键。要选择生长健壮、枝叶稠密、树冠丰满的旺株,再围绕造型的型体选择树形。比如要制作大象、火车等横宽类的造型,就要选用身低冠宽的树形;要制作熊猫、飞机等圆团类的造型,就要选用冠满身圆的树形;要制作蟠柱龙、宝塔等竖高类的造型,就要选用高身段的树形。

3.观察树体布局造型和结构

选准树之后,根据所要制作的造型,开始审树。根据树冠,先计划出造型各部位的数据,初步在树冠上进行布局,如动物造型,头在什么地方,腿摆在哪里,尾在哪里;若为鸟类,可简化为由两个球体的结合,大球代表身体,小球代表头,一个短的延伸代表喙,另一个较长的延伸代表尾巴,然后用金属丝或棕丝将树体拉成造型所需要的角度。通过合理布局,制作起来就得心应手,运用自如。

4.造型的顺序与工序

桧柏造型的制作,根据造型内容的不同具体过程有先首后尾、先尾后首、先上后下、先下后上四种顺序;计算、固架等运筹;绑、扎、扭、捏、拉、疏、剪等工序。

(1)制作顺序

①先首后尾　制作中先从头开始,而后制作身部,最后完成尾部。这个步骤的造型主要是动物造型等。

②先尾后首　先制作尾部,而后逐渐推进,直至首部。此步骤的造型有狮、虎、象、熊等。

③先上后下　先从顶部开始制作,而后到下部完成造型。这个步骤的造型主要有人物造型等。

④先下后上　先从底部开始,逐渐向上制作。这个步骤的造型有塔、亭、蟠龙柱等。

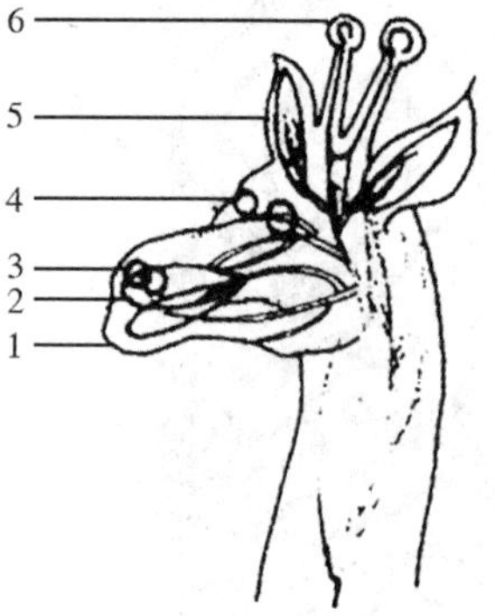

图 4-21　长颈鹿头部骨架图

1.下嘴唇　2.上嘴唇　3.鼻孔　4.眼睛　5.耳朵　6.鹿角

(2)运筹

①计算　在制作以前,根据树冠,先算出造型的各部位数据,如头部体积、身长、腿高、腰围等。

②固架　每尊桧柏造型的重要部位都离不开固架,往往关键部位都是先在树下做好固架,等系牢到树上以后,再往骨架上绑扎绒枝。有些造型,通身都需要骨架,如长颈鹿等。固架的绑扎,可根据造型的大小,模拟造型部位的轮廓,通过绑扎而成(图 4-21)。

(3)工序

绑、扎、扭、捏、拉、疏、剪等在整个制作过程中,是最细致、最灵巧的一环。动物造型的站、坐、跑、跳等,要靠这一环节制作出来,使其活灵活现、栩栩如生。

①绑　用麻绳或尼龙绳将分散的枝集中绑在一处,突出造型部位。

②扎　用细扎丝(22# 至 24#)将绒枝依序排列扎住,显示造型丰满圆润。

③扭　枝身偏向,扭转使用。

④捏　按需要弯枝捏直,直枝捏弯。

⑤拉　把一处的枝拉到另一处使用。

⑥疏　把多余和无用的枝疏掉。

⑦剪　造型结束,通体修剪。

(二)仿形造型成型后的修剪养护

桧柏造型养护管理的水平,直接影响到造型的观赏效果,需精心修剪养护。每年进行修剪 9～10 次,春、秋、冬各修剪 2 次,夏季修剪 4 次。因桧柏生长慢,每次的修剪量要小。如果造型被破坏,则很难补救。特别是新造型的桧柏,不要轻易动剪,以免失误。如有长度不够的枝条,应加强树体养护管理,待枝条长到足够长度再绑扎。造型完成后,每年除对影响造型的枝条进行绑扎等修剪外,其他只需进行常规养护。

二、树木的仿意造型

树木的仿意造型即通过对树木进行特殊造型与修剪,创造出某种意境,常见的为树桩盆景(图 4-22)。树桩盆景简称桩景,是以树木为素材,运用缩龙成寸的艺术手法,通过修剪、蟠扎的整形加工和精心培育,使其茎干矮小、枝丫虬曲、悬根露爪、姿态苍老,在咫尺盆内再现大自然奇古老树、山林野趣的艺术作品。过去,这类作品因多从山野挖掘老树桩为主做成,故称为树桩盆景。随着盆景艺术的发展和树种的不断扩大,树桩实际上已成为树木的代名词。因此,凡在盆中以树木为主来表现自然景色的艺术作品都可列为树桩盆景的范畴。

图 4-22　树木的仿意造型

树桩盆景与单纯的植物盆栽不同,其区别就在于一个“景”字，有景可观即为盆景，反之则为盆栽。“景”，是由盆景艺术的画境（盆景的造型美）、意境（盆景的立意美）、生境（盆景的自然美）三部分组成，是文学、美学、植物学的有机结合，是艺术美与自然美的高度统一。树木、盆钵、几架是构成盆景艺术品的三个要素，制作一盆小小的桩景，需要多方面的知识。

根据“意在笔先”去选择树种和桩坯的形式，或根据已有的桩坯条件“因材施艺”后，就要对桩坯进行人工整形，主要是蟠扎与修剪。

（一）树桩盆景中桩景的造型

一般说来，扎形要比剪形容易，因为剪形是在树木自然生长基础上，删陋存美，因势利导；而扎形是人为地依靠各种外力大幅度改变树态，带有强制性。为了加速桩景成型，一般是剪、扎结合，即用扎的方法加工主干和枝的姿态，用剪的方法对小枝和叶的去留进行加工。但是，对于不同的桩景形式，所采用的造型方法也不同。

自然型桩景以自然为美，应以剪为主，扎为辅（甚至不扎）；艺术型桩景则要剪扎并重，粗扎细剪；规则型桩景以技艺取胜，就应以扎为主，剪为辅。

不同的树种，其剪扎的侧重点也有所不同。萌芽力强的树种，一般以剪为主或剪扎并重；萌芽力弱的树种，如松树，则一般以扎为主，剪为辅（甚至不剪），或者用“短针”“逼芽”“切芽”法促底托、调整枝的强弱和针的长短，使针叶短而密集，树形紧凑、整齐美观。

相同品种的树，由于气候、温度、湿度等生长条件不同，也应区别对待。如萌芽力强的树种，在南方四季如春的环境中，可单用剪形或以剪为主的方法；而在北方，生长期缩短，要使桩景速成，就要以扎为主。

1.蟠扎

蟠扎是对树木造型进行艺术加工及塑造盆景风格用的技巧。即把棕丝或金属丝缠在树枝上，屈曲或重置树枝，在几个月后树枝适应了新位置，就把棕丝或金属丝拿走。

（1）蟠扎的时期　一般说来，花木类在翻盆的前后或秋季绑扎，针叶类在发芽后进行。在江南，梅雨季节是一切树种进行绑扎的最适宜时期。

（2）蟠扎的方法

①木棍扭曲法　即以木棍或竹杆为支柱，对树木主干进行各种形式的弯曲，可分为单棍法、双棍法和多棍法三种（图 4-23）。木棍扭曲法适用于在各种树木的幼苗期进行小型桩景的主干弯曲加工。

木棍扭曲法需要各种粗细、长短不一的木棍或竹杆，以及麻皮、棕丝、线绳等扎缚材料。具体操作可分为四步：

第一步，选苗。选取 2～3 年生苗木。立柱：用木棍或竹杆插入土中固定，形成支柱。

第二步，扭曲。沿支柱进行各种形式的主干扭曲。

第三步，扎缚。用麻皮将树干扎缚固定在支柱上。

在桩景的制作中，应用木棍扭曲法时，还需与修剪相结合才能完成一盆桩景的制作。一般第 1 年进行木棍扭曲。

第四步，定型修剪。第 2 年解除蟠扎，主干定型，并疏剪与造型无关的枝条。对留下的造型枝进行短剪，促使增加分枝。第 3 年或第 4 年通过修剪，使造型枝分枝密集，逐步达到“叶片”造型的要求。同时，在主干的适当位置上雕琢树疤，增强艺术性。

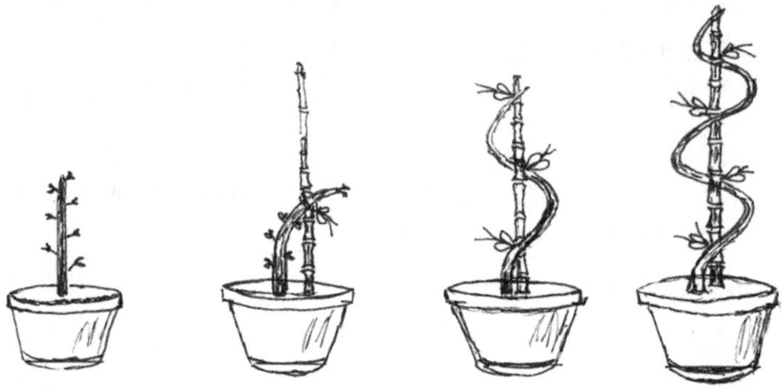

(1) 单棍法

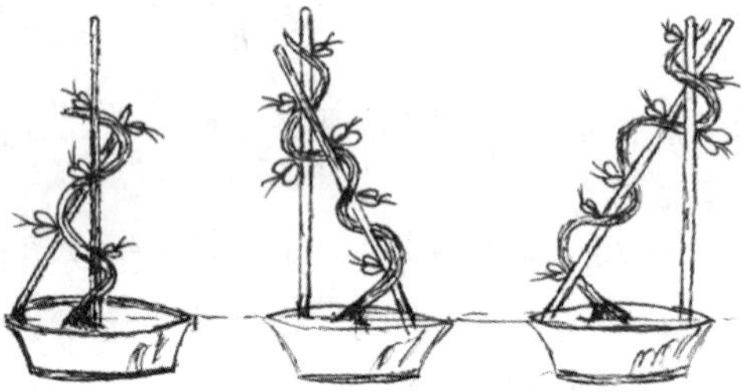

(2) 双棍法

(3) 多棍法

图 4-23　木棍扭曲法

经过以上整形加工,便可上盆观赏(图 4-24)。

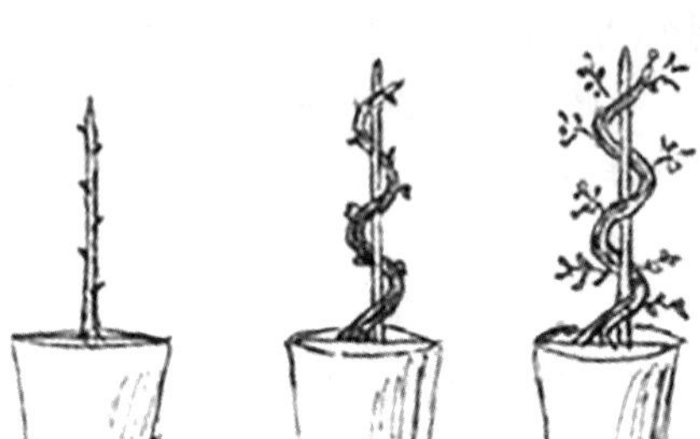

(1) 第 1 年

(2) 第 2 年

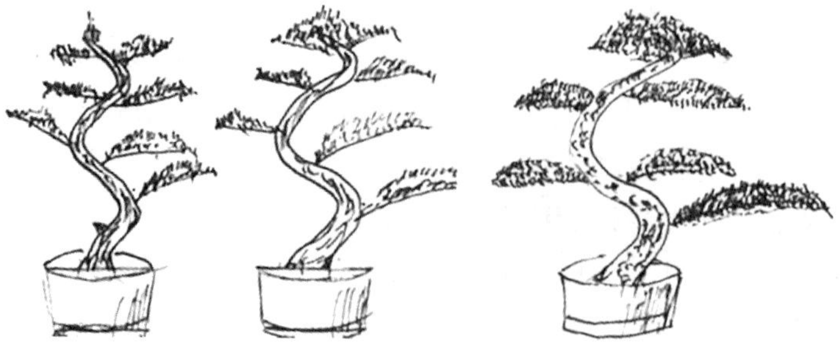

(3) 第 3 年或第 4 年

图 4-24　木棍扭曲法造型过程

2.“蓄枝截干”法

“蓄枝截干”法是岭南派盆景造型的独特技法(图 4-25)。即在树木的第一节枝(即主干上的侧枝)长到所需要的粗度时,进行强度剪截;同时选留角度、位置适合的第二节枝(或芽),待第二节枝蓄养到所需要的粗度时,又加剪截,以下第三节、第四节……都按此法进行。一般每一节枝上留两个左右的小枝(或芽),一长一短,经多年修剪后,枝干的比例匀称,曲折有力,其枝托“上翘如鹿角,下垂如鸡爪”,古拙入画,有跃枝、飘枝、摊枝之分,每一枝托的第二、第三、第四层的枝爪,要求逐渐减细,分布均匀。

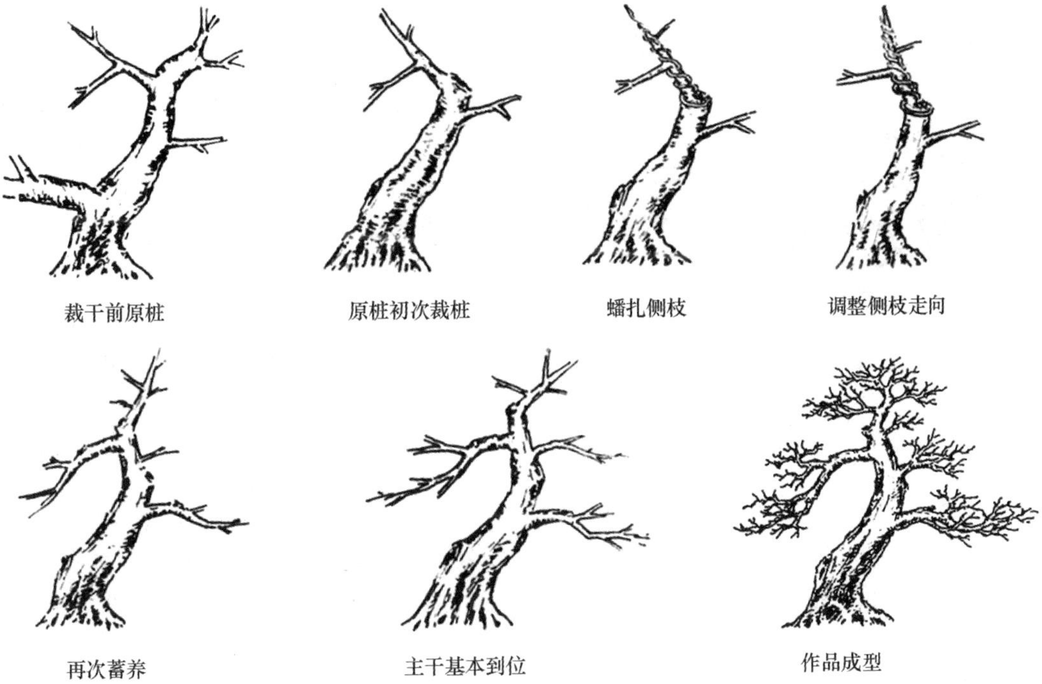

图 4-25　“蓄枝截干”法步骤

(二)树桩盆景的修剪

对盆景树木的蟠扎造型仅是搭成了骨架,它还会生长,如果不加以修剪势必会影响树姿造型而失去其艺术价值。修剪是桩景造型的重要手段,修剪可以保持优美的树姿和适当的比例,使盆景更加完美。

1.修剪时期

修剪的适宜时期,因树而宜。一般落叶树,四季均可修剪,但以落叶后、萌芽前修剪为好,此时,可以清楚地看到树体骨架,便于操作和造型。观花类树木,当年生枝上开花的树种,如石榴、紫薇、月季等,宜在发芽前修剪;一年生枝条上开花的树种,如桃树、郁李、梅树等,宜在开花后修剪;生长快、萌芽力强的树种,四季均可进行修剪,如三春柳、榆树等,一年可以多次修剪;松柏类由于剪口容易流松脂,故宜在冬季修剪。

2.修剪方法

桩景的修剪方法归纳起来有以下几种:

(1)摘叶、摘心与抹芽　摘叶、摘心与抹芽也是整理树形、改变树态、控制生长、促进分枝的技术措施。在已经成形的桩景养护管理中，摘叶、摘心又是保持树形优美，提高观赏价值的一种有效手段。

①摘叶　对落叶树进行摘叶(仅摘叶子，保留叶柄)，可促使树木1年发芽2～3次，新芽嫩叶萌生，生机勃勃，观赏效果更佳。摘叶一般都在伏天进行。大多数树木1年摘叶1次，但萌芽力强的树种1年可摘2次(初夏与初秋各1次)。摘叶前宜施薄肥1～3次，使营养物质有所积累，有利于萌发新叶。对生长强健的树木可一次将老叶全部摘除；树势较弱者，也可将每片树叶摘除2/3，使留下的1/3树叶进行光合作用，也同样可以达到萌发新叶的目的(图4-26)。

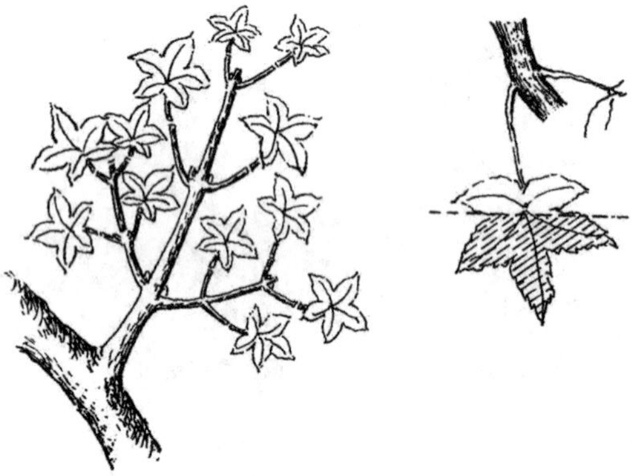

图4-26　摘叶

观叶树木盆景，其观赏期往往是新叶萌发期，如槭树、石榴等新叶为红色，通过摘叶处理，可使树木一年数次发新叶，鲜艳悦目，提高观赏效果。有时为了观赏枝托的角爪美，故意摘去叶片，称为“脱衣换锦”。

②摘心　摘心可防止枝条徒长，促其分生小枝，缩短枝距，逐渐达到小枝密集，叶片成形。松类因新梢轮生，顶芽发达，若不加控制，下部易造成秃枝。因此，为使其发枝短密，可在4月份新芽生出而摘除。2周后，摘去顶芽的部位又能发出副芽，萌发出短顶芽，有可能形成枯梗，因此应严格掌握摘心的时机。柏类摘心一般在5月下旬。摘去嫩心半月后，新的嫩芽就会从摘除部生出。盛夏或初秋可再摘心1次，使树冠紧密而圆满。柏类的摘心一定要用手摘，如果用剪刀剪，则伤口处会变成锈色，有碍观赏。杂木类较之松、柏类易发新梢，摘心更为重要。例如常绿阔叶树和落叶树，一般在新梢发出后，留2～3片叶，将心摘除，半月后又会重新发出新梢。萌芽力强的树种1年可摘心3～4次；一般树种1年可摘心2～3次。通过不断地摘心，使其分枝越来越密，逐渐达到造型的要求。

③抹芽　抹芽是用手将新芽从干、枝上抹掉。萌芽力强的树木，常在根基部和树干上生出许多不定芽，若不加控制，任其长成枝条，不仅会白白消耗养分，而且影响通风透光，造成树势衰弱，所以，不论在任何季节，都应将多余的芽头及时抹掉。

(2)截　轻短截后生成的中短枝较多，单枝生长较弱，但总生长量大，母枝加粗生长快，可缓和枝势；中短截后，形成的中长枝较多，成枝率高，生长势旺，可促进枝条生长；重短截后，成枝能力不如中短截，一般在剪口下抽生1～2个旺枝，总生长量小，但可促发强枝。自然式的圆片和苏派的圆片，主要是靠反复短截而形成的。枝疏则截，截则密。

对多年生枝回截即回缩，既是缩小桩坯体量的有力措施，又是恢复树势、更新复壮的重要手段，是岭南派“截干蓄枝”的主要手法。回缩的剪口偏大，则会削弱剪口下第一枝的生长量，这种影响与伤口愈合时间长短和剪口枝大小有关。剪口枝越大，剪口愈合越快。剪口愈合越快，对剪口枝生长的影响越小。反之，剪口枝小，伤口大，则削弱作用大。所以，回缩留桩长或伤口小，则对剪口枝的影响小，反之为异。

(3)疏　疏去过密的枝条，有利于改善通风透光条件，使留下的枝条得到充足的光照，提高枝条质量。对病虫枝、平行枝、交叉枝、对生枝、轮生枝等有碍造型的枝条，一般也疏去。

(4)雕　对桩景枝干进行雕刻，使其显得苍老奇特。用凿子、刻刀或电动雕刻机，依造型要求将木质部雕刻成自然凹凸。

(5)伤　伤宜在形成层活动旺盛期(5—6月份)进行，是用各种方法破伤枝干的皮部或木质部。如为了形成舍利干或枯梢，常采用撕树皮、刮树皮的手法。为了使枝干更显苍老，常用锤击打枝干或用刀撬树皮，使其隆起如疣。另外，还有刻伤、环剥、拧枝、扭梢等手法。萌芽前，在芽眼上部刻伤，养分运输受阻，可促进伤口下部芽眼萌发抽枝，弥补造型缺陷。在果树盆景上，环剥对形成花芽和提高坐果率效果显著。拧枝、扭梢都应掌握伤筋不伤皮的原则。总之，修剪原则是因树修剪、随枝造型，强则抑之、弱则扶之、枝密则疏、枝疏则截、扎剪并用，以达到造型、复壮之目的。

(6)修根　翻盆时结合修根，根系太密太长的应予修剪。树木新根发育不良，根系未密布土块底面，则翻盆可仍用原盆，不需修剪根系。根系发达的树种，须根密布土块底面，则应换稍大的盆，疏剪密集的根系，去掉老根，保留少数新根进行翻盆。一些老桩盆景，在翻盆时，可适当提根以增加其观赏价值，并修剪去老根和根端部分，培以疏松肥土，以促新根。

实训与知识巩固

实训1　园林树木修剪整形技法

一、实训内容分析

园林树木修剪整形是在园林景观造景设计原理指导下，以园林树木各树种生物学习性为基础的技术性极强的实践操作。操作者必须掌握修剪整形的常用技法，熟练操作修剪整形工具，并具有一定的安全生产意识和敬畏生命的素养。

二、实训目的

本实训修剪技法的训练，主要是在校园、公园绿地、街道等对待修剪整形的行道树、庭荫树或花灌木进行修剪操作，训练学习者掌握修剪技法的综合运用、修剪工具的使用，以及安全意识的培养。

三、实训材料

校园、公园绿地、街道等待修剪整形的行道树、庭荫树或花灌木。

四、实训用具

普通修枝剪、双手修枝剪、高枝剪、高枝锯、修枝锯、人字梯、安全绳、安全帽、工装、胶底鞋等。

五、实训内容

1.休眠期修剪技法实训

在早春树木萌芽前或秋季树木落叶后，选择观叶、观姿态、观枝干的树木进行以下修剪技法的实训。

(1)截　选择需要短截的一年生枝条做不同程度的短剪,如在春秋梢交汇处(盲节)做轻短剪;在春梢中上部做中短剪;在春梢中下部做重短剪;在春梢基部留1～2个瘪芽做极重短剪。在生长季或第二年秋季观察修剪反应。

选择需要截的多年生枝进行短剪,根据需要可以剪口留弱枝或角度更大的枝以缩小树体体量,又可以剪口留壮枝或角度更小的枝以恢复树势、更新复壮,剪口尽量小。

(2)疏剪　最好选择成年园林树木,认识并剪除下列不利枝条(图4-27)。

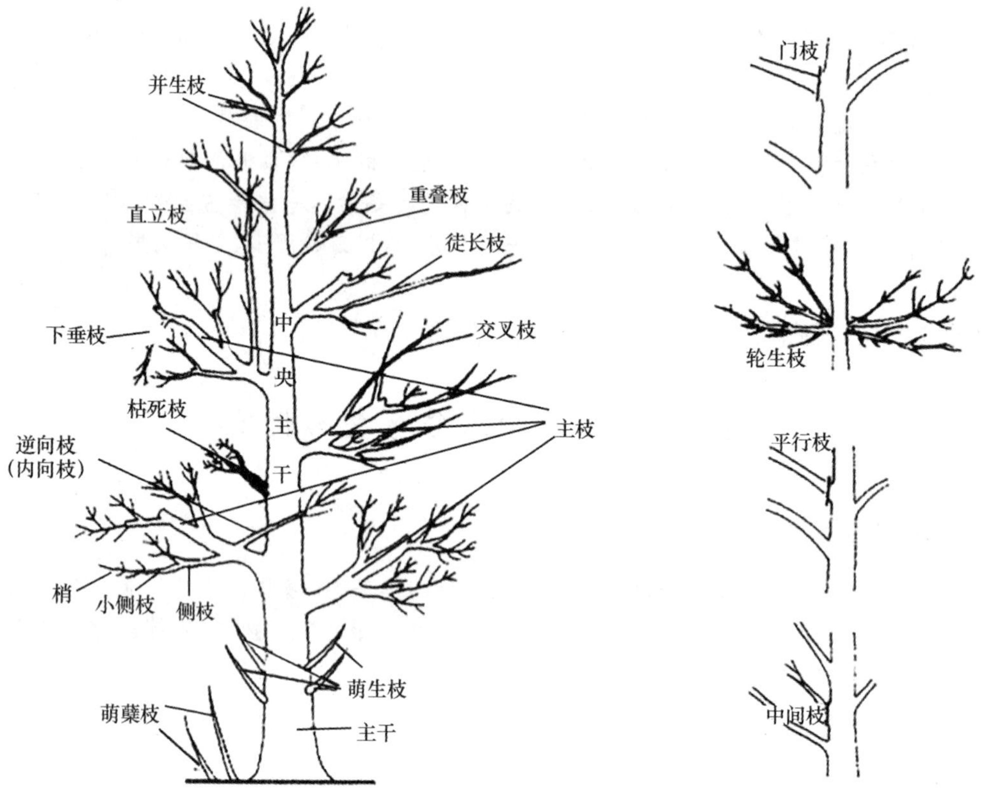

图4-27　疏除树体上不利的枝条

枯死枝　容易腐烂的枯死枝残留在树体上,既影响树的美观,也易滋生病虫害。

重叠枝与平行枝　对骨干枝及其主侧枝而言,与它们平行伸展的枝都为多余的枝。

左右对称枝　有树干左右对称生出的枝为左右对称枝,需要依情况疏剪一个或两个。

放射状枝　对于呈放射状生长的枝条,拥挤时需疏除几个。

逆向枝、内膛枝和下垂枝　不仅影响通风透光,也容易造成树势很快衰弱。

干生枝、交叉枝、萌蘖枝和竞争枝　影响树形和树冠通风透光。

徒长枝　当年生长势过于旺盛的发育枝,表现直立、节间长、叶片大而薄、枝上的芽不饱满、停止生长晚,多数由隐芽受刺激萌发而成,常常消耗营养。常在水平枝背上发生,幼年树在主干上易发生徒长枝,而成年树多在骨干枝衰弱或受刺激部位以下发生。

2.生长季修剪技法实训

选择幼树或中龄树进行刻伤、折裂、摘心、抹芽、除萌、摘蕾、剪梢、扭梢、折梢、环剥、摘老叶等技法训练,注意环剥的深度和宽度要达到不伤木质部,不留韧皮部组织。

3.修剪工具的使用

按前述的修剪程序和修剪工具使用方法,根据树木枝芽特性、树的生长状况,安全规范地对相关树木进行修剪整形。

六、实训效果评价

评价项目	分值	评价标准	得分
组内人员的协助配合及对树体的保护	15	1.组员搭配合理,相互体谅; 2.态度端正,不打闹,不随意修剪; 3.组长有感召力,能调动大家的积极性。	
正确使用修剪工具	20	1.工具是否锋利,是否安全操作; 2.正确锯除大枝,不劈裂,不夹锯; 3.短剪时,剪口与侧芽的关系处理。	
休眠期修剪技法的使用	25	1.依据树木的具体情况选留不同位置和不同饱满程度的剪口芽; 2.缩剪时剪口枝的强弱和方向。	
生长季修剪技法的使用	25	1.各种生长季修剪技法使用正确; 2.各种生长季修剪技法使用适度。	
修剪程序与作业现场的最后清理	15	1.完整地按照修剪程序进行操作; 2.现场修剪掉的枝条与工具处理合理; 3.作业现场是否清理干净; 4.工作效率如何。	
总分			

实训2　观花树木的自然式修剪整形

一、实训内容分析

园林树木的自然式修剪整形可分为苗木出圃前或定植后的定型修剪和生长过程中的养护修剪,本实训选取观花类的观赏桃和灌木月季等常见树种,描述不同阶段的造型修剪技艺和修剪要求,使学习者掌握树木整形方式、修剪技术和程序。

二、实训材料

校园或公园绿地选取观赏桃和灌木月季等不同生长阶段的植株。

三、实训用具

普通修枝剪、手锯、线手套、草绳等。

四、实训内容

1.明确修剪程序

分组讨论回顾修剪程序中的"一知、二看、三剪、四查、五处理、六保护",针对所要整形修剪的树种,先确定其枝芽特性、开花类别,再具体观察这棵树本身的情况(包括其树体结构、树势是否均衡及其周围环境)确定整成的树形,明确修剪内容和操作方式,对于存在的问题,要分析存在的原因,制定出调整的整形修剪方案。本着因地制宜、因树修剪、随枝作形的原则,先剪大枝、后剪小枝;先剪上部,后剪下部;先剪内膛枝,后剪外围枝。这样,可以控制修剪器具,按制定出的整形修剪方案调整树势,避免将需要保留的枝、芽剪除或碰掉,使剪后的树不成形。

2.观赏桃的修剪整形

(1)观赏桃生长习性　别名花桃、看桃,落叶小乔木。喜温暖,好阳光,要求通风透光良好。纯花芽多着生在一年生枝上,每年花后都要修剪,促发新枝;生长迅速,一年能抽发2～4次副梢。

(2)整形　采用自然开心形整形。对刚定植的观赏桃,将干留50～70 cm后剪去上部,并除去留下的干上30 cm以下的枝或芽。

接着的休眠期,选择开张角度50°左右,方位角均匀,枝距错开的3～4个主枝,并截去中心干,将各主枝留50～70 cm短截。

然后在生长季,抹去主枝剪口上的并生芽中的花芽,对主枝上侧生出的新梢留20 cm长摘心以培养结果枝组,弱枝留作辅养枝。为防止主枝光秃或迅速扩大树冠,在剪口芽抽生的新梢长30 cm时,在其上留3个二次梢换头。

(3)定型开花后的养护修剪　为防止枝条下垂衰弱,修剪时直立枝留外向芽,水平枝留内向芽,对于过强的主侧枝上枝组的延长枝要回缩换头。长花枝要轻短剪;为使营养枝萌发多个新梢,可留3～4个芽短剪;中长花枝长放或留5～6个芽短剪;短花枝及花束状枝酌情长放或疏剪,不宜短剪;疏除交叉枝、病枯枝、细弱枝、徒长枝。

(4)注意事项　每次修剪完都要清理剪下的枝条和败叶,以保持环境卫生整洁和减少树木病虫害发生。

3.灌木月季的修剪整形

(1)灌木月季生长习性　常绿、半常绿灌木,多次花芽分化,多次开花。性喜日照充足,但过多强光直射又对花蕾发育不利,花瓣易焦枯,盛夏需适当遮荫;喜温暖,气温在22～25 ℃最为适宜,高温30 ℃以上生长受到抑制,对开花不利。立秋后温度逐渐降至30 ℃以下,月季经过短暂的半休眠又进入一个生长高峰期,一般品种可耐 −15 ℃低温;要求空气流通,且空气相对湿度宜75%～80%。适应性强,耐寒耐旱,对土壤要求不严,但以富含有机质、排水良好的微带酸性沙壤土最好。

(2)整形　采取骨架式灌丛形整形方式。新栽月季要从根颈以上20～30 cm处剪截,促进基部腋芽萌发新枝。新枝在30～40 cm处的健壮芽上部摘心,剪口芽留外向芽,以培养成自然开心形树冠骨架。

然后,在月季落叶后(或者霜降过后,月季叶子变红),留3～5个生长部位适当的健壮枝作为骨干枝,多余的枝抹芽或从基部剪除。并将骨干枝位于上部长势强的枝条保留7～8个芽剪截；下部枝条角度大、生长势差些可留3～5个芽剪截，剪口要在芽上方约5 mm斜剪，切口太近会损伤芽点，太远容易引发枝条溃疡。

再次萌芽第一次花后，在第二节复叶上面剪去残花，扩展形品种留里芽，直立形品种留外芽，促使叶腋内的芽再次抽生新梢，以扩大树冠，并使内膛通敞以利于通风和透光。

(3)成形灌状月季的养护修剪　目的是使生长、开花彼此均衡，并维持株型优美，尽可能延长盛花期和成年期。

以休眠期修剪为主，疏剪枯枝、老枝、弱枝、病虫枝、内膛密生枝、交叉枝、重叠枝，使其生长旺盛，增加花枝的形成。大花型品种一般每株留4～6个健壮枝；小花型品种适当多留枝，长枝短截去枝长的1/2～2/3。生长季，随时疏剪枯枝、病虫枝、衰弱枝、交叉重叠枝及弱小、畸形花蕾，留强枝壮花；谢花后，及时剪去残花枝梗，8月底或9月初剪枝，正好利用其大约45 d的生长期，在10月初开出美丽的花朵。

(4)注意事项　月季的枝条有刺　为了防止在修剪过程中受伤，修剪之前要戴好坚固耐用的手套，尽量不要穿短袖、短裤等让皮肤暴露的衣服。

整形期间盲芽盲节的处理　产生盲节、盲芽可能是因为刚移栽时根系受损导致水分及营养供应不足，或早春低温和基部芽点光照不足。所以修剪时，剪口芽要饱满，刺激新芽快速萌发；对强壮枝及时摘心或剪梢，使养分均匀供应到其他枝条；尽量让株型修剪成能充分接受光照的株型。

每次修剪完都要清理剪下的枝条和败叶，以保持环境卫生整洁和减少树木病虫害发生。

五、实训效果评价

评价项目	分值	评价标准	得分
组内人员的协助配合及对树体的保护	15	1.组员搭配合理，相互体谅； 2.态度端正，不打闹，不随意修剪； 3.组长有感召力，能调动大家的积极性。	
正确使用修剪工具	20	1.工具是否锋利，是否安全操作； 2.正确锯除大枝，不劈裂，不夹锯； 3.短剪时，剪口与侧芽的关系处理。	
观赏桃的整形和修剪	25	1.观赏桃修剪时期和技法使用得当； 2.树形优美，主枝分布匀称； 3.修剪程度把握到位； 4.修剪情况是否符合景观需求。	
灌丛月季的整形和修剪	25	1.灌丛月季修剪时期和技法使用得当； 2.树形优美，骨干枝分布匀称； 3.修剪程度把握到位。	
修剪程序与作业现场的最后清理	15	1.完整地按照修剪程序进行操作； 2.现场剪掉的枝条与工具处理合理； 3.作业现场是否清理干净； 4.工作效率如何。	
总分			

知识巩固

一、名词解释

1. 芽序　　2. 芽的早熟性　　3. 芽的异质性
4. 芽的成枝力　　5. 花芽分化　　6. 层性
7. 干性　　8. 芽的潜伏力　　9. 芽的萌芽力
10. 顶端优势　　11. 单轴分枝

二、单选题

1. 下列不是园林树木的是（　　）。
A. 杜鹃　　B. 桂花　　C. 芍药　　D. 金银花

2. 下列哪种树发生抽条少？（　　）
A. 行道树　　B. 幼龄树　　C. 灌木　　D. 成年树

3. 园林树木修剪中，对 2 年或 2 年生以上的枝条进行剪截称为（　　）。
A. 短截　　B. 回缩　　C. 疏删　　D. 剪梢

4. 树木花芽分化期水分状况是（　　）。
A. 越多越好　　B. 夏季适度干旱有利
C. 越少越好　　D. 保持田间持水量的 80%

5. 下列树种花芽分化属于夏秋分化类型的花木是（　　）。
A. 龙眼　　B. 荔枝　　C. 丁香　　D. 珍珠梅

6. 欲使同级主枝平衡，在进行回缩修剪时应注意（　　）。
A. 强枝强剪，弱枝弱剪　　B. 强枝弱剪，弱枝强剪
C. 强枝强剪，弱枝强剪　　D. 强枝弱剪，弱枝弱剪

7. 下列哪种花木的花芽分化类型为冬春分化型？（　　）
A. 榆叶梅　　B. 月季　　C. 梅花　　D. 柑橘

8. 下列哪种因素不利于花芽分化？（　　）
A. 充足的水分　　B. 充足的阳光　　C. 施磷肥　　D. 适当干旱

9. 修剪技法中短截的对象是（　　）。
A. 一年生枝　　B. 二年生枝　　C. 多年生枝　　D. 衰老大枝

10. 花芽分化前应该施以（　　）肥为主的肥料。
A. 氮　　B. 磷、钾　　C. 钙　　D. 锌

11. 在枝条饱满芽处剪去枝条全长的 1/2 左右的短剪属于（　　）。
1. 轻短剪　　B. 中短剪　　C. 重短剪　　D. 极重短剪

12. 下列修剪方法可在休眠季应用的是（　　）。
A. 捋梢　　B. 折裂　　C. 疏剪　　D. 摘心

13. 木槿的花芽分化类型属于（　　）型。
A. 夏秋分化型　　B. 冬春分化型　　C. 当年分化型　　D. 多次分化型

14. 行道树一般要求主干高（　　）。
A. 2.5～3.5 m　　B. 1.8～2.0 m　　C. 4 m 以上　　D. 1.8 m 以下

15. 园林树木修剪中，将一年生的枝梢剪去一部分可叫(　　)。
A. 回缩　B. 疏删　C. 短截　D. 甩放
16. 桃花的花芽分化类型属于(　　)。
A. 夏秋分化型　B. 冬春分化型　C. 不定期分化型　D. 当年分化型
17. 摘心可以使开花(　　)。
A. 提前　B. 延迟　C. 不受影响　D. 两者无关
18. 剪口状态与剪口芽的关系是(　　)。
A. 剪口上端与剪口芽顶持平　B. 剪口下端与剪口芽中部持平
C. 剪口下端在剪口芽下部持平　D. 剪口上端与剪口芽中部持平
19. 龙爪槐夏季截枝时剪口芽必须留的芽是(　　)。
A. 背下芽　B. 背侧芽　C. 背上芽　D. 壮芽
20. 不同部位的芽在形状和质量上有差异，这种芽的异质性是指(　　)。
A. 在同一枝条上　B. 在不同枝条上
C. 在同一株树上　D. 在不同树种间
21. 早熟性芽是指(　　)的芽。
A. 分化成熟早　B. 分化成熟晚
C. 当年形成、当年萌发　D. 当年形成、次年萌发
22. 顶端优势的现象是表现在(　　)。
A. 乔木上　B. 灌木上　C. 藤木上　D. 各种树木上
23. 强喜光树种，如桃、梅等观花树种在整形修剪时最常用的树形是(　　)。
A. 中央领导干形　B. 丛球形　C. 疏层延迟开心形　D. 自然开心形
24. 缓放处理是对(　　)枝条不做任何修剪。
A. 一年生　B. 多年生　C. 结果母枝　D. 更新枝
25. 春天观花的园林树木其修剪一般应在(　　)。
A. 春天开花前　B. 春天开花后　C. 秋冬落叶前　D. 秋冬落叶后

三、填空题

1. 园林树木的开花类别有________、________、________。

2. 列举校园内 5 种先花后叶的树种________、________、________、________、________。

3. 园林树木的层性主要是由于芽的________和________造成的。

4. 花叶同放的树种有________、________、________等。

5. 园林树木整形修剪主要有________、________、________、________等四大目的。

6. 修剪的程序有________、________、________、________、________、________。

7. 针对一株树修剪的顺序是________、________。

8. 园林树木整形修剪是依照________、________、________、________和________的修剪原则来进行修剪。

9. 修剪时留下的伤口叫________，离剪口最近的芽叫________。

10. 行道树修剪整形时最关键的是确定________________。

11. 树木修剪时期有______修剪(12月至翌年2月)、生长季修剪(　—　月)。

12. 修剪时为了调节侧枝的生长势应对强侧枝________剪，对弱侧枝应________剪，以花果压枝势。

13. 修剪整形对树木生长发育既有__________的作用，也有__________作用。

14. 常见的树木花芽分化有__________、__________、__________、__________四种类型。

15. 常用的夏季修剪技法有__________、__________、__________、__________。

四、判断题(对的在括号里打"√"，错的在括号里打"×")

(　　)1. 杯状整形属规则式整形。

(　　)2. 新梢生长后期即花芽分化临界期之前的适度干旱，有利于花芽分化。

(　　)3. 修剪的双重作用是促进与抑制。

(　　)4. 生长势与生长量是一致的。

(　　)5. 树木修剪时，如果去掉顶芽或顶部，顶端优势随即消失。

(　　)6. 俗话说，"哪边枝叶旺，哪边根就壮"，就是因为同一方向根系与枝叶间的营养交换具有对应关系之故。

(　　)7. 多领导干形就是丛球形。

(　　)8. 树木修剪时剪口芽可以是混合芽。

(　　)9. 木棉、紫玉兰、紫薇都是先花后叶的树种。

(　　)10. 采用修剪法以促进各主枝间或侧枝间生长势近于平衡时，其原则是"强主枝强修剪，弱主枝弱修剪；强侧枝弱修剪，弱侧枝强修剪"。

(　　)11. 树木再度开花与树木2次以上开花习性是一样的。

(　　)12. 通过合理剪留剪口芽，可控制枝条的生长方向和枝势。

(　　)13. 园林树木的层性主要是由于芽的异质性造成的。

(　　)14. 母枝的姿势及所处的部位对新梢的生长有明显的影响。

(　　)15. 为了促使某个芽的萌发，早春可在芽的上方刻伤。

五、问题与案例分析

1. 树木的年龄不同如何进行修剪与整形?

2. 什么是"三锯法"?

3. 依据园林树木生命周期特点，分析控制花芽分化的措施与途径。

4. 试述杯状整形的过程。

5. 试述影响新梢生长的因素。

6. 简述园林树木整形修剪的目的。

项目四知识巩固参考答案

案例分析：某市民自己花钱买了一棵香樟树，多年前种在了院外。因为嫌树遮挡阳光，他请人前来修剪，修完树仅剩2 m高的主干。虽然此树长出了新枝芽，没想到却被城管部门认定为"砍伐"，对其进行了最低档处罚，即绿化补偿标准5倍的罚款，计14.42万元。请你分析一下这位市民应该怎样修剪才能既满足采光需求又不被罚款。

项目五

园林树木的常规养护管理

素养目标

☞ 培养学生的责任意识，增强学生对生命的敬畏心；

☞ 培养良好的职业素养，引导学生树立高尚的职业道德观；

☞ 培养学生吃苦耐劳、团结合作、开拓创新、务实严谨、诚实守信的职业素质，加强团队合作意识。

知识目标

☞ 了解园林树木养护管理的主要内容；

☞ 了解园林树木需肥需水的基本规律，熟悉常用的施肥、灌排水方法和技术；

☞ 熟悉园林树木常见的自然灾害及其预防措施。

技能目标

☞ 能够根据树木生长特点与年龄时期，对其进行周期养护管理；

☞ 掌握古树名木复壮应用的相应措施。

在园林树木栽植成活后，能否良好生长，能否快速达到良好景观设计意图，“三分种，七分养”就说明在很大程度上主要取决于养护管理水平的高下，及养护措施对园林规划设计的完善、调整和充实作用的发挥。因此必须根据树木生命周期的变化规律和栽植地环境，以及园林绿化的要求，做好其常规的养护管理，为树木生长创造适宜的生存环境，提高和延长树木的观赏效果并发挥多种功能作用。

树木的常规养护管理工作主要包括对绿地树木进行的土壤管理、浇水、施肥、修剪、病虫害防治、自然灾害的防预等养护内容，这一工作需要严格按照具体园林树种的生长特性进行，也有些绿化部门把植物的养护管理分为日常养护、周期养护以及专项养护 3 个方面。其中，周期养护主要针对某些树种进行特定时期或季节性的养护管理；专项养护则主要针对城市园林绿化植物所面临的自然灾害、病虫害等进行的专业养护。

任务1 土壤的管理

城镇绿地土壤是城市生态系统构成中的关键环节，是进行园林绿化的物质载体。人们在城镇的土地开发利用或相关活动中，翻动、回填、踩踏以及园林绿化生产等都对土壤造成影响，破坏了自然土壤的理化性质，同时使一些人为污染物进入土壤，形成不同于自然土壤和耕作土壤的特殊城镇绿地土壤。而城镇土壤理化性质的改变，有可能影响到植物的正常生长，导致园林绿化生态、景观等功能不能充分发挥。因此，园林树木土壤管理的主要任务就是结合各种措施，改善土壤结构和理化性质，提高土壤肥力，同时做到防止和减少水土流失、尘土飞扬，增加园林景观效果。

一、城镇土壤的基本特征

（一）城镇土壤结构乱，层次性差，土层变薄

由于人类长期多次翻动土壤和地下施工，破坏了原土壤表层和腐殖层，打乱了原有的土壤层次，也使各土层间联系减少。再加上城镇建设产生的大量废弃物，如各种建筑和生活垃圾，通常被人们填埋到地下，与原有土壤杂糅在一起，使得土壤组成和结构遭到破坏。连茬套作、大水漫灌、人工翻耕而不进行深翻犁耕，这些耕作方式和较大的带土球移栽会令土层变薄变浅；人为诱因出现的一系列水土流失问题，也直接导致城市土层变薄、物种多样性减少以及生态环境改变。

（二）城镇土壤板结，通透性差

城镇人口密集、车辆多、机械使用频繁、植物配置不合理、土壤微生物种群单调等原因，特别是在园林栽培中大量施用无机化肥，忽视有机肥的改善作用和及时补充，破坏了土壤原本通透性良好的团粒结构，使得土壤密度加大，透气性能差，容重升高，孔隙度降低。在一些紧实的心土或底土层中，孔隙度可降至20%～30%，甚至小于10%，易形成通透性差的片状或块状结构，阻碍园林植物根系的正常伸展，导致树木生长不良，甚至窒息死亡。

（三）城镇土壤污染严重

城镇中工业“三废”的排放，生活污水的排放，建筑和生活垃圾的填埋等现象，使磷、硫、重金属元素等物质经过雨水冲刷，流入土壤，严重超过了环境的自洁能力，从而导致土壤酸化、盐碱化，污染日益严重。另外在城市建设过程中，尤其各类固体夹杂物进入土壤，如砖渣、焦渣、砾渣等，常会使树木的根系无法穿越而限制其分布的深度和广度，造成其抗性降低，最终导致城市生态系统全面退化。

（四）城镇土壤营养元素缺乏

由于城镇土壤中含有大量的砂石、碎木、灰渣等建筑废土、生活垃圾和大量的地下管道等，使得土壤中侵入体增多，加之人类活动的强烈影响，改变了土壤的理化性质，使其结构退化，氮、磷、钾等大量元素缺失。土地多年连作，园林树木常年不补施有机肥料，使园林土壤中个别营养元素日渐减少，且为了市容整洁卫生，城市中的落叶、残枝作为垃圾被清除焚化，不能做到化作春泥更护花，更不能像林区自然土壤那样落叶归根、进行养分循环，土壤有机质得不到补

充，这都影响到园林植物的健康生长。

（五）城镇土壤病虫累积

对于城市土壤来说，品种单一的花木连作，施用未腐熟的有机肥料以及不科学的养护管理，都有可能造成土壤中病原菌、害虫逐年累积，会使植物根系腐烂，甚至整株死亡。

二、园林树木土壤管理内容

土壤是树木生长的基础，是树木生命活动所需水分和养分的供应库与贮藏库。树木生长的好坏、高矮、大小等都与土壤有着密切的关系。因此，针对以上土壤情况，土壤管理的主要任务，是通过以下措施改良土壤的理化性质，提高土壤的肥力，除了为园林树木的生长发育创造良好的条件，还要保护水土，减少污染，增强其功能效益。

（一）松土除草

土壤中丛生杂草会与树木争夺水分、养分，甚至影响树木的正常生长和观赏性。所以及时消除杂草也是园林树木养护工作的重要项目之一。中耕除草技术操作简单、针对性强，不仅可以防除杂草，还可以疏松土壤，提高土壤透气性和保墒能力，给植物提供了良好的生长环境。

中耕除草可结合施肥同时进行，中耕松土应在晴天进行，或在雨后的 2～3 d；中耕深度以不伤根为宜，近根处宜浅、远根处宜深，一般在 6～10 cm，浅根性树种宜浅，深根性树种适当加深；松土范围最后在树冠的滴水线内，但不要贴近树盘。对于树木根部的杂草，一般用人工除草，连根锄掉埋入土中，腐烂后即成肥料；草荒严重之处，可用机械除草或可用化学除草，但要注意科学选择除草剂类型，以免发生药害；中耕除草可全年多次进行，尤其除草时要彻底，要抓住有利时机"除早、除小、除了""宁除草芽，勿除草爷"，一定在杂草结籽而未成熟前及时除尽。但在城市绿地中或干旱缺草之处，也应考虑有利用观赏价值的野草问题（图 5-1）。

图 5-1　松土除草

（二）地面覆盖

利用有机物或植物活体覆盖土面，可以减少水分蒸发，增加土壤温度及湿度；减少裸露，减少杂草生长，为树木生长创造良好的环境条件，同时也美观、整洁。覆盖材料以就地取材、经济适用为原则，如水草、谷草、树叶、树皮、锯屑等均可应用。植物活体覆盖就是利用地被植物进行覆盖，例如麦冬、石蒜、酢浆草、常春藤等(图 5-2)。

图 5-2 树盘覆盖

(三)深翻熟化

对城市园林土壤，要进行合理深翻。在整地、定植前要深翻 30 cm 以上并充分搅拌，以增加土层之间的上下交换，增强土壤的蓄水保墒能力，改善土壤的理化性质，增加土壤孔隙度；在植物生长有效土层翻土，可把建筑垃圾拣出深埋，形成排水通气层，可使土壤微生物活动加强，加速难溶性物质转化，促进土壤充分腐熟，相应提高土壤肥力；另外，合理深翻后可刺激树体发生大量新根，因而提高根系吸收能力，促使树体健壮。

1.深翻时间

深翻的时间一般以秋末冬初、树木落叶前后为宜。此时地上部的生长趋于缓慢或基本停止，同化产物消耗减少，养分开始回流积累。深翻后正值根部秋季生长高峰，伤口容易愈合且易发出新根，有利于吸收和合成的营养物质在树体内进行积累，也利于树木翌年的生长发育；深翻后结合大量灌水，使土壤下沉，土粒与根系进一步密接，有助于根系的生长。此时深翻还有利于土壤风化和积雪保墒。如秋季无法深翻，也可在早春树木萌动之前，土壤解冻之后及时进行。在春季干旱、少雨、多风之地，春翻后要及时灌水，此时气温上升快，受伤根系还未恢复，但地上部分已开始生长，需要大量的养分和水分，缺水易引起树木生长受阻。

2.深翻尺度

深翻的尺度与地区、土质、树种等有关，黏重土壤宜深翻，沙质土壤可适当浅耕；地下水位高时宜浅，水位低、土层厚时宜深翻；下层如有黄淤土、白干土、砾石、胶泥板或建筑地基等残存物时，则应打破此层或客土置换，以利于渗水。整地深翻的程度要因地、因树而异。在一定范围内，翻得越深效果越好，一般为 60～100 cm，以促进根系纵横向生长，扩大吸收范围，提供根系的抗逆性。

3.深翻结合施肥

深翻应结合施肥、灌溉同时进行。通常在深翻后掺入有机肥，再将心土放在下部，但有时为了促使心土迅速熟化，也会将较肥沃的表土放在沟底。但应视种植的具体情况而定，以免引起不良副作用。深翻土壤的作用可保持多年，其效果持续年限的长短与土壤有关，一般黏重土壤,涝洼地翻后易恢复紧实,保持年限较短;疏松的沙壤土保持年限则长。

4.深翻方式

深翻主要有树盘深翻与行间深翻两种。树盘深翻是在树冠滴水线附近挖环状沟,适用于孤植树和株间距较大的树体;行间深翻多适用于行列式种植的树木,是在两排树木间挖长条形深翻沟。

(四)土壤营养改良

(1)土壤肥力状况与土壤有机质含量关系密切。有机质含丰富的氮、磷、钾和微量元素,分解后产生二氧化碳,从而为植物生长提供丰富的养分。多增施有机肥并把凋落物落叶、枯枝等归还土壤,经过土壤的物理、化学、生物因素的综合作用,会形成有机胶体腐殖质,使得土壤疏松肥沃,可以改善土壤团粒结构和理化性质,缓解盐渍化程度;既能提高土壤透气性和保水保肥能力,又能提高土壤环境容量和自净能力,且能促进植物根系发育及增强抗性。在城市园林中可种植三叶草、紫花苜蓿等绿肥植物,也能降低土壤污染,提高土壤肥力。

(2)由于城市绿地的园林植物多是密集种植,园林苗木的出圃外运,会使土壤中的微量元素被减少或带走。微量元素肥料既可作基肥施用,也可用作根外追肥补充。如把硫酸锌、硫酸铜、硫酸锰、硼砂、钼酸铵作底肥施用,或在生长期作叶面喷肥施用,就能缓解锌、铜、锰、硼、钼等微量元素的缺乏状况。

施用微量元素肥料应注意以下几点:控制用肥量、配制浓度,并施用均匀;要注意与大量元素肥料、有机肥料的配合施用;针对各地土壤的微量元素状况施用,如北方石灰性土壤多补充铁、锌肥,南方酸性土壤多补充钼肥等。

(五)土壤质地改良

1.土壤质地的判断方法

土壤质地指土壤中不同大小直径的矿物颗粒的组合状况,是土壤物理性质之一。目前我国通常将土壤质地划分为沙土、沙壤土、粉壤土、黏壤土和黏土5个类型。理想的土壤应是50%气体空间、50%固体颗粒(有机质5%、矿物质45%)。土壤质地可以通过触摸、搓揉等进行判断。沙壤土,通透性好;黏壤土,土壤板结、渍水,通透性差,容易引起根腐;沙土,漏水、漏肥,容易发生干旱。

大部分园林植物生长适宜于沙壤土至黏壤土类型,这种土壤既具有合理的孔隙度,又有良好的透气、透水、保肥、保水的特性。所以我们要进行土壤质地改良,改善其团粒结构,促进土壤微生物生长活动,为园林树木提供理想的生长条件。

2.土壤质地的改良方法

(1)增施有机肥　土壤含沙太多或太黏时,其改良的共同方法是增施纤维素含量高的有机质。在多沙的土壤中,有机质的作用像海绵一样,保持水分和矿质营养;在黏土中,有机质有助于团聚较细的颗粒,造成较大的孔隙度,改善土壤的透气排水性能。有机肥包括家畜肥、泥炭、腐叶土、腐殖土、锯末粉、谷糠等,材料来源广泛、价格便宜、效果好,有机肥应先腐熟。一般100 m^2 的施用量≤2.5 m^3,约相当于增加3 cm表土。

(2)增施土壤改良剂　近于中壤质的土壤有利于多数树木的生长。因此过黏的土壤在挖穴或深挖过程中，应结合施用有机肥掺入适量的粗沙；反之，如果土壤沙性过强，可结合施用有机肥掺入适量的黏土或淤泥，使土壤向中壤质的方向发展。在一般情况下，加沙量必须达到原有土壤体积的1/3，才能显示出改良黏土的良好效果。也可加入陶粒、粉碎的火山岩、珍珠岩和硅藻土等，但这些材料比较贵，只能用于局部或盆栽土的改良。

不少国家已开始运用一些特殊的土壤结构改良剂提高土壤肥力。土壤结构改良剂分为无机、有机以及无机-有机三种，无机土壤改良剂有石灰、石膏、硫黄、硅酸钠及沸石等；有机土壤改良剂是从泥炭、褐煤及垃圾中提炼的高分子化合物；有机－无机土壤改良剂，有二氧化硅有机化合物等。它们可以改良土壤理化性质及生物学活性，具有保护根系，防止水土流失，提高土壤通透性，减少地面径流，防止渗漏，调节土壤酸碱度等各种功能。土壤改良剂用量的多少直接影响其使用效果，要严格按规定科学使用，用量过低达不到改良的效果，过高又会起到反作用。还可以对土壤进行生物改良，包括给树木接种共生微生物，施用微生物肥料等。

(六)土壤酸碱性改良

土壤pH是土壤的重要化学性质，影响土壤养分的分解转化与有效性，影响土壤的理化性质及微生物的活动。土壤的酸碱度与园林树木的生长发育密切相关，且不同树种对土壤的酸碱度要求不同，大多数园林树木适宜中性至微酸性的土壤。在我国，南方的土壤pH偏低，北方普遍偏高。当土壤pH过低时，土壤呈“瘦”(速效养分低，有机质低于1.5%，严重缺有效磷)、“黏”(土质黏重，耕性差)、“深”(土色多为红、黄、紫色)状，土中的活性铁、铝增多，易与磷酸根结合形成不溶性沉淀，造成磷素养分的无效化，常促成僵苗和老苗；当土壤pH过高时，发生钙对磷酸的固定，使土粒分散，结构被破坏。通常适宜园林树木生长的酸碱度范围为6.5～7.2，以中性略偏酸最好，此值过低或过高，都需加以改良利用。

1.碱性土壤的酸化处理

对于碱性土壤，可通过酸化处理进行调节，主要通过使用释酸物质使偏碱土壤的pH下降。施用有机肥料、生理酸性肥料、石膏和硫黄粉、硫酸铝等，通过物质转化产生酸性物质，降低土壤的pH，以达到酸性树种生长需要。施用量视土壤酸碱度而定，其中硫黄粉的酸化效果较持久，但见效缓慢；施用硫酸铝时需补充磷肥；硫酸亚铁(矾肥水)见效快，但作用时间不长，需经常施用。盆栽树木可用1∶180的硫酸亚铁水溶液浇灌以降低盆土的pH。有条件的施入沙土500～1 000 m^3，和农家肥一起翻入土壤10～15 cm。

2.酸性土壤的碱化处理

酸性土是通过施入碱性物质对土壤进行碱化处理，使土壤pH升高。如土壤中施加生石灰、草木灰等碱性物质。调节土壤酸度用石灰较普遍，即碳酸钙粉，也叫“农业石灰”。石灰石粉越细越好，有利于增加土壤内的离子交换强度，以达到调节土壤pH的目的，但一次施入大量的钙也很难与土壤混合均匀，所以可分次进行，逐渐改善pH。可每年每亩施入20～25 kg的石灰，且施足农家肥，切忌只施石灰不施农家肥，这样，土壤反而会变黄变瘦。也可施草木灰40～50 kg，中和土壤酸性，更好地调节土壤的水、肥状况。施用量应根据土壤中交换性酸的数量确定(表5-1)。

表 5-1 使某酸性土壤的 pH 向中性变化所需碳酸钙用量 kg/1 000 kg

土壤质地	腐殖质含量			
	缺乏(5%)	丰富(5%～10%)	很丰富(10%～20%)	20%以上
沙土	0.56	1.13	1.50～2.25	—
沙壤土	1.13	1.69	2.25～3.00	—
壤土	1.69	2.05	3.00～3.75	—
黏壤土	2.20	2.87	3.75～4.50	—
黏土	2.81	3.38	4.50～5.25	—
腐殖质土	—	—	—	4.5～7.5

注:施用生石灰按上述数字的 60%计算,施用消石灰按上述数字的 80%计算。

(七)盐碱土的改良

在滨海及干旱、半干旱地区,有些土壤盐类含量过高,对树木生长有害。树木不但生长势差,且易早衰,这是因为当土壤含盐高于临界值 0.2%时会产生盐害及离子毒害,根系难以从中吸收水分与营养物质,引起生理干旱和营养缺乏症。因此在盐碱土上栽植树木,必须进行土壤改良。改良的方法有:

(1)设置排灌系统 引淡水洗盐,隔 20～40 m,挖 1 m 深、1.5 m 宽的排水沟,沟底宽 0.5～1.0 m。引水灌溉洗盐<0.1%。

(2)深耕并施加有机肥,改善土壤理化性质。

(3)勤中耕并地面覆盖,减少水分蒸发,防止盐碱上升。

(八)换茬轮作,适当休闲

城市中土壤种植利用多年,可在冬季休闲时进行深翻晾晒和风冻;保护地土壤,可在夏季休闲时间灌水盖膜闷晒,能有效消灭病虫来源,促使土壤恢复肥力。同一地块可进行多种类植物的换茬轮作,尽量混交立体种植,保持生物多样性,可以充分利用土壤地力,减少病虫害的发生,促使土壤环境优化。

(九)客土

客土是指非当地原生的、由别处转移过来的,用于置换不利于植物生存的原生土的外地土壤,通常是指质地良好的壤土或人工土壤。制作满足条件的客土时需结合上述改良土壤的措施进行。

第二课堂活动

观察你身边绿地的树木生长几年后出现的跟土壤有关的问题。在园林团学或研学活动中,分组用小视频展示树木生长与土壤问题的关联性,并提出相应问题解决的措施建议。

任务2 肥的管理

树木定植后，生长需要的水分和营养物质主要依靠根系从土壤中吸收，但树根有一定的生长范围，且土壤中所含的营养元素（如氮、磷、钾及微量元素）是有限的，随着植物的生长土壤的养分会减低，若再不能及时得到补充，势必造成树木营养不良，影响正常生长发育，甚至衰弱死亡。由于城市环境和人为因素，也使土壤肥力减弱，城市铺装面积过大又造成土壤理化性质变差，都会严重影响树木生长。所以需要人为适量增加土壤中的营养成分，提高土壤肥力以保障树木的生长需要。

一、施肥的必要性及影响肥料吸收的因素

（一）施肥的必要性

施肥特别是施用有机肥料，可以改良土壤性质，提高土壤温度，改善土壤结构，使土壤疏松、透水、通气和保水性能增强，有利于树木根系生长；还可以改善土壤微生物的繁殖与活动，促进肥料分解，改善土壤的化学性质，供给树木生活所必需的养分。

（二）影响肥料吸收的因素

树木对于肥料的需要，随树种、树龄、生长发育情况和气候、土质等条件的不同而异。如树木幼青年期，加长加粗生长，需要大量的氮素肥料；而在壮年期，开花结实，则需大量的磷肥及其他肥料；在温带地区，春、夏季是树木生长旺季，需肥量大；秋季随树木生长逐渐停止，需肥量缓慢减低，冬季则几乎停止。因此，施肥要根据不同条件综合考虑，做到因树、因时、因地施用，才能收到良好的效果。否则，就会适得其反。

1.土壤条件对根系吸收肥料的影响

树木所需肥料主要是从土壤中吸收的，因此土壤条件的改变与施肥有着密切的关系：

（1）土壤温度　土壤温度过低或过高对根系吸收肥料都有影响。低温减弱了树根的生理活动，呼吸强度的减弱抑制根部对肥料的吸收。高温则会使树根的一些生理活动受到破坏，从而防碍正常的生长和呼吸作用，抑制其对养分的吸收。

（2）土壤水分　水分是土壤中矿质盐类的溶剂，大部分矿质养分必须溶解在水中被吸收，土壤溶液酸碱度影响根系对营养物质的吸收，甚至对树根产生毒害作用。

2.树木自身因素对根系吸收肥料的影响

（1）树木种类　不同树种对矿质盐的吸收能力差异很大。例如，柽柳、刺槐、苦楝、臭椿等树种，较耐盐碱，能在较高浓度的土壤溶液中，吸收所需物质；又如白蜡，喜欢生长在石灰质丰富的土壤上，称为“喜钙植物”。这都是由于各种树木长期适应特定环境而形成的。

（2）树木年龄　树木因年龄的变化表现出不同的生理活动状况，从而对肥料的吸收利用也不尽相同。树木生长旺盛期吸收矿质多；生长衰弱时期吸收少，直至丧失吸收能力而衰老死亡。树龄不同对矿质元素的选择吸收也有差异，一般苗期对氮素需要量最大；而进入结果期就增加了对磷、钾的吸收量。

二、肥料的种类

(一)有机肥

有机肥是以有机质为主的肥料。一般农家肥都为有机肥，如人粪尿、绿肥、堆肥、枯枝落叶、饼肥、厩肥等。有机肥要经过土壤微生物的分解才能为树木利用，又称为迟效性肥料。

(二)无机肥

无机肥又称化学肥料、矿质肥料。按其所含有的营养元素种类，分为氮肥、磷肥、钾肥、微量元素肥料、复合肥等，又称为速效性肥料。

(三)微生物肥料

微生物肥料指用对植物生长有益的土壤微生物所制成的肥料，也称为菌肥。微生物肥料是菌肥，本身并不含植物所需的营养元素，而是通过微生物活动起到改善植物营养条件的作用。微生物肥料分为细菌肥料和真菌肥料。

三、施肥时期和施肥方法

(一)施肥的原则

1.掌握树木在不同物候期内需肥的特性

树木在春季新梢生长期一般需要大量氮肥，在开花、坐果和果实发育时期，往往需要磷、钾肥量较大。在施肥过程中，还要注意氮、磷、钾的比例，任何一种元素过量都会产生副作用而影响树木的生长发育。

2.树木吸收能力与外界环境的关系

光照充足，温度适宜，土壤疏松、含水量适宜，根系吸肥量就多，反之就微弱。如因肥料不能及时被吸收，使土壤离子浓度过高，会对树体产生毒副作用。

3.施肥要根据树木在不同时期的生长条件来决定

一般树木在春季新陈代谢旺盛，需氮肥较多；而夏季开花、结果期，树木则需要更多的钾肥和磷肥。要掌握树木的特性及肥料的特性，因树因肥而定。

(二)施肥时期及种类

1.基肥

基肥是指在植物播种或定植前，将一定量的有机肥或复合肥翻耕埋入土地的施肥方式。以有机肥为主，一般肥效较长。如绿肥、粪肥、堆肥、饼肥等经过发酵腐熟后，按一定比例，与细土均匀混合埋施于树的根部，也可以适当搭配磷肥、钾肥，使其逐渐分解，供应树木吸收。

对多数园林树木来说，基肥不必每年都施。一般在早春或秋冬季节把大量缓效或迟效肥料施入土壤中。基肥以秋施为好，因此时正值根系生长高峰，伤根易愈合，并可发出新根，不仅吸收效果较好，还能增加树体积累，提高贮藏营养水平，增强树木的越冬性。春施时如果有机质没有充分分解，肥效发挥较慢，则早春不能供给根系吸收，生长后期肥效才能发挥作用，往往造成新梢的二次生长，对树木生长发育不利，尤其是不利于花芽分化和果实发育。但冬季温暖地区，多在冬春季施基肥。

2. 追肥

追肥是结合植物特性、品种、环境以及各物候期需肥特点等因素，对需要补充营养的植物及时跟进施肥，促使树木生长的措施。追肥常用化肥或菌肥。追肥有根施法和根外追肥两种方式。

(1)根施法　按适合的施肥量，在树冠投影的范围内挖穴，把肥料埋于地下 10～20 cm 处，或结合灌水将肥料施于灌水堰内，随水渗入，供树根吸收。

(2)根外追肥　是结合植物生长季节和生长状况，在植物的外部喷施能被植物吸收的肥料。将化肥按一定比例兑水稀释后，喷施于树叶上，也可以结合打药混合喷施。

在生产上追肥时期通常分为花前、花后和花芽分化期追肥。观花、观果类树木，花芽分化期与花后追肥比较重要。对于大多数园林树木，一年中生长旺期的抽梢追肥也是必不可少的。树木若有缺素症状时可随时进行追肥和叶面喷肥。

(三)施肥方法

树根有较强的趋肥性，施肥的位置应最有利于根系的吸收，为使树根加快纵向和横向生长，基肥要适当深一些，一般为 10 cm 以下；施肥的范围随树龄而异，一般幼青年至壮龄树，常施于树冠垂直投影的外缘部位，并随着树龄的增大逐年加深扩大施肥范围，衰老树则应施在树冠投影范围内为宜。要做到薄肥勤施。

1. 土壤施肥

不同树种或土壤类型，选用的施肥方式不同，根据树木根系的分布情况和吸收功能，一般施肥的范围在树冠垂直投影的轮廓附近，不要靠近树木基部，否则会影响根系的吸收，还会产生肥害，甚至烧伤幼树根颈，施肥的深度为 20～50 cm。具体施肥的深度和范围还与树种、树龄、土壤类型和肥料种类等有关。

(1)环状沟施肥法　在秋冬季树木休眠期，沿树冠正投影线外缘，挖 30～40 cm 的环状沟，将肥料与适量土壤混合后填入沟内覆土，沟深根据树种、树龄、根系分布深度及土壤质地不同而异。此法操作简便、用肥量少，可保证树木根系吸肥均匀，适用于青、壮龄树。但施肥面积小、挖沟时易切断水平根，多适用于园林中的孤植树(图 5-3)。

图 5-3　环状沟施肥法

(2)放射状沟施肥法　以树干为中心，距离干基约树冠投影半径的 1/3 处向树冠投影的外缘放射状等距离间隔的挖穴，由浅而深，由窄至宽。一般每株成年树挖沟 4～6 条，宽 30～60 cm，然后将肥料施入沟内覆土。此法伤根少，根系吸收面积大，可保证内膛根也能吸收肥分，对壮、老龄树适用。

(3)条状沟施肥法　在树木行间或株间开沟施肥，较适合苗圃树木或呈行列式种植的树木。

(4)穴状施肥法　在树冠垂直投影的范

围内，按树冠大小确定位置挖穴，穴的深度一般为 30 cm，近外缘处多，近树干处少些，肥料施入穴内，填平。此法简单易行、操作方便，根系吸收面积大，肥效分布均匀、伤根少。目前穴施已实行机械化操作(图 5-4)。

图 5-4　穴状施肥法

(5)全面施肥法　结合冬季深翻松土，将肥料撒入土中，灌水或随雨水灌溉向下渗透，被根系吸收。此法根系吸收面积大，吸收均匀，适用于成片绿地的施肥。但需要注意不要在树干 30 cm 以内施入化肥，以免造成干基位置的损伤。

2.根外施肥

根外施肥即叶面施肥，是将肥料配制成一定浓度的溶液后直接喷到树木叶片上的施肥方法。此法对于缺水季节或地区适用，也适用于气温高而地温尚低或土壤过湿的情况，以及根系吸收能力减弱的古树、大树的施肥，尤其适合微量元素的施用，但不可代替土壤施肥法。另外，叶面喷肥在生产上常与病虫害防治结合进行。

叶面施肥是通过气孔进入叶片，再运输到各个器官的，一般幼叶比老叶吸收快，叶背面比正面吸收快。所以在进行叶面施肥时要喷洒均匀，使肥料有利吸收。另外，叶面施肥还要严格掌握浓度，以免烧坏叶片，最好在阴天或晴天的上午 10:00 以前和下午 16:00 以后，以免气温高影响肥效或导致药害。

(四)施肥量

肥料的施用量多少应以树木在不同时期从土壤中吸收所需肥料的状况为基础，通常确定施肥量的方法有两种：

1.理论施肥量的计算

确定施肥多少之前，测定树木各器官每年对土壤中主要营养元素的吸收量，土壤中的可供量及肥料的利用率，再计算其施肥量，可用下列公式计算：

$$\text{施肥量}=\frac{\text{树木吸收肥料的元素量}-\text{土壤可供应的元素量}}{\text{肥料元素的利用率}}$$

2.经验施肥量的确定

一般可按树木每厘米胸径 180～1 400 g 化肥的量施用。这一用量对树木一般不会造成伤害。如果施用后效果不显著，可以在 1～2 年内重新追肥。普遍使用的最安全用量处于以上用量之间，即每厘米胸径 350～700 g 肥料。此外，有些树种对化肥比较敏感，施用量应减少。然而，在土壤厚度方面，因挖方或填方变动较大，或因地面铺装与建筑限制树木营养面积时，施用量应该稍微大一些。大树可按每厘米胸径施用 10-6-4 的 N、P、K 混合肥 700～900 g，在确定施肥量时，还应考虑施肥目的、树龄。如果树龄小，要促进生长则要加大施肥量；而对于老龄树木，既要保持其正常的生命力，又要限制其生长，则应适当减少施肥量。此外还应根据配方的标准、树冠大小和土壤类型，对施肥量加以调整。

3.常绿树的施肥量与配方

由于化肥使用量多少控制不好易对常绿树木产生危害，施肥时要注意防止过量使用，以免造成伤害。

(1)常绿针叶树施肥　常绿针叶小树有时容易受到化肥的伤害，一般施用有机肥提供氮素比较安全。春天每 10 m^2 面积约施 2.44 kg 棉籽粉或动物下脚料。化肥应浇水施用，以便与土壤充分混合。成年的常绿针叶树，使用化肥比较安全。如果成片生长，每 10 m^2 应施 10-6-4 的化肥 0.98～1.95 kg。开阔生长的大树，每厘米胸径约施 0.36 kg 化肥。

(2)常绿阔叶树施肥　常绿阔叶树施肥问题比针叶树复杂，像月桂、杜鹃花等需要酸度较高的土壤，所以应避免施用降低或缓和土壤酸度的肥料。如果在土壤中施用大量堆肥有机质，可以获得非常满意的效果。腐熟的栎叶土和酸性泥炭藓是其中最好的两种堆肥。它们不但可以提供足够的营养，而且还有利于保持土壤的酸度。在缺少氮素的贫瘠土壤中，可按 10 m^2 面积 2.4 kg 动物下脚料或棉籽粉施用。

(五)施肥的注意事项

(1)施肥不能过量，要薄肥勤施。肥料过多会导致植物的营养过剩，浪费肥料的同时还可能会导致烧苗。一般树木在 1～3 年内施肥 1～3 次即可。除基肥外，可追肥 1～2 次。以观花为主的树木，应在花前、花后各追肥 1 次；结果树则应按物候变化，适时多次施以相宜的肥料。

(2)有机肥料要充分发酵、腐熟，化肥必须完全粉碎成粉状，以保证肥料能够合理吸收。新鲜粪肥、石灰和草木灰等不能应用于喜酸性植物，否则会中和或降低土壤的酸度。

(3)施肥后必须及时适量灌水，以保证肥料充分吸收。否则，会造成土壤溶液浓度过大，对树根不利。

(4)施肥时间也非常重要。根外追肥，最好于傍晚喷施。

(5)施肥时大树与小树要区别对待，小树结合松土施液肥，大树在树冠滴水线附近均匀开穴干施，不要靠近树干。

(6)深根性树种，如银杏、油松、臭椿等，施肥宜深，范围宜大；浅根系树种，如一些花灌木，施肥宜浅，范围宜小。

(7)有机肥要充分发酵、腐熟，忌用生粪，不宜成块施用，且可适当稀释，以防对树木造成伤害。

(8)基肥的肥效发挥较慢，宜深施；追肥的肥效发挥较快，宜浅施。

(9)氮肥在土壤中渗透性较强，可浅施；磷钾肥的渗透性较差，可深施至根系分布较多处。

(10)城市绿地施肥时，无论在选择施肥方法、肥料种类，还是确定施肥量时，都应考虑到市容整洁与卫生方面的问题。

第二课堂活动

新型肥料有助于减少养分损失和环境污染，发展潜力巨大。缓(控)释肥、水溶肥、液体肥、中微量元素肥等新型肥料的产量和消费量正在逐年增长。以水溶肥为例，由于水溶肥可随着灌溉水用包括喷灌、滴灌等方式进行灌溉时施肥，结合较为先进的灌溉系统已经实现完全应用。观察你身边的花草树木施肥的种类有哪些？采用什么样的施肥方法？

任务3　水的管理

树木的一切生命活动都与水有着密切的关系。根系吸收的水分，95％以上都由于蒸腾作用而被消耗掉。一般情况下，蒸腾量越大，根系吸收的水分就越多，随水流进入树体的矿质营养也越丰富，树木的生长也就越旺盛。然而由于园林树木的栽培目的不同，对其应该发挥的功能效益也有差异，因此只有通过灌水与排水管理，维持树体水分代谢平衡的适当水平，才能保证树木的正常生长和发育，满足栽培要求。否则土壤水分过多或过少，都会造成树体水分代谢的障碍，对树木的生长不利。“水少是命，水多是病”也就是这个道理。

一、合理灌水与排水的依据与原则

树木生长所需要的水分，主要是由其根部从土壤中吸收，当土壤含水量不能满足根系的需要量时，或地上部分的水量消耗过大时，需要采用人工措施补充水分的供应，这就是“灌溉”。露地栽植的树木，在土壤含水量适合树木吸收需要时，生长得最好，相反树木生长受限制，甚至死亡。短期的水分缺失，会影响树木的观赏性，树叶萎蔫，但在给予水分补充后恢复生长，造成“临时性萎蔫”；而长期缺水，超过树木所能忍耐的限度后，就会造成“永久性萎蔫”，即树木缺水死亡。

(一)树种的生物学特性及其年生长节律

(1)树种　树木是园林绿化的主体，种类多，数量大，不同树木具有不同的生态习性，对水分的需求也不同。例如观花、观果的树种，特别是花灌木，灌水次数均比一般树种多；油松、马尾松、樟子松、木麻黄、刺槐、锦鸡儿、圆柏、侧柏等为耐干旱树种，其灌水量和灌水次数较少，甚至很少灌水，且应注意及时排水；而对于水曲柳、枫杨、垂柳、水松、水杉、落羽杉等喜欢湿润土壤的树种应注意灌水，对排水则要求不严；还有一些对水分条件适应性强的树种，如紫穗槐、乌桕、旱柳等，既耐干旱、又耐水湿，对排灌的要求都不严。

(2)物候期　树木在不同的物候期对水分的要求也不同。根据各地的条件，观花观果树木在生长期，发芽前后到开花期，新梢生长期和幼果膨大期，果实迅速膨大期以及果熟期应保证水分的供应；冬季的休眠期应控制水分供应，以利于树木及时停止生长，做好越冬准备。有时根据实际情况，如果土壤含水量过低，任何时期都应进行灌溉。

(二)气候条件

气候条件对于灌水和排水的影响，主要是降水频度与分布、年降水量、降水强度。在干旱的气候条件下或干旱时期，灌水量应多，反之应少，甚至要大量排水。例如北京地区4—6月份是干旱季节，但此阶段正是树木发育的旺盛时期，因此需水量较大。江南地区此时正处于梅雨季节，不宜多灌水。某些花木如梅花、碧桃等在每年6月底以后形成花芽，所以在6月份应进行短时间控水，以促进花芽的形成。

由于各地气候条件的差异，灌水的时期与数量也不相同。如华北地区，灌冻水的时间以土壤封冻前为宜，但也不可太早。因为9—10月份大水灌溉会影响枝条的木质化程度，不利于安全越冬。而在江南地区，9—10月份常有秋旱，为了保证树木安全过冬，则应适当灌水。

(三)土壤条件

不同土壤具有不同的质地与结构，因而保水能力也不同。保水能力较好的，每次灌水量应大一些，间隔期可长一些；保水能力差的，每次灌水量应酌减，间隔期应短一些；盐碱地灌水要与中耕松土相结合；沙地保水力差，要"小水勤浇"，灌水次数应适当增加，同时施用有机肥增加其保水保肥性能。低洼地要"小水勤浇"，避免积水，并注意排水防碱。较黏重的土壤保水力强，灌水次数和灌水量应适当减少，并施入有机肥和河沙，增加其通透性。

此外，地下水位的深浅也是灌排水的重要参考。如果地下水位在树木可利用的范围内，可以不灌溉；地下水位太浅，应注意排水。

(四)经济与技术条件

园林树木的栽培数量大，种类多，树木所处地的可操作性不同，加之目前园林机械化水平不高，人力不足，经济有限，全面普遍灌水与排水，使所有树木的水分平衡处于最适范围是不可能的，因此，应该保证重点，对明显水分过剩的地方要排水，亏缺水分的地方要进行灌水。

(五)其他栽培管理措施

在全年的栽培管理工作中，灌水应和其他技术措施结合起来，以便在相互影响下更好地发挥每种措施的作用。例如，灌溉与施肥，做到"水肥结合"十分重要，特别是施化肥前后应浇透水，这样既可避免肥力过大、过猛，影响根系的吸收或造成损害，又可满足树木对水分的正常要求。河南鄢陵花农用的"矾肥水"就是水肥结合防治缺绿病和地下害虫的有效方法。

此外，灌水应与中耕培土、除草、覆盖等土壤管理相结合，保墒做得好可以减少土壤水分的损失，满足树木对水分的要求，并可减少灌水次数。如北方常遇春旱和夏涝，但因花农有"春锄深一犁，夏锄刮破皮"和"湿地锄干，干地锄湿"等经验，加强土壤管理，勤于锄地保墒，从而保证了苗木的正常生长发育。

二、灌水量和灌水方法

园林树木因树种、习性、物候期等特征需水量不同，因此必须根据树木的生长需要，因树、因地、因时确定合理的灌溉时间和灌溉方法。也应适当掌握灌水量，如水量太少，浇灌过浅，会使根多分布于地表，且表土易干燥，起不到抗旱作用；若灌水量大，或多次漫灌，也会使土壤板结，通气不良，影响根系生长，同时也会使土壤中的肥料随水流失，甚至会把深层的可溶性盐碱因蒸发带到表层，造成土壤反碱。特别是北方地势低洼地，更应注意这个问题。

(一)灌水量

灌水量因树种、植株大小、生长状况、气候、土壤等条件而异，应依据树木的需水量和环境条件决定灌水量，既要满足树木生长需要，也要考虑节约用水。但灌水要一次浇透，一般要达到土壤最大持水量的60%～80%。

灌水量与树木品种有关，耐旱树种灌水量少些，如松、柏；耐水湿的灌水量多些，如湿地松、落羽杉、水松、榕树、垂柳等；也有些树种要求湿润但不耐水湿，如木兰科，水多会烂根。浅根树种不耐旱，深根树种较耐旱。新植树木栽后要浇透定根水，并可向树身喷水，以增加湿度。土壤疏松保水能力好，一次灌水量可多些，间隔时间可长些。沙质土，保水力差，应经常灌水。黏重土，灌水时应考虑积水烂根等问题。

（二）可用的水源

有河湖池塘水、井水、自来水、工业及生活用水等，但为了节约用水，工业生产和生活污水经净化处理后，确定不含有害、有毒物质的水也可用，否则决不可用于灌溉。

城市园林绿化树木灌溉方式

（三）灌水方式

1. 围堰（或叫树盘、单堰）灌溉

每株树开一单堰进行灌溉，适用于株行距较远、地势不平的绿地、大树移植等。此法灌溉可保证每株树能均匀地灌足水（图5-5）。

图5-5　围堰灌溉

2. 畦灌（连片堰）

几株树连片开成大而长的堰，进行灌水。适用于株行距较密、地势平坦、水源充足的地方。畦灌必须保证堰内地势平坦，否则水量不均匀。

3. 喷灌

喷灌即用管道输送和喷灌的系统。主要用于城市街道、公园等绿地系统中（图5-6）。此法效率高、节约用水，并能提高树木周围的空气湿度，但有可能会加重某些树种被感染真菌病害，要及时防护。

4. 滴灌

水滴或细水管引水到树木根部，用自动定时装置控制水量和时间。此法节约用水、效率高，对土壤结构的破坏小，也适用于各种地形，并可结合施肥。但投资较大，喷头易堵塞；含盐量高的土壤也不适宜，会引起滴头附近的土壤盐渍化，使根系受害。

图 5-6 喷灌

三、灌水时期

园林树木因类别、栽植地气候和土壤特点等，灌水时期也不尽相同。随着科技的发展，我们可以用仪器测量以确定灌水时间和灌水量；可以通过树体的生物学指标确定，如叶片色泽和萎蔫程度；也可测定叶片的生理指标以确定灌水时间。也有许多园林绿化和养护的工作者，结合自身的养护种植经验来确定灌水时间和灌水量。

（一）春季

早春进行的灌水也叫“返青水”。此时树木开始生长，需要一定的水分，而我国华北、西北地区此时雨水少，干旱多风，应以灌水为主，有利于新梢和叶片的生长，有利于开花和坐果，是促进树木健壮生长的关键措施之一。

（二）夏季

夏季是树木的生长旺盛期，需水量大，观赏树木一般可分为花前灌水、花后灌水及花芽分化期灌水。夏季灌水和叶面喷水尽量避开中午阳光直射、天气炎热时，中午土温正高最好不要浇灌温度太低的冷水，因土温骤降，造成根部吸水困难，引起生理干旱，甚至会出现临时萎蔫。夏季灌水宜在早晚进行。夏季新栽树木，树根较浅、抗旱能力较差、树叶蒸发量大、需水多，应勤灌溉。我国多地此季节进入汛期，雨水较多，主要做好排水问题。

（三）秋冬季

此时树木的需水量渐少，视环境的干旱情况适当浇水。我国北方地区在秋末冬初（华北地区11月上中旬）浇“冻水”，有利于树木安全越冬和防止早春干旱。冬季灌水应在中午前后进行。

四、排水

树木生长离不开水分，但水分太多，尤其是长时间积水，对树木也很不利。当土壤含水量过多而达到饱和状态时，空气被排挤造成缺氧，使根系的呼吸作用受到阻碍，影响吸收的正常功能，影响有机物的分解而产生有害物质。短期表现生长不良，长期还会使根系窒息、腐烂致死。雨季或地势低洼处，要做好防涝排水工作，平时也要防止积水。

不同树种、同种不同树龄的树木，对水涝的抵抗能力不同。垂柳受到水浸后能在树干上长出不定根，进行呼吸和吸收，抗涝能力较强；而臭椿、桃等极不耐水涝，稍有积水树叶就会发生变黄脱落的现象。尤其是不流动的浅水，加上日晒增温，危害则更大，甚至会导致树木死亡。另外幼龄苗和老年树较不抗涝，要特别注意防范。常用的几种排涝方法：

(一)地表径流法

地表径流法也叫地面排水，是较常采用的、经济的排水方法。一般在绿地建设时，就应考虑排水问题，将地面整成一定坡度，以利于雨水能顺畅地流入河、湖、下水道、排水沟。地面坡度一定要掌握在0.1%～0.3%。要求不留坑洼死角。

(二)明沟排水

明沟排水即在地面挖明沟。将低洼处的积水引至出水处(河湖、排水沟、下水道)。此法适用于大雨后抢救性排除积水。在地势高低不平处可用此法，明沟的宽窄视水情而定，沟底坡度一般以0.2%～0.5%为宜。

(三)暗沟排水

暗沟排水是在地下埋设管道或用砖砌筑暗沟将低洼处的积水排出。此法可保持地面原貌，节约用地又不妨碍交通，但造价较高。

第二课堂活动

用抖音或小视频展示在课程交流群里：你身边绿地树木的灌水方式、排水方式分别有哪些，结合园林工程的施工与管理规则规程，分别分析其主流排灌水方式优势和存在的问题，并提出合理化建议。

任务4　其他养护管理

园林树木的常规管护除了土壤、水肥外，还有修剪整形(见项目四)、自然灾害的预防等，只有采取全面综合的养护管理措施，才能保证树木的正常生长发育及提高其园林景观效果。

一、各种自然灾害的防御和灾后管理

树木在生长发育过程中经常遭受冻害、寒害、日灼、霜害、风害、旱害、涝害、雪害、盐害、病虫害等自然灾害的威胁。因此，只有摸清各种灾害的规律，才能采取积极的防御措施保持树木正常生长。对于树木的各种灾害都应贯彻“预防为主、综合防治”的方针，从树种的规划设计开始就应充分重视，如注意适地适树、土壤改良等。在栽植养护过程中，也要加强综合管理和树木保护，增强其抗灾能力。

(一)低温危害与防寒

树木不论是生长期还是休眠期，低温都可能对树木造成伤害，在季节性温度变化大的地区，这种伤害更为普遍。在一年中，根据低温伤害发生的季节和树木物候状况，可分为冬害、春

害和秋害。冬害是指树木在冬季休眠中所受到的伤害;而春害和秋害实际上就是树木在生长初期和末期,因寒潮突然入侵和夜间地面温度下降而引起的低温伤害。低温既可伤害树木的地上或地下组织和器官,又可改变树木与土壤的正常关系,进而影响树木的生长与生存。

1.造成低温伤害的因素

(1)不同树种或同一树种不同品种的抗寒能力不同　如华北地区的苹果不同品种抗寒性不同,油松也比南方的马尾松抗冻。

(2)树势及枝条的成熟度　在秋季降温前枝条成熟度差,没有完成木质化的树种,抗寒力较弱。

(3)枝条休眠和抗寒锻炼　一般处于休眠期的树种抗寒力较强。

(4)低温条件　低温是引起植物受冻的直接原因。秋季气温骤降,冬季持续低温时间过长都会引起植物抗寒力下降而遭受冻害。如降水较多、长期积水,特别是雪后结霜会加重冻害,越冬前及时灌冻水,防止土壤干旱引起冻害。

(5)栽植时期及养护水平　耐寒力弱的树种如在秋季栽植,且栽植养护技术不合格,易受冻害。冬季还要合理灌水、施肥和做好防寒工作,以减轻冻害。

2.低温伤害的表现

(1)冷害　在0 ℃以上的低温条件下,热带、亚热带喜温树木易遭受冷害。主要发生在树木生长期间,能引起发育迟缓、生理代谢阻滞、生殖机能受损、果实产量下降和品质变劣。

(2)冻裂　在气温低且变化剧烈的冬季,树干易受冻发生纵裂,树皮会沿裂缝与木质部脱离。由于温度起伏变动较大降到0 ℃以下冻结,使树干表层细胞中的水分不断外渗,导致木质部干燥、收缩,加上木材的导热性差,内部的细胞仍然保持较高的温度和水分,此时木材内外收缩不均引起巨大的张力,从而导致树干的开裂。

冻裂常发生在夜间,随着温度下降,裂缝可能增大。生长过旺幼树的树干易冻裂,一般不会直接引起树木的死亡,但伤口易发生腐烂病,不但严重削弱树木的生活力,而且造成树干腐朽形成树洞。

一般落叶树的冻裂比常绿树严重,柳树、杨树、悬铃木、核桃等受害较严重;孤植树比林植树敏感;生长旺盛阶段的树木比幼树或老龄树受害严重;排水不良的树木也易受害。

(3)冻害　当气温降到0 ℃以下树木细胞间隙出现结冰现象,严重时导致质壁分离,树木死亡。这种低温危害对园林树木的引种和树木移植威胁最大。

同一树木的不同生长发育阶段,抵抗冻害的能力不同,以休眠期最强,此时成熟枝条的形成层最抗寒,但在生长期,形成层对低温较敏感;营养生长期次之,生殖期抗寒性最弱。同一树木的不同器官或组织的抗寒性也不相同,胚珠、心皮最弱,果及叶次之,茎干的抗性最强。而树木的茎干位置,以根颈处的抗寒能力最弱。

(4)冻拔　在高纬度和寒冷地区,土壤含水量过高时,土壤冻结并与根系连为一体,水结冰体积膨胀后,使得根系与土壤被同时抬高。待解冻时,土壤与根系分离,土壤下沉,根系外露,倒伏死亡。冻拔现象与树木的年龄、根系的深浅有密切的关系,树龄越小,根系越浅,受害越严重,因此寒冷地区的幼苗和新栽树木要注意预防以免受害。

(5)冻旱　因土壤冻结而发生的生理性干旱。冬季土壤结冻后,根系很难从土壤中吸收水分,而树木地上部分的枝条、芽及常绿树的叶子仍进行着蒸腾作用,蒸发水分,最终因水分平衡的破坏而导致细胞死亡、枝条干枯，甚至树体死亡。常绿针叶树种受害后，针叶从尖端向下逐渐变褐，顶芽易碎，小枝易折。在我国东北、华北北部、西北地区，幼树在冬春之际，枝干失水皱皮干枯的现象也叫“抽条”，随着树木树龄的增大而减轻。

(6)霜害　由于温度急剧下降至 0 ℃或更低，空气中的饱和水汽与树体接触，凝结成冰晶或霜，使幼嫩组织或器官受伤害的现象。

霜冻的发生与环境、树木生长特点有关系，根据发生时间及对树木的危害可分为早霜危害和晚霜危害。早霜又称秋霜，因夏季、秋季的天气原因，使生长季推迟，树木的枝条和芽不能及时成熟，木质化程度低，遇到秋季异常寒潮而导致霜冻危害。晚霜又称倒春寒、春霜，往往因为春季树木萌动以后，突遇气温骤降至 0 ℃或以下，导致树木的嫩枝、叶片芽受伤害，甚至死亡。

3.预防低温伤害的措施

(1)选择抗寒性强的树种或品种　在园林设计时尽量做到适地适树；如是引种树木，一定要经过试种驯化后才能推广应用。

(2)加强养护管理　在树木休眠期及土壤封冻前，及时灌水；越冬水后可将树根部培起，防止树根的冻伤；也可在土壤冰冻之前，用草绳、枯叶或压倒较低的灌木丛覆盖土壤，防止冻伤。

(3)加强树体保护　树干表面进行涂白、卷干、包草、覆盖塑料膜等处理也都可帮助树木防寒越冬(图 5-7)。

图 5-7　树体保护

(4)防止干梢　合理的水肥管理以促使枝条成熟，培土增加土温。对发生干梢的枝条要及时修剪。

(5)防霜措施　可用药剂和激素推迟树木的萌动期，延长其休眠期，躲避早春的倒春寒；也可用喷水法、遮盖法起到缓解降温防止霜冻的效果。根外追肥能增加细胞液的浓度，也可有效预防霜害的发生。

4.受冻树木的养护

树木受冻后，要及时剪除枯死枝条，以利于伤口愈合，不确定的部位要轻剪或晚剪，可等到春天发芽后再修剪；受冻后树势一般较弱，要保证充足的水肥供应，以利于恢复树势；此时也要做好病虫害的防治工作。

5.树种的抗寒性分级

以北方树种为例，将树木的抗寒性分为 4 个级别(表 5-2)。

表 5-2 北京市常用园林树种抗寒性分级

抗寒性	落叶植物	常绿植物
强	毛白杨、加杨、馒头柳、银杏、臭椿、榆树、刺槐、柿树、栾树、元宝枫、紫丁香、珍珠梅、中国地锦	云杉、油松、华山松、圆柏、侧柏、小叶黄杨
较强	西府海棠、碧桃、木槿、榆叶梅、金银木、红王子锦带、月季、迎春、连翘、美国地锦	白皮松
中等	梅花、紫叶矮樱、紫薇、金叶女贞、猥实、黄刺玫、紫藤、扶芳藤	雪松、大叶黄杨、铺地柏
较弱	杂交马褂木、合欢、玉兰、木瓜、蜡梅、紫荆、牡丹、月季	大叶女贞、粗榧、常春藤

(二)高温危害

1.高温危害的表现

树木因环境中温度过高而引起的生理性伤害称为高温伤害,又称热害。高温使树体内的蛋白质变性,生物膜结构破损,生理生化代谢紊乱。又因其常伴随着干旱一起影响树木生长,还会造成树木失水萎蔫或灼伤。

树木所忍受的最高温度或致死温度因种类和环境而异,甚至同一株树上不同的器官或组织耐热性也不尽相同,其中根系对高温胁迫最敏感,花等繁殖器官次之,叶片相对较耐热;树体上老叶的耐热性强于幼叶,树干强于枝梢。如果在树木休眠期出现高温,则易影响花器官发育,削弱花芽分化,形成"花而不实"的现象。此时还会诱发多种病虫害,如黑斑病、炭疽病、蚜虫、介壳虫、蝗虫等。

高温危害还会引起"日灼"现象,由强烈的太阳辐射增温造成树木器官或组织的灼伤,又称"日烧"。分夏秋日灼和冬春日灼。夏秋日灼多是当季高温干旱,水分不足,蒸腾作用减弱,使树体温度难以调节,而造成树干或果实的表面局部温度过高而灼伤,甚至引起局部组织死亡。在桃、苹果、梨等果树和园林观赏树种,尤其对光照需求量低的树种易发生。冬春日灼也可算是冻害的一种,多发生在寒冷地区和日夜温差较大的树木向阳面的主干和大枝上。一般白天阳光照射树干的向阳面,温度升高细胞解冻,而夜间温度急剧下降又结冰,冰融交替使皮层细胞破坏,组织死亡干裂,造成日灼。日灼的发生还与树种、树龄、环境及栽培条件有关,不耐高温、不耐干旱的树种易受伤害;城市中硬质铺装较集中,也不易透水,在其附近栽植的树木,加上受辐射热的影响也易发生日灼。新栽植或修剪后无成型树冠的树木,主干和大枝也易发生日灼现象。

2.防止高温危害的措施

为避免高温危害,在园林设计时选用耐高温、抗性好的树种,还要加强栽培养护管理,增搭荫棚、浇透水等。园林绿化面积较大、树种多,抗旱灌水必须分轻重缓急来进行。一般对抗旱能力较差、树根较浅的新栽树木、小苗、灌木、阔叶类树蒸发量大的需优先考虑。在我国大部分地区,夏季高温久旱无雨时,易引起树叶发黄或早落,应注意及时灌水,结合叶面喷水。

一般对于珍贵树种、树皮光滑较薄的树种,在新栽植后和夏季高温干旱到来之前,可用草绳裹干。裹干一般到分枝点位置,主干较低矮的,还应裹一部分主枝,以防日灼。草绳如有松散脱落应及时整好，发现霉烂后应及时更换。对于不耐旱的树种，栽植后应将主干和主枝涂白或喷白，以防树皮晒裂。对于易受高温伤害的幼树，要注意保留向阳面的枝条，适当遮荫，避免日灼发生。还要注意园林绿地中树木的栽植密度和适当定干高。

(三)防止旱害的措施

旱害指长期降水偏少引起的空气干燥、土壤缺水，导致树体内水分亏缺，影响树体正常的生长发育和生理代谢活动。干旱胁迫会减弱光合作用，加大呼吸作用，使树体内有机营养积累减少，引起花芽分化不良和产量的降低。

旱害按其成因又分为大气干旱和土壤干旱。大气干旱是由于空气干燥，树冠蒸腾量大，根系吸收的水分供应不上支出的蒸腾水分而使树体受害。在高温、低湿并伴有风的条件下形成的大气干旱称干热风。土壤干旱是由于土壤缺水，树木根系的吸水不足以补偿蒸腾的支出水分而受害。旱害的预防措施：

(1)园林绿地规划设计中选择抗旱性强的树种和品种。

(2)在园林树木的养护管理中及时采取的中耕除草、培土、树盘覆盖等，有利于保持土壤水分和促进树木生长的技术措施。

(3)使用抗蒸腾剂。

(4)充足水源，及时满足灌溉、叶面喷水等需水要求。

(四)防止雪害和涝害的措施

1.防止雪害的措施

雪害是指树冠积雪过多，压断枝条或树干的灾害现象。一般常绿树种比落叶树种易遭受雪害。雪害的受灾程度跟树形和修剪方法有关。

尤其我国北方地区要做好雪灾的预防和处理工作。①要加强水肥管理，促进根系生长；②合理修剪，侧枝分布均匀，树冠紧凑；③园林设计中要注意乔灌木、常绿落叶、树木体量等的合理搭配，增强树木群体间的抗性。在易受灾地区，要提前给大树设立支柱，过密枝条适当疏枝修剪。在雪后或受灾后，及时处理积雪，防止叶片在融雪后结冰受冻害，并将受压的枝条扶正。在我国北方地区，冬季大雪后多使用融雪剂清理城市中的积雪，因其对植物的根系会产生影响，所以尽可能减少含有融雪剂的积雪或雪水堆积在大树周围。雪后严格控制融雪剂的用量，一般 15～25 g/m^2，喷洒尽量不超越行车道的范围，以免融雪剂溶液流入树池。

2.防止涝害的措施

我国北方降水集中在 6—8 月份，南方雨季多在 4—9 月份，由于降雨集中且城市环境和地下输水管道等多方面原因，易出现积水成灾的现象，影响树木生长。

涝害多发生在地势低洼、地下水位高或排水不良的地段。由于土壤中水分过多，氧气缺乏，使树木根系窒息死亡，会出现落叶落果、生长不良，甚至树体死亡。

城市中防雨防涝，首先要在城市建设早期做好规划设计，尽量利用处理好地形，也可把目前海绵城市的技术措施应用到城市绿地中。另外在雨季可采用开沟、埋管、打孔等措施及时排水排涝，尤其低洼积水和地下水位高的地段，绿化种植前要修好排水设施，尽量选用沙质土壤。

(五)防止风害的措施

在我国夏秋季节和多强风、台风的沿海城市，树木会出现偏冠、枝杈折断，加上雨水多、土壤潮湿松软，大风起后更易造成树木被吹倒吹断的现象，甚至还会造成人身伤亡或其他破坏事

图 5-8 夏季强风雨破坏

故(图 5-8)。北方冬春季节的大风,使树木枝梢枯死。早春的旱风,会吹焦新梢嫩叶,不利于授粉受精,还会使大枝折损折断或树杈劈裂。影响风害的因素主要有环境条件、树种的抗风力强弱、栽培养护措施等。

1.防止或减轻风害的措施

(1)选择抗风树种　在易遭受风害的地区或位置(如风口处),选择深根性、抗风力强的树种,如香樟、悬铃木、柳树、乌桕、枫杨等。

(2)保证栽植质量　采取深耕改土、适当加大种植穴、合理密植、深植,采用低干矮冠整形和科学合理的肥水管理,培育强大的根系。大树移植时必须按规定起苗,不能使根盘过小。

(3)合理修剪树冠　对浅根性乔木或因土层浅薄、地下水位高而造成浅根的高大树木,以及新植树木或长在迎风处树冠过大的树,应适当修剪枝条,控制树形,以利于透风,减少风阻,减少树冠负荷。

(4)培土护根　根系浅或栽植较浅的树木,要进行培土护根,加厚土层以固定树体(图 5-9)。

图 5-9 培土护根

(5)立支柱支撑　必要时,在下风向立木棍或水泥柱等支撑物,注意支撑物与树皮间要加垫层以防擦破树皮。

(6)加强巡查　台风过后,应有专人调查灾害情况,以便及时采取措施应对维护。对歪倒树木应进行重剪、扶正,用草绳卷干并立柱、加土夯实,对已连根拔起的树,视情况处理或重栽。

(7)营造防护林　在风口、风道处选择根深、矮干、枝叶稀疏坚韧的抗风性强的树种(如垂柳、乌桕等),以形成风障,不要选择生长迅速而枝叶茂密及一些易受虫害的树种。

2.风灾后的养护技术

对于遭受大风危害的树木,视受灾情况及时维护。

(1)被风刮倒的树木及时顺势扶正,断根加以修剪并培土夯实,立支柱。

(2)对于劈裂枝条要顶起或吊起,涂抹药膏,捆紧基部受伤面。

(3)加强肥水管理,尽快促进树势恢复。

(4)受害严重,难以补救的树体可补栽。

(六)病虫害的防治

绝大多数园林树木,在生长过程中都可能遭受病虫的危害,影响树木的正常生长发育,甚至造成死亡。病虫害防治是园林树木养护管理中的一项极为重要的措施，同时也是城市绿地养护工作中最复杂、最难掌握的内容。它不仅直接影响园林树木的生长发育和城市绿化功能效果，而且与市容、卫生和人民生活、生产活动都有密切关系。

1.病虫害的分类

(1)非侵染性病害是由非生物因素引起的　如营养物质缺乏，营养成分不均衡，或缺少微量元素等都会造成树木出现不良表现。缺铁叶片黄化、缺锌叶小、缺磷叶呈紫色等。

(2)侵染性病害是由寄生性生物引起的　具有侵染性，如细菌、真菌、病毒、支原体、寄生性种子植物。

(3)植物衰退病是由生物因素和非生物因素的综合作用引起的　其致病因素有诱发因素、激化因素和促进因素。

2.常见的园林树木病虫害

园林树种常见的病害有：白粉病、根腐病、杨柳锈病、榆树腐烂病、牡丹红斑病、叶枯病、榆树伤流、炭疽病等；虫害包括食叶害虫、蛀干害虫和地下害虫，主要有蚜虫、光肩星天牛、木虱、丁香蓟马、卷叶蛾、潜叶蛾、天幕毛虫、介壳虫、金龟子、柳十八斑叶甲、黏虫等(图5-10、图5-11)。

图5-10　海棠天牛幼虫为害状

图5-11　梨树锈病、法国冬青炭疽病

3.病虫害的防治方法

园林树木病虫害防治，要结合不同树木的生长环境和生长状况，坚持“预防为主，综合治理”和“治早治小治了”的原则，通过研究掌握树木易发病虫害的病种、病因及发生规律，找出病虫害的薄弱环节，对症下药，综合防治；树立绿色植保理念，注意保护环境，减少农药污染，多用生物防治。

城市绿化树木病虫害防治应以防为主，综合治理，避免或最大限度地减轻病虫害的发生和危害，保证其园林应用价值。如果发生了病虫害，针对不同的树种、病虫害特征和树木生长状况，常用以下防治方法：

(1)物理、机械防治　利用诱虫灯人工捕捉害虫，不仅可以预测预报病虫害的发生，还起到了捕杀成虫的作用。目前要积极推广以杀虫灯、性诱剂、诱虫带为主的物理诱杀害虫综合配套技术，逐步减少对化学农药的依赖，减少环境污染，促进病虫害的可持续治理。

(2)生物防治　即用生物或生物的代谢产物来防治害虫，高效无污染。有以虫治虫、以鸟治虫和以菌治虫三种方式。自然界的各类天敌资源十分丰富，是保护、利用、研究生物防治病虫害的基础。天敌昆虫有捕食性天敌和寄生性天敌两类，常见的有瓢虫、草蛉、食蚜蝇、寄生蜂和寄生蝇。可采用保护利用自然天敌、人工大量繁殖释放、引进的方法。病原微生物主要包括细菌、真菌和病毒，常用的主要有苏云金杆菌和白僵菌。目前科研工作者要加大生态治虫技术的研究，保护其他有益生物如鸟类、蛙类等，逐步扩大生物防治范围。

树木病虫害的化学防治

(3)化学防治　利用化学药剂的毒性来防治病虫害(图 5-12)。此法有高效、经济方便、广谱性、效果快等特点，是现今防治病虫害的主要手段。但使用不当可对植物产生毒害，导致病原菌产生抗药性，甚至污染环境引起人畜中毒。目前应用的药剂主要有杀虫剂、杀菌剂、除草剂和杀线虫剂。常用的主要有防治越冬病虫的石硫合剂、辛硫磷，防治炭疽病的代森锰锌，防治粉虱的吡虫啉等。为了充分发挥化学防治的优点，减轻不良作用，应科学合理地选用药剂种类和施药方法。

图 5-12　化学防治

4.病虫害防治的注意事项

(1)加强植物检疫，做好病虫害监测预警，杜绝带毒、带菌、带虫苗木进入　病虫害的发生具有季节性、突发性、普遍性等多种特点，要做好实时监测、记录工作。掌握病虫害的生命周期、危害特点，做到及时有效防治。同时也要及时了解周边地区园林植物的病虫害发生情况及最新需重点防治的有害生物，获得必要的病虫信息并及时防治。

(2)根据不同苗木的生长情况，做好病虫害综合防治和预测预报工作　及时掌握虫情和病情，一旦发现，立即进行预防或消灭，防止蔓延。综合防治工作主要是采用喷药、人工捕杀、摘除病虫叶及整形修剪、栽植材料消毒杀菌、利用捕虫鸟类和害虫天敌来消灭害虫等措施来防病除虫。

(3)抓住病虫害生长发育的薄弱环节进行施药　害虫在卵孵化期和幼虫的蜕皮期抗药性最弱，是施药的最佳时期。病害在发病初期或病菌孢子萌发侵入植物阶段，是抗药性最薄弱的阶段。例如，介壳虫类要在若虫孵化盛期进行防治；天牛在成虫羽化始盛期前(7月初左右)施药于树干和大侧枝上，可杀灭成虫，其幼虫可采用树干注药、堵洞、插毒签和注射等方法防治；蚜虫要在卷叶之前施药。在早春或冬季，树体喷20～30倍的晶体石硫合剂，可杀死越冬卵或成螨。夏季气温30℃以上时，如干旱少雨的天气持续一周以上，螨类就会猖獗成灾。此时，可在早晚向树木喷水，就能起到预防作用。还有些虫害要在上树前防治，在树干及根部表面土层喷涂药剂，杀死上树成虫。

(4)合理配置园林植物　园林设计中提倡植物多样性和适地适树，避免盲目引种和单种大面积种植造成病虫害的快速扩散；加重病虫害发生的树种不能混种，避免植物间相互感染，如桧柏等柏类和蔷薇科植物海棠、苹果等，栽植间距要在5 km以上，以避免苹桧锈病的发生；避免过密种植，以防影响通风透光，造成植株长势不良；秋、冬季节应及时清除枯枝及地面落叶，破坏病虫的越冬环境。

(5)注意预防，及时治疗　春末夏初一般是病虫害的发生盛期，此时要做好预防喷药工作；夏至初秋也是病虫害发生的主要季节，此时除做好防治外，还要有针对性的发现病虫害并及时对症下药；深秋至翌年早春，病虫害较为缓和，主要是抓紧防病除虫的工作，特别是消除越冬害虫及虫茧、虫囊，集中处理病虫枝株，消灭病虫来源。在树木移栽时应避免伤根或碰伤树干。

树干涂白

(6)加强树木各季节的肥水管理，增加树势。

(7)及时摘除虫卵、虫环、虫瘿，清除病虫枝　重点做好预防工作：春秋两季对树木进行树干涂白，预防病虫害的发生和发展；冬春季节用石硫合剂喷施植物枝干、芽，杀死越冬病菌；发病季节，每7～10 d喷施1次杀菌剂预防。

(8)病虫防治时，选药与施药同样重要　如可湿性粉剂不可干用；粉剂不可兑水使用；辛硫磷因对紫外线敏感，易分解失效，所以施药时间应选在阴天或早、晚进行。

二、其他养护管理措施

园林树木因自然和人为原因受到污染或受伤后，如污染轻，树木可以抵抗；若受伤面积不大，树木会通过在伤口处会形成愈伤组织，重新分化，使受伤组织逐步恢复正常，树皮得以修补，恢复保护能力。一般伤口越小，愈合速度越快，树种越速生，生活能力越强。污染重或大伤口如不及时治疗、修补和保护，经雨水侵蚀和病菌寄生后树体内部会腐烂成树洞。过度污染及伤后治疗修补方法如下：

(一)洗尘

因空气污染、城市建设、裸露地面尘土飞扬等，城市绿地中树木的枝叶上，粘满灰尘、烟尘，会堵塞气孔，并影响光合作用。在少雨季节应定期喷水冲洗，夏秋季温度高时，宜早晨或傍晚进行。

(二)伤口处理

树干或枝条受伤后，为使其尽快愈合，应立即处理。首先进行伤口的机械修理，剔除或刮净被破坏的树皮和腐朽部分，修平滑后再进行伤口消毒，硫酸铜溶液、氯化汞溶液、石硫合剂原液都可用。如临时无药剂，可用清水冲洗伤口，防止病菌感染。最后涂保护剂，选用易涂抹、粘着性好、不透水、受热不融化、不腐蚀树体组织、同时又能防腐消毒的药剂，如树木涂料、沥青、铅油、液体石蜡等进行涂抹。对伤口面小的枝干，在对伤口清理后，可从同种树上切取与伤面大小相同的树皮，压平在伤面上，涂 10%萘乙酸，再用塑料薄膜捆紧。此法在 6—8 月份形成层活跃时期最易成功，操作越快越好(图 5-13)。

图 5-13　伤口处理

(三)修补树洞

伤口过大且未能及时处理，逐渐腐烂形成树洞，严重时造成树干中空，同时破坏树体的输导组织并削弱树势、缩短树木寿命。进行树洞修补时先彻底清除树洞内的腐烂部分，要露出新组织，然后填入填充材料如木炭、玻璃纤维、枯朽树木修复材料(塑化水泥)等混合物后压紧，填充材料边缘不应超出木质部，使形成层能在它上面形成愈伤组织。为了增加美观度，外层再用石灰、乳胶、颜色粉涂抹。如有些树洞造型奇特美观，也可留做观赏之用，但要先处理伤口和腐烂部位。

(四)打箍

当较大枝干发生劈裂后，除清洗裂口杂物，还要用铁箍箍上，为防止重力或枝干生长再伤及树皮，在铁箍内可垫一层橡胶垫。

(五)伐、挖死树

由于树木衰老、病虫侵袭、人为或机械损伤等原因，造成一些树木无观赏利用价值或死亡，应尽早伐除，否则会影响市容和造成危害。伐、挖死树既可避免对交通、行人、建筑、电线及其他设施带来危害，又可减少病虫潜伏，木材还可回收利用。伐除要符合安全的程序(先锯枝、后砍干)和措施(如吊枝落地)。伐后对残桩也应尽早挖掘清理。

(六)围护、隔离

在城市绿地环境中,因长期的人流践踏,造成土壤板结,对于喜土质疏松,透气良好的树木来说,会妨碍其正常生长发育,特别是根系较浅的乔灌木和一些常绿树种。在改善其土壤条件后,应用围篱或栅栏加以围护。为突出主要景观,围篱要适当低些,以不妨碍观赏视线为原则。造型和花色也不宜喧宾夺主(图 5-14)。

图 5-14　树体围护

第二课堂活动

班级园林植物养护兴趣小组根据小组调查的园林绿地树木养护存在的问题,团学活动中邀请相关专家学者进行学术讲座,对积极参与专家互动活动的同学进行有奖竞答,以激发学生了解最新的绿地树木养护工作相关的学术研究成果,拓宽学术视野。

项目拓展

古树名木的养护管理与复壮

一、古树名木的含义与保护意义

(一)古树名木的概念

《中国农业百科全书》中对古树名木的界定为:树龄在百年以上的大树,具有历史、文化、科学或社会意义的木本植物。根据我国 2000 年国家颁布实施的《城市古树名木保护管理办法》的规定,古树是指树龄在 100 年以上的树木,如山东莒县浮来山的商代银杏,树龄高达 3 000 余年;台湾地区阿里山的红桧被称为"东亚最大的巨树"(台湾扁柏),树高 60 m 左右,树龄 2 700 年;陕西省黄陵县的轩辕侧柏,树龄 2 700 年;西藏的巨柏,树龄 2 300 年;陕西省临潼县的汉槐,树龄约 2 000 年;山东省曲阜市的白皮松树龄 2 000 余年;陕西省勉县诸葛亮墓园内的两株"汉桂",树龄约 1 700 年。名木是指国内外稀有的以及具有历史价值、纪念意义及重要科研价值的树木,如国外贵宾手植的"友谊树";外国政府赠送的树木,如美国红杉、日本樱花等;我国黄山的"迎客松",泰山的"巨龙槐"以及"汉柏",北京市中山公园的"槐柏合抱",陕西省黄陵轩辕庙的"黄帝手植柏",北京市孔庙的"除奸柏"等,树龄也都在百年以上。它们形态上给人苍劲古拙、饱经风霜之感,是多学科领域研究的活标本、活文物,是有生命的国宝,有着无法替代的审美价值和研究价值,也是不少城市的优良旅游资源,历来受到国家的珍视和保护。有的城市街道甚至都以它们来命名，如北京市的“五棵松”。

（二）古树名木保护的意义

在城市发展的高潮中，分布广、树种多、树龄长、数量大、已进入缓慢生长阶段的古树名木，已有不少遭到破坏或因环境问题无法生存，或因无人管理而枯死。加强古树名木的保护，就是保护中华民族的文化遗产，就是保护一座优良的种质资源库，就是保护人类赖以生存的自然环境，也是给子孙后代留下了无比宝贵的自然财富。

1.古树名木是历史的见证

古树名木以松柏类、银杏、槐、榕和杉类为多，它们见证了多少朝代的更替和历史的变迁，经过了多少岁月的洗礼，虽老态龙钟却依然生机盎然，为我国灿烂的历史文化和壮丽山河增添了光彩。例如，传说中的周柏、秦松、汉槐、隋梅、唐杏、唐樟等，均可作为历史的见证。

2.古树名木的文化艺术价值

很多古树名木还是历代文人墨客吟诗作画的重要题材。如嵩阳书院的“将军柏”，明清文人赋诗就有30余首之多。

3.古树名木具有独特的观赏价值

我国许多的名胜古迹、寺庙陵园都是著名的观赏旅游胜地，而苍劲古雅、姿态奇特的古树名木多为其中的佳景之一。如黄山的“迎客松”，陕西的“黄帝手植柏”“挂甲柏”，北海公园的“遮荫侯”，苏州光福镇司徒庙内“清、奇、古、怪”的4株古圆柏，都堪称奇景。

4.古树名木具有重要的科研价值和经济价值

古树的生活史实际上就是历史和自然演变的百科全书，反映了气候的历史变化、树木的生命周期、生态环境的变迁，对研究古代植物、地理、水文等也有着重要的科研价值，也是城市树种规划的依据，有些还能给当地带来直接或间接的经济价值。

二、古树名木衰老的原因

树木衰老死亡是一种普遍的客观规律，了解其衰弱原因后可以通过合理的人工措施减缓衰老过程，延长其生命及观赏周期。

（一）土壤板结，通气不良

据分析，古树生长之初立地条件都比较优越，多生长在宫、苑、庙或宅院、农田和道旁，其土壤深厚疏松，排水良好，小气候条件适宜。但是经过历年的变迁，人口剧增，土地开发等，使土壤密实度过高，通透性差，限制了根系的发展，甚至造成根系、特别是吸收根的大量死亡。

（二）土壤剥蚀，根系外露

古树历经沧桑，土壤裸露，表层剥蚀，水土严重流失，土壤肥力下降，表层根系易遭干旱和高温伤害造成死亡，还易造成人为擦伤，抑制树木生长。

（三）挖方和填方的影响及其他人为伤害

挖方的危害与土壤剥蚀相同，填方则易造成根系缺氧窒息而死。道路及道路工程施工，破坏了古树的形态及其立地条件。

许多古树因树体高大、奇特而被人为神话，成为部分人进香朝拜的对象，成年累月的香火导致树木受损；有些人保护意识不强，常在树体上刻字留名，甚至开设树上餐馆、茶座等，都对树木生长造成危害。

(四)树下地面的不合理铺装

为了城市整洁美观，树干周围用水泥或其他材料铺装面积过大，造成根系呼吸受阻且无法伸展，不能根深叶茂，从而影响了古树的生长。

(五)土壤的严重污染

在古树林中搭设帐篷，开展各种活动，乱倒污水，有的甚至还增设临时厕所，在古树下乱堆水泥、石灰、沙砾、炉渣等，恶化了土壤的理化性质，增加了土壤的密实度，甚至导致土壤糖化、盐化，加速古树衰老。

(六)土壤营养不足

古树生长中，消耗了大量的营养物质，养分循环利用差，有机质含量低，且有元素缺乏或过多而对树木生长产生危害。根据对北方古树营养状况与生长关系的研究表明，古柏土壤缺乏有效铁、氮和磷；古银杏树土壤缺钾而镁过多。

(七)自然灾害

自然灾害主要是风害、雨涝、雪压、雷击及病虫害等，特别是南方古树受雷击时有发生，无雷击防护设施，造成古树衰弱、生长衰退甚至烧伤死亡。酸雨及其他空气污染(如光化学烟雾等)也对古树造成不同程度的影响。许多古树的机体衰老与病虫害有关，而树木衰老时又易受病虫害的侵袭加速其衰老。

(八)树木自身因素

树木的生命周期都要经过从种子萌发或幼苗形成到生长发育、开花结实到衰老死亡的过程，但由于树种自身遗传因素的影响，不同树种的寿命长短不同。

三、古树名木养护管理与复壮

(一)古树名木的调查登记

1.调查登记

调查内容包括树种、树龄、树高、胸径、冠幅、生长势、生长环境(土壤、气候因素)、观赏价值、研究作用、养护措施，还应在当地搜集有关古树名木的历史、传说等相关资料并登记，建立档案。记录生长状况及每年的养护管理措施以供后期养护管理时参考。

古树名木调查的对象

2.分级存档

我国对古树名木有明确分级，分为国家一、二、三级，国家一级古树树龄500年以上，国家二级古树300～499年，国家三级古树100～299年。最好是能按分级存档以便整理利用。

3.增加护栏，设立标牌

对于确定的古树名木，要设立标牌，编号在册，还要增加护栏、组织专人加强管理。

(二)古树名木的更新复壮

古树名木的复壮措施涉及地上与地下两大部分。地下复壮措施包括古树成长立地条件的改善,古树根系活力的诱导;地上复壮措施以树木管理为主,包括树体修剪、修补、树干损伤处理、填洞、叶面施肥及病虫害防治等。结合复壮措施,同时进行古树生理生化指标测定,判断复壮措施的有效性。具体措施如下:

1.制定技术方案

在了解古树名木的生长状况、周围环境及养护管理措施后进行科学的调查分析,制定完整的树木复壮技术方案。

2.改善地下环境

根系复壮是古树整体复壮的关键,改善地下环境就是为了创造根系生长的适宜条件,促进根系的再生与复壮。提高其吸收、合成和输导功能,为地上部分的复壮生长打下良好的基础。

(1)开沟埋条　即在土壤板结、通透性差的地方开环形沟、辐射沟或长条沟,先回填 10 cm 厚的松土,再将树枝(最好是阔叶树)打包成直径 20～40 cm 的松散捆,铺在沟底,再回填松碎土壤,震动踩实,必要时还可在回填土壤中拌入适量的饼肥、厩肥、磷肥、尿素及其他微量元素,以增强土壤的通透性和营养,同时也可起到截根再生复壮的作用。

环形沟和辐射沟多用于孤立树木和配置距离较远的树木;长条沟多用于古树林或行列配置的树木;环形沟是在树冠投影外缘开沟,为了避免一次伤根太多,可将投影周长分成 4～6 等分,分 2～3 年间隔实施;辐射沟是从树冠投影约离干基 1/3 的地方向外开 4～12 条沟,直至投影外大于冠幅 1/3 的地方,沟应内浅外深、内窄外宽;长沟开在树木行间或穿过各树冠投影外缘,沟长不限,曲直均可。所有沟的宽度为 40～70 cm,深度为 60～80 cm,最好能通过地下径流向外排水。

(2)设置复壮沟-通气-渗水系统　对于城市及公园中严重衰弱的古树,地下有各种管线和砖石,土壤贫瘠,内渍(有些是污水)严重,必须挖复壮沟,铺通气管和砌渗水井,增加土壤的通透性,使积水通过管道、渗井排出或用水泵抽出。

①复壮沟的挖掘与处理　在古树树冠投影外侧,挖深和宽为 80～100 cm 的沟,长度和形状因地形而定。沟内回填物有复壮基质、各种树枝和营养元素。复壮基质多用松、栎、槲的落叶(60%腐熟落叶+40%半腐熟落叶混合),加少量 N、P、Fe、Mn 配制而成,增施在基质中的营养元素应根据需要而定(北方以 Fe 元素为主,硫酸亚铁($FeSO_4$)使用剂量按长 1 m、宽 0.8 m 复壮沟施入 0.1～0.2 kg)。其 pH 在 7.8 以下,含有丰富矿质元素、黄腐酸等,同时有机物逐年分解与土粒胶合成团粒结构,促进古树根系恢复生长。

埋入的树枝多为截成 40 cm 枝段的紫穗槐、杨树等阔叶树种的枝条,树枝之间以及树枝与土壤之间形成大空隙。古树的根系可以在枝间穿行生长。回填处理时从地表往下纵向分层:表层为 10 cm 素土,第二层为 20 cm 的复壮基质,第三层为厚约 10 cm 的树枝,第四层又是 20 cm 的复壮基质,第五层是 10 cm 厚的树枝,第六层为 20 cm 厚的粗沙或陶粒(图 5-15)。

②安置通气管　通气管为金属、陶土或塑料制品,管径 10 cm、管长 80～100 cm,管壁打孔,外围包棕片等物,以防堵塞,每棵树 2～4 根垂直埋设,下端与复壮沟内的枝层相连,上部开口加上带孔的盖,既便于开启通气、施肥、灌水,又不会堵塞。

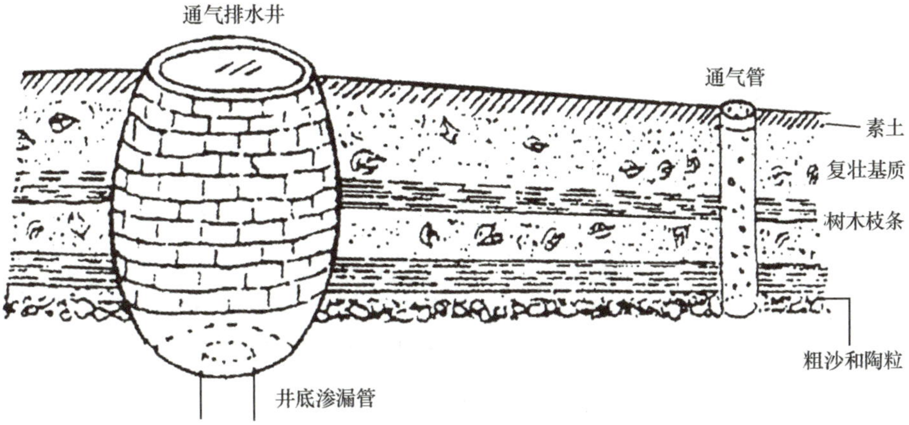

图 5-15　复壮沟-通气-透水系统

③渗水井的构筑　在复壮沟的一端或中间，挖一比复壮沟深 30～50 cm、自深 1.3～1.7 m、直径 1.2 m 的井，四周用砖垒砌，井口周围抹水泥，上面加铁盖；下部不用水泥勾缝，可以向四周渗水，因而可保证古树根系分布层内无积水。雨季水大时，如不能尽快渗走，可用水泵抽出。井底有时还需向下埋设 80～100 cm 的渗漏管(图 5-15)。处理后使地下沟、井、管相连，形成一个既能通气排水，又能供给营养的复壮系统，创造了适于古树根系生长的优良土壤条件，有利于古树的复壮与生长。

(3)透气铺装或种植地被　为了解决古树表层土壤的通气问题，常在树下、林地人流密集的地方加铺透气砖。透气砖的材料和形状可根据需要设计。在人流少的地方，种植豆科植物，如苜蓿、白三叶及垂盆草、半枝莲等地被植物，除了改善土壤肥力外还可提高景观效益。

(4)土壤改良　在古树树冠投影范围内，对大骨干根附近的土壤进行改良，挖土时以原土与沙土、腐叶土、大粪、锯末及少量化肥混合均匀之后回填踩实。也可以挖土深度 1.5 m，面积大于树冠投影部分，并挖深达 4 m 的排水沟，底层填以大卵石，中层填以碎石和粗沙，上层以细沙和园土填平，促进排水，效果也十分显著。有效改善土壤通气条件，降低土壤容重，有利于土壤有机质的分解，便于古树根系吸收，使树体营养状况得到改善，促使古树复壮(图 5-16)。

图 5-16　土壤改良

3.加强地上保护

(1)古树围栏及外露根的保护　为了防止游人踩踏，使古树根系生长正常和保护树体。在过往人多的地方，古树周围应设围栏，松土种植有益的地被物。露出地面的根应用腐殖土覆盖或在地表加设网罩或护板，以免造成新的伤害。同时要注意治理环境污染。

(2)病虫害的防治　病虫危害是古树生长衰弱的重要原因之一。北京地区危害古松、古柏的害虫常有红蜘蛛、蚜虫，4、5月份为大发生期，9、10月份为第二次危害高峰期，为害后会导致枝叶枯黄而衰弱；还有天牛，它们破坏输导组织，消弱机械强度，导致损伤与死亡；还有介壳虫，树蜂、小叶蛾及锈病等，都可对松柏、槐树等造成毁灭性危害，应及时防治。

古树的蛀干害虫十分严重，用药剂注射和堵虫孔的方法效果都不理想。可用药剂熏蒸，即塑料薄膜分段包好树干，用黏泥等封好，并用细绳捆好防止漏气，从塑料膜交口处放入药剂，边做边用胶袋封好，熏蒸数天。对不便用塑料膜包裹的分叉处虫孔，可按1 000～2 000头/mL的浓度放线虫(线虫在15 ℃时可存活15 d)进行生物防治。

(3)病虫枯死枝的清理与更新修剪　古树的病虫枯死枝在树液停止流动的季节抓紧清理、烧毁，以减少病虫滋生。对潜伏芽寿命长、易生不定芽且寿命长的树种(如槐、银杏等)，当树冠外围枝条衰老枯梢时，可以用回缩修剪进行更新；有些树种根颈处具潜伏芽和易生不定芽，树木死亡之后仍能生长者，可将树干锯除更新，再加上肥水管理，即可复壮。

(4)树洞的修补与填充　古树的主干常因年久腐朽形成空洞，可以用具弹性的聚氨酯填充后堵洞，外部加青灰封抹，是目前较理想的填充修补方法。也可以用金属薄板进行假填充或用网罩钉洞口，再用水泥混合物涂在网上，待水泥干后再涂一层紫胶漆和其他树涂剂加以密封，避免雨水流进洞内。

(5)支撑加固　古树树体衰老，主干常有中空，主枝也常有死亡，加上枝条下垂，树冠失去平衡，树木容易倾斜，因而需要进行支撑(图5-17)。

图5-17　树体支撑

(6)靠接小树复壮濒危古树　有研究显示，靠接小树复壮严重机械损伤的古树，具有激发生理活性、诱发新叶、帮助复壮等作用。小树靠接技术主要是要掌握好实施的时期、刀口切面以及形成层的位置，即除严冬、酷暑外，最好受创伤后及时进行靠接。关键是先将小树移栽到受伤的大树旁并加强管理，促其成活。在靠接小树的同时，结合深耕、松土则效果更好。

实训与知识巩固

实训1　园林树木的防寒

一、实训内容分析

了解园林树木低温危害的原理及防寒的意义，了解园林树木低温危害常见的发生现象，并以用的北方树种(校园内)为例掌握园林树木常用的防寒措施及操作技术。

二、实训材料

草绳、塑料薄膜、竹竿、涂白剂、铁丝等。

三、用具与用品

钳子、铁锹、刷子等。

四、实训内容

(1)树干包扎　对园林树木用草绳或塑料布缠绕树干及大枝。
(2)培土　在树木根颈周围培土高 40 cm 左右。
(3)覆盖　用竹片在新栽植树上方搭设拱架;在拱架上覆盖塑料薄膜,四周压紧。
(4)树干涂白　用刷子蘸涂白剂均匀涂抹树干,约 1.5 m 处。
(5)设置风障　在新栽植树的上风向处或四周,搭设高于树体的风障。

五、实训报告

针对校园内树种,说明相应的防寒措施,并写出具体的操作过程。

六、实训效果评价

评价项目	分值	评价标准	得分
分组的科学性	25	1.组员搭配合理; 2.组长有感召力,能调动大家的积极性; 3.组代表总结发言思路清晰,重点突出,详略得当。	
树干包扎	20	1.包扎方法; 2.包扎位置。	
培土	15	操作的正确性。	
覆盖、设置风障	25	1.搭架方法正确性; 2.搭架后的处理。	
树干涂白	15	1.涂抹方法正确性; 2.涂抹位置的选择。	
总分			

实训2　古树名木的调查及养护复壮

一、实训内容分析

了解古树名木保护的重要性和意义，了解古树衰老的原因，掌握古树名木日常养护及更新复壮的技术措施。

二、实训材料

当地古树名木、树木日常养护材料。

三、用具与用品

记录本、测高仪、皮尺、铁锹、修枝剪等。

四、实训方法步骤

(1)古树调查　对当地古树名木进行调查登记。

(2)搜集材料　有关古树名木的历史、传说、诗词歌赋。

(3)养护复壮措施　在相关部门帮助下，制定古树名木的周期养护技术方案和更新复壮措施。

五、实训报告

填写古树名木调查表，提交当地古树名木日常养护及更新复壮技术报告。

古树名木调查表

调查人：　　　　调查时间：　　　　调查地点：

树种名称	调查地	树龄	树高	胸径	冠幅	生长势	生长环境	观赏价值	研究作用

五、实训效果评价

评价项目	分值	评价标准	得分
分组的科学性	25	1. 组员搭配合理； 2. 组长有感召力，能调动大家的积极性； 3. 组代表总结发言思路清晰，重点突出，详略得当。	
调查	25	1. 调查方法的正确性； 2. 调查内容的翔实可靠。	
搜集材料	15	操作的正确性、实时性。	
养护复壮措施	35	1. 养护复壮措施的正确性； 2. 养护复壮措施的可实施性。	
总分			

知识巩固

一、名词解释

1. 追肥　2. 化学肥料　3. 基肥　4. 土壤施肥　5. 叶面施肥
6. 有机肥料　7. 古树名木分级　8. 古树名木　9. 客土

二、单选题

1. 原产寒温带的落叶树，通过自然休眠期要求的一定累积时数的温度为(　　)。
A. －10～0 ℃　B. 0～10 ℃　C. 5～15 ℃　D. 15～20 ℃

2. 下列措施不适合园林树木种植后马上进行的是(　　)。
A. 浇水　B. 修剪　C. 施肥　D. 树干包裹

3. 下列肥料中，不属于有机肥的是(　　)。
A. 米糠　B. 尿素　C. 饼肥　D. 牛粪

4. 氮肥供应过多，会导致植物(　　)。
A. 提早开花　B. 开花过多　C. 徒长　D. 停止生长

5. 深秋季节灌水，能使土壤(　　)。
A. 升温　B. 降温　C. 保温　D. 变温

6. 植物在幼苗期所需要施用的大量元素是(　　)。
A. 微量元素　B. 氮　C. 磷　D. 钾

7. 人们形容树木的种植施工与养护管理的关系是(　　)。
A. "三分种植，七分养护"　B. "七分种植，三分养护"
C. "五分种植，五分养护"　D. "种植好了，不用养护"

8. 园林树木养护二级管理质量标准是(　　)。
A. 生长势好；叶片正常；枝干健壮；缺株在2%以下
B. 生长势正常；叶片正常；枝、干正常；缺株在2%～4%

C. 生长势基本正常；叶片基本正常；枝、干基本正常；缺株在4%～6%

D. 病虫害严重；严重焦梢、焦叶、卷叶、落叶；有蛀干害虫的株数在30%；缺株在6%～10%

9. 园林树木养护一级管理质量标准是生长势、叶片、枝、干正常；缺株在(　　)。

A. 2%以下　　B. 2%～4%　　C. 4%～6%　　D. 6%～10%

10. 下列属于有机肥的是(　　)。

A. 草木灰　　B. 复合肥　　C. 饼肥　　D. 固氮菌肥

11. 使用固氮菌肥要在(　　)的条件下，才能确保菌种的生命活力和菌肥的功效。

A. 强光照射　　B. 高温　　C. 接触农药

D. 土壤通气条件好，水分充足，有机质含量稍高

12. 基肥是长期供给树木多种养分的基础性肥料，以(　　)为好。

A. 春施　　B. 夏施　　C. 秋施　　D. 冬施

13. 根据肥料的性质以及施用时期，园林树木的施肥包括(　　)两种类型。

A. 基肥和追肥　　B. 迟效肥和速效肥

C. 绿肥和圈肥　　D. 有机肥和无机肥

14. 下列描述不正确的是(　　)。

A. 观花果树的花芽分化期和花后追肥很重要

B. 晴天追肥好于雨天追肥

C. 与基肥相比，追肥一次性用肥量和施用的次数都很多

D. 风景点宜在傍晚游人稀少时追肥

15. 树种不同，对养分的需求不一样，施用的肥料种类也不同，杜鹃花、山茶花、栀子花、八仙花等花木应施(　　)。

A. 磷肥　　B. 酸性肥料　　C. 碱性肥料　　D. 中性肥料

16. 下列选项，不属于园林树木水分科学管理意义的是(　　)。

A. 确保园林树木的生长发育　　B. 改善园林树木的生长环境

C. 节约水资源，降低养护成本　　D. 对园林树木的园林功能发挥作用不大

17. 下列不属于干旱性灌溉的是(　　)。

A. 久旱无雨时灌水　　B. 夏季高温干旱时灌水

C. 早春缺水时灌水　　D. 花芽分化时灌水

18. 下列不属于地上灌水的是(　　)。

A. 机械喷灌　　B. 移动式喷灌　　C. 渗灌　　D. 人工浇灌

19. 不列不属于无机肥料的是(　　)。

A. 磷矿粉　　B. 尿素　　C. 硝铵　　D. 骨粉

20. 根外施肥包括叶面施肥和(　　)。

A. 土壤施肥　　B. 全面施肥　　C. 枝干施肥　　D. 穴状施肥

21. 下列关于古树的表述，不正确的是(　　)。

A. 通常是由嫁接繁殖而来　　B. 生长缓慢

C. 树体结构合理　　D. 多为深根性

22. 下列不属于土壤施肥的是(　　)。

A. 全面施肥　　B. 沟状施肥　　C. 穴状施肥　　D. 叶面施肥

23. 下列不属于有机肥料的是(　　)。

A. 磷矿粉　　B. 绿肥　　C. 泥炭　　D. 骨粉

24. 下列关于古树的表述,正确的是(　　)。

A. 通常是由嫁接繁殖而来　　B. 生长较快

C. 树体结构合理　　D. 多为浅根性

25. 下列属于地上灌水的是(　　)。

A. 喷灌　　B. 漫灌　　C. 渗灌　　D. 滴灌

26. 土壤的物理性质指的是(　　)。

A. 土壤的固、液、气三相物质组成及其比例

B. 缓效养分与速效养分搭配适宜

C. 大量、中量和微量营养成分的比例适宜

D. 土体为上松下实结构,保水保肥

27. 花芽分化前应该施以(　　)肥为主的肥料。

A. 氮　　B. 磷、钾　　C. 钙　　D. 镁

28. 肥料配方 10-8-6 表示肥料中含(　　)。

A . 10% N　8% P　6% K　　B. 10% N　8% P_2O_5　6% K

C . 10% N　8% P　6% K_2O　　D. 10% N　8% P_2O_5　6% K_2O

29. 树木施用基肥的最佳季节是(　　)。

A. 春季　　B. 夏季　　C. 秋季　　D. 冬季

30. 从提高成活率和降低成本来看,栽植树木最好在(　　)。

A. 休眠期　　B. 萌芽期　　C. 开花期　　D. 果实生长期

31. 当树木的生长出现异常时,对其进行诊断的顺序是(　　)。

A. 叶—枝—干—根　　B. 枝—叶—干—根

C. 干—枝—叶—根　　D. 根—干—枝—叶

32. 胸径 20 cm 的树木安全施肥量为(　　)。

A. 1.75～3.50 kg　　B. 3.5～7.0 kg　　C. 7.0～14.0 kg　　D. 14.0～28.0 kg

33. 0 ℃以上的低温对树木所造成的伤害称为(　　)。

A. 寒害　　B. 冻旱　　C. 冻害　　D. 霜害

34. 树木受到冻害的温度是(　　)。

A. 低于 0 ℃　　B. 0 ℃左右　　C. 0 ℃以下　　D. 降温达 10 ℃以上

35. 有关西南地区气候以下说法不对的是(　　)。

A. 有明显的干湿季　　B. 夏季旱　　C. 冬春旱、夏秋雨　　D. 常绿树夏秋栽

36. 国家环保局对古树名木的分级标准为:距地面 1.3 m 处、胸径在 60 cm 以上的柏树类、白皮松、七叶树,胸径在 70 cm 以上的油松,胸径在 100 cm 以上的银杏、国槐、楸树、榆树等,且树龄在 300 年以上的,定为(　　)。

A. 特级古树　　B. 一级古树　　C. 二级古树　　D. 三级古树

三、填空题

1. 造成树木营养贫乏的原因通常包括__________、__________、__________、__________、__________。

2. 施肥的方法有__________、__________。

3. 园林树木生长的肥沃土壤具有__________、__________、__________三大特点。

4. 园林树木引种驯化须注意__________、__________、__________、__________四点。

5. 落叶树种夏季栽植的主要养护措施为防__________、防__________。

6. 落叶树种秋、冬季栽植的主要养护措施为__________、__________。

7. 园林树木冬施基肥的主要方式有__________法、__________法。

8. 园林树木生长浇水施肥要掌握好三个时期：__________、__________、__________。

9. 常绿树种栽植的主要越冬养护措施为__________、__________。

10. 常绿树种夏季栽植的主要养护措施为__________、__________。

11. 绿地排水主要有__________、__________、__________和__________四种方法。

12. 树体衰老期的更新栽培措施之一为__________，可结合__________进行。

13. 园林树木栽培中，秋施基肥的主要方式有__________法、__________法。

14. 古树名木存活的生物特征有五个__________、__________、__________、__________、__________。

15. 古树名木的存活环境多是__________、__________和__________三种情况造成的。

四、判断题

(　　)1. 园林树木栽培的肥料管理中，夏季追肥多采用辐射状沟施法。

(　　)2. 园林树木栽培中，基肥多为迟效性有机肥，以秋季土施为宜。

(　　)3. 园林树木栽培的肥料管理中，夏施基肥多采用叶面喷洒法。

(　　)4. 园林树木栽培肥料管理中，叶面追肥多为速效性无机肥，主要在生长季施用。

(　　)5. 园林树种中具肉质根系的玉兰科树种多为耐涝性较差的树种。

(　　)6. 耐旱树种的生理特性为叶面气孔数少、角质层厚。

(　　)7. 防风树种选择以深根性、韧枝条者为佳，如悬铃木、梧桐。

(　　)8. 物候期的发生主要受遗传性控制，如萌芽期的先后顺序为桃树、柳树、海棠。

(　　)9. 为保持花果丰盛壮年树的花芽分化能力，应增施 P、K 肥、调节花果量。

(　　)10. 根颈停止生长进入休眠最晚，而解除休眠最早，所以极易受初冬和早春低温的危害而受冻。

(　　)11. 水体、建筑物等小气候条件的利用，对园林树木引种栽培具有重要意义。

(　　)12. 冬季最冷月旬平均温度是影响园林树木"北树南移"的限制性温度。

(　　)13. 影响园林树木引种栽培的主要地理因子为地形、地势和土层深度。

(　　)14. 园林树木栽培肥料管理中，冬季追肥多采用环状沟施法。

(　　)15. 树干涂白不仅可以防寒还能够防治病虫害。

(　　)16. 花芽分化前应多施氮肥。

(　　)17. 古树名木的养护管理，以掌握衰老期更新措施为要。

五、问题与案例分析

1. 简述园林树木的水分管理意义及树木的需水特性。

2. 园林树木施肥的主要方法有哪些?

3. 简述树木施肥时的注意事项。

4. 简述树干涂白的作用。

5. 简述园林树木在休眠期灌水的必要性。

6. 试述树洞处理的方法步骤。

7. 简述古树名木的养护管理措施。

8. 简述保护古树名木的意义。

9. 古树名木的存活原因? 危及古树衰老死亡的环境因素有哪些?

10. 为什么要保护古树名木? 树木衰老要采取哪些措施使古树复壮?

11. 根据什么标准判定园林树木管理的质量? 不同季节采取哪些保护性养护技术?

12. 园林树木为何会发生冻害? 如何预防?

案例分析:园林巨匠、"梅花院士"、国际梅品种登录权威、一生奉献在园林行业的陈俊愉先生,荣获中国观赏园艺终身成就奖、中国风景园林终身成就奖、中国梅花研究终身成就奖,是一位倍受尊敬的园林教育家,他开创了中国植物品种国际登录之先河。受梅花凌寒绽放精神的激励,他硬是用播种法把南京梅花山和洞庭湖一带的梅花向北移了两千公里。北京园林局则采用了"苗木移栽法"栽培梅花。分析我们可以采取哪些措施保证梅花引种苗木栽植成活。

项目五知识巩固参考答案

项目六

常见园林用途的园林树木栽培养护技术

素养目标

☞ 培养学生的责任意识，提升专业素质；
☞ 加强学生的沟通和团队合作能力；
☞ 提高学生分析实际问题和临场处理问题的能力。

知识目标

☞ 掌握行道树、独赏树、丛植树、地被树等各类型园林树木的功能；
☞ 掌握其相关栽培养护方法及措施。

技能目标

☞ 熟悉各类型园林树木栽培养护的技术流程，并能实际操作实施；
☞ 具有较强的现场分析能力，能融会贯通、举一反三地解决各种实际问题。

任务1 行道树的栽培养护技术

一、行道树的分类与功能

（一）行道树的分类

行道树是城镇园林绿化的重要组成部分，常以线的形式串联着城镇中分散的各类景观绿地，是整个城镇园林绿地系统的网络与骨架。它不仅完善了城镇道路服务体系，改善了交通环境，还对其生态环境的保护发挥着十分重要的作用，是衡量一个城镇的绿化和景观质量的重要指标。行道树代表着城镇形象，根据道路的类别，大致分为三大类：街道行道树、公路行道树以及甬道行道树。城镇使用较多的行道树种有悬铃木、椴树、白榆、七叶树、枫杨、喜树、银杏、樟树、广玉兰、含笑、女贞、青桐、池杉、榕树、水杉、苦楝、合欢、千头椿、毛白杨、白蜡树、国槐、栾树等。

按照行道树栽种形式分为种植在种植带内和种植在种植穴内两种。一般在交通、人流量不大的情况下，可设置种植带，宽度一般根据道路具体宽度和功能而定。而在道路较窄，人流量较大，老旧的街道上，则可采用种植穴的形式。目前，种植穴栽植是主要的方式。

(二)行道树的功能

1.交通安全功能

行道树种植在道路两边可以引导汽车驾驶人员的视线,避免汽车偏离道路方向。不同道路的树种有所差异,形成的各类道路景观也可以减缓驾驶人员的疲劳感。行道树高大的树干和柔软的枝叶可以减缓车辆失控冲入车道或人行道造成的冲击,在一定程度上成为了车道间的安全屏障(图 6-1)。

图 6-1　城市行道树

2.生态功能

行道树在城市绿化中具有重要的生态功能,能有效地改善城市环境,如遮荫、调节局部环境温度、增加湿度、吸附灰尘、杀死有害病菌、净化空气、降噪等。行道树还能为城市野生动物提供极其可贵的栖息环境。此外,还具有防火、防风等减轻自然灾害方面的功能。

3.美学功能

城市行道树整体的树形、树态以及其枝、叶、花、果、干皮都具有一定的观赏价值,是城市里一道靓丽的风景线。行道树还能通过季相的变化、动人的花香以及随风摇曳的枝叶作用于人的视觉、嗅觉和听觉,让人获得心理与生理上的愉悦感受,极大地提升了城市居民的生活质量(图 6-2)。

图 6-2　银杏作为行道树

4.文化功能

行道树代表着一个城市的历史发展,是不可忽视的文化符号,起着展示城市形象、体现城市风貌、反映城市特色,传递城市精神的作用。

二、行道树树种的选择及定干高度

(一)行道树树种的选择

由于行道树生长受到城镇很多特殊环境条件的制约,如建筑物、地上地下管线、行人活动等,而且还要满足多种功能的要求,因此,对树种的选择要求相对严格。尽管城镇绿化的树种很多,行道树的选择标准也各有侧重,但总体来说应具备如下特点:移植成活率高,树势强健(可以适当加大乡土树种的使用比例);耐旱;对土壤、水肥要求不高;病虫害少、抗性强;寿命相对长、萌发力强、耐修剪、抗风;主干端直、分枝结构好、树形树冠优美、遮荫效果好,花叶四季有景的更佳;无刺激性气味、花果无毒害、无污染、无飞絮、没有能对人产生伤害的刺和毛等。

(二)定干高度

定干高度是指大树从地面至树冠分枝处即第一个分枝点的高度,将直接影响到道路车辆或人员的通行安全。

行道树定干高度,以其功能、道路性质、交通状况、道路宽度及行道树与车行道的距离和树木分枝角度而定。一般干高不应小于2.5～3.0 m。在路面较窄或有大型车辆通过的地段最好3.5 m以上,在较宽的路面或步行商业街上可适当降低高度。分枝角度小的树种也可适当低些,但都不能低于2 m(图6-3)。另外,行道树定干高度在同一条道路上的应保持相对一致,树体大小尽可能匀称、整齐,避免因大小不均、高低不一的情况,从而影响到景观效果,带来管理上的不便。

图6-3　该行道树定干高度严重影响行人通行

三、行道树栽植特点与方法

行道树具体栽植方法和前面所讲的树木栽植方法一致,如属于大树移植的,则按照大树移植的流程施工。但是行道树的立地环境、承载的功能极为特殊,因此在栽植过程中有如下特点值得我们注意。

(一)确定定植株距

由于行道树以大树居多,树体之间的影响较为明显,为了保证行道树能发挥其应有的功能,必须确定出合理的定植株距。定植株距应根据所选择的树木的类型、行道树树种和成年期的冠幅来确定。

一些高大乔木、阔叶树定植株距一般为5～8 m,中小乔木3～5 m,大灌木2～3 m。但在种植前期树木规格较小又需要很快形成遮荫效果时,可适当缩小为2～3 m,等树冠长大后再进行抽稀,最后定植株距为5～6 m比较合适。

(二)确定种植形式和方法

1.树池式

在人行道狭窄或行人过多的街道上为了美化道路和保证行道树正常生长,常采用树池种植行道树。这种栽植方式占地面积小，可留出较多的铺装地面以满足交通及人员活动需要，但行道树生长情况的好坏与树池筑造和管理息息相关。

行道树的树池方形或圆形居多（图 6-4、图 6-5），其边长或直径不宜小于 1.5 m，长方形树池短边不应少于 1.2 m。但在现实中很多街道为了最大限度地扩大道路面积，树池内径面积甚至不足 1 m^2，这是极不妥当的做法，因为过于狭小的树池会严重影响到行道树根系的生长发育。

图 6-4　椭圆形树池

图 6-5　方形树池

行道树的栽植位置应位于树池的几何中心，最好不要偏向一侧，以免导致根系发育受阻，伸展不均匀，削弱树势（图 6-6、图 6-7）。

图 6-6　大树没有栽植在树池中心位置

图 6-7　导致行道树死亡

人行道上进行树木栽植，由于人流密集，公共活动空间需求量大，一般种植穴的面积都比较小，树盘土壤面积仅为 1～2 m^2，有时铺装材料甚至会一直铺到树干基部。这样会使土壤无法与外界进行气体交换，吸收根系缺乏足够的生长空间，将严重影响到大树的生长。因此，大树要养好，树盘处理很关键，在树木栽植和养护时须对其作特殊处理。

首先，应保证栽植人行道路上的大树基部有足够的土壤面积，但是土壤不能裸露，因此需要对树盘土壤进行覆盖。有时为了节约成本，扩大使用面积，直接用硬质铺装材料去覆盖树盘，这是极其错误的做法。其一阻断了土壤和大气的气体交换，地面被封闭气体交换受阻，导致土壤中氧气含量低，土壤微生物活性大大减弱，使得土壤贫瘠。而且树木根系无氧呼吸和土壤有机物腐烂过程释放出来有害的气体会对行道树根系直接造成伤害。其二透水性差。大多数雨水会形成地面径流流走，这样行道树对雨水的吸收利用极为有限，使大树根系长期处于缺水状态。其三大面积的硬质铺装，到了夏季会充分吸热，使土壤温度显著升高，其根系、树干基部都可能会受到高温灼伤。其四由于栽植行道树的种植穴通常较为狭小，某些树种的根系生长非常强势，久而久之会逐渐钻出地面，顶坏铺装，影响道路安全与美观性(图 6-8、图 6-9)。

其实我们有很多方法来解决这一问题。例如，在树盘土壤里栽植地被花草或灌木，一方面提升景观效果；另一方面能起到保水、减少扬尘的作用(图 6-10)。但由于人流密集，树盘经常遭到人为践踏，加之养护不力，树盘内的花草不久就会死亡，失去覆盖作用(图 6-11)；在树盘上铺设木板也是一种常见的处理方法(图 6-12)，但施工麻烦效率低，寿命也很短，木质的易腐烂，实用性不强。如今，随着技术的发展，采用树脂或金属篦子盖板来覆盖行道树的树盘，在各大城市得到广泛应用(图 6-13)，这种盖板不但耐腐蚀、耐磨损、耐老化，还具有透气性好的特点，能承载一定的重量，满足人流通行。但是盖板与树干基部结合的位置，一定要留有充足的空间，避免大树加粗生长后盖板边缘嵌入树干体内(图 6-14)。

图 6-8　行道树根系顶坏道路铺装

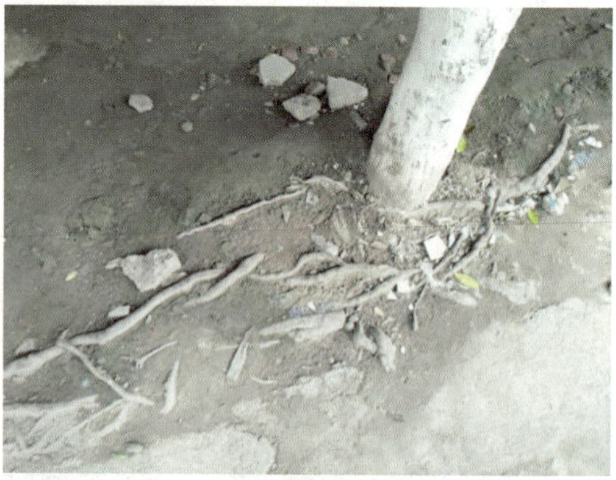

图 6-9　穿出地面的根系

图 6-10　用草花来覆盖树盘

图 6-11　树盘上覆盖的地被植物不少已经死亡

图 6-12　用木板覆盖树盘

图 6-13　树脂篦子板覆盖树盘

2.种植带式

种植带式是指将行道树种植在不加铺装的长条状种植区域内，其种植形式通常比较自然。种植带宽度一般不小于 1.5 m，可以种植草皮、时令草花、灌木绿篱等，还可以种植其他类型的乔木与行道树共同形成一个为行人提供荫蔽的走廊空间(图 6-15)。种植带可以应用在人行道和车行道之间，当作隔离带使用；也可运用在用地比较宽裕的区域，如路边绿化带内。通过这种方式来种植行道树，可以为其提供充足的生长空间，土壤、水分、光照等条件也较好，是目前比较理想的种植形式。

图 6-14　盖板与树干基部结合的位置留有足够的空间

(三)安全视距

行道树设计时需要考虑交叉道口的行车安全，在道路转弯处必须空出一定的距离，使驾驶员在通过路口或转弯之前能看到侧面道路上的通行车辆，防止交通事故发生。根据两条相交道路的两个最短视距，可在交叉口转弯处绘出一个三角形，称为“视距三角形”。在此三角区内不能有构筑物、高大的乔灌木等。因此，行道树设计也要避开这个视距三角形，一般留有 30～35 m 的最小安全视距为宜(图 6-16)。

图 6-15　以种植带的形式栽植行道树

(四)与工程管线之间的关系

城市工程管线一般多沿道路走向布设，很容易影响到行道树的正常生长，故在栽植行道树之前应综合考虑树木与地上地下设施的关系，合理利用地下空间，保证树木必要的立地条件和生长空间。行道树距车行道边缘的距离不应少于 0.75 m，以 1.0～1.5 m 为宜，距建筑的距离不宜小于 5 m。种植穴的中心位置与地下管道的水平距离不小于 1.5 m。树木的枝条与高空电线的距离也应在 5 m 以上，必要时需适当修剪和设置其他防护措施。

图 6-16　路口转弯处不能种植大型乔灌木

四、行道树的栽培养护

(一)施肥

充足的养分供应是促使树木枝繁叶茂的重要条件，但由于考虑到城市道路的环境要求，各条街道上树木的枯枝落叶常被看成垃圾清除掉，这些营养丰富的有机物不能被大树旁边的土壤所吸收，造成了土壤营养循环中断。加之与外界的空气、水分联系少，久而久之种植土壤会越来越贫瘠。因此，必须及时为行道树人工施肥，补充营养，才能满足行道树的正常生长。

施肥时间一般是在早春和深秋两次，也可以根据树势情况增加施肥次数。一般采用的方法是在大树基部周围挖沟施肥(图 6-17)，有时候刨土挖沟不便的也可以采用在行道树盘四角打孔，一般孔深 30 cm 左右，直径约 5 cm，再插入缓释型棒肥。这种施肥方式既满足了行道树对养分的需求，又改善了土壤的通透条件，对提高新栽行道树成活和老树复壮具有良好效果(图 6-18)。当然也可以进行根外追肥的形式给行道树增加营养。

图 6-17　行道树挖沟施肥

图 6-18　行道树打孔施肥(引自恒大园林)

(二)水分管理

与其他树木一样,行道树体内只有保持良好的水分状况才能保证树木的正常生长发育,满足其栽培目的。

在正常情况下种植穴内的土壤能起到涵养水源的作用,有能力为大树的水分供应做到多吸少补。而现在城市路基、各种管线等地下设施的存在,使得土壤厚度降低,限制了行道树根系的生长,加上地表铺装的增多,行道树的栽植环境就像一个大花盆,大树就是一棵“盆栽花”,水多了容易涝,水少了极易干旱,养护起来非常麻烦。而且道路硬质铺装面积很大,雨水很难渗入土壤,这样行道树接受雨水的补给极为有限,导致地下水位也大幅度降低,使得树体吸收地下水的可能性也越来越小,在这种情况下行道树就需要人工补水。补水的方法可根据实际情况来定:树池宽大,树盘处理合理的可以采取灌水的方式补水;树盘土壤面积狭小灌水困难的,则需进行叶面浇水,注意必须将树叶正反两面都淋到,直至整个树冠都缓慢滴水为止。

新栽植的行道树一年内灌水不少于 3 次。主要是春季萌芽前浇一次,生长旺盛期浇一次,冬季浇一次冻水。浇水时一定要浇透,才能达到效果。3 年以上的大树,其根系已经很发达,浇水可根据当年降雨量来定。

(三)合理修剪

应做好行道树的定期整形修剪工作,修剪要求行道树在保持树木外形美观、不偏冠、不影响交通的前提下,以疏剪为主,及时剪除徒长枝、过密枝、病虫枝、萌蘖枝、内膛枝、重叠枝、下垂枝等,尽量减少地上部分的营养消耗,合理控制行道树地上与地下部分的长势平衡,保持树形。

当然不同年龄阶段的树木,修剪要求也不同。幼树以轻剪为主,目的是准备主侧枝,扩大树冠,形成良好的形体结构;成年树则以平衡树势为主,做到“强枝弱剪,弱枝强剪”即可。另外同一条路上同一树种分枝点高度要一致,枝下高要求统一,可以考虑逐年提高。顶端优势明显的树种,还要注意树冠顶部的修剪,以控制树体高度,留有足够的净空空间,有利于防风和交通安全(图 6-19)。

(四)病虫害防治

病虫害防治是行道树养护管理中的重要工作内容,防治不当将影响其功能,甚至会导致整株死亡。为此要做到早预防、早发现、早治疗,在防治的关键时期用药,采用多种措施共同防治。

一般的处理方法是在春、夏季节初期及时喷施广谱性灭菌杀虫剂,在病虫害暴发之前起到预防的作用。如果已经遭到侵害,则要加强修剪工作,赶快清理病虫枝并烧掉,再喷施相对应药剂治疗。入冬前的树干涂白工作也是行道树病虫害防治的重要手段,可以起到限制害虫,减少土传病害,防晒、保温的作用。涂白材料可用生石灰、硫黄、水按比例配成,在刷涂的过程中一定要仔细,不能留缝隙。树干的涂白高度一般在 1.2 m 左右,为了美观涂白高度必须保持一致(图 6-20)。

(五)加强行道树保护

在道路这种特殊立地条件下,车流和人员活动极为频繁,行道树很容易受到人为的干扰和伤害。如擦刮伤树皮、钉挂杂物、捆绑铁丝、大树附近堆放垃圾、倾倒废水等,这些情况都会严重影响到大树生长。在这方面一定要做好保护措施,严加看管并及时制止不文明行为的同时加强宣传教育,提高居民爱护树木、保护环境的意识。

图 6-19　行道树顶部不宜过高

图 6-20　行道树涂白高度必须保持一致

五、常见行道树的栽培养护

(一)悬铃木　悬铃木科,悬铃木属

1. 生态习性

悬铃木是阳性速生树种,有一定耐寒耐旱能力,生长迅速,抗逆性强,不择土壤,萌芽力强,很耐重剪,抗烟尘,耐移植,大树移植成活率极高。对城市环境适应性特别强,具有超强的吸收有害气体、抵抗烟尘、隔离噪声能力。悬铃木有"行道树之王"的美称,广泛应用于城市绿化,在园林中孤植于草坪或旷地,列植于街道两旁,尤为雄伟壮观,又因其对多种有毒气体抗性较强,并能吸收有害气体,用于街坊、广场、校园绿化颇为合适,果可入药。但由于其幼枝、叶片密生茸毛,如吸入呼吸道会引起肺炎,故幼儿园、养老院等特殊场所较少应用。

2. 栽培养护要点

悬铃木用于行道树或庭荫树时,可用 4 年生苗,在北方定植后应采取裹干、涂白、包枝等防寒措施。移栽较易成活。

悬铃木萌芽性强,很耐修剪,如果修剪合理,即可保持树体优美的外形,若修剪不合理,也可在下次修剪时及时弥补,达到其应有的树形效果。修剪可在统观整个树体、决定今后培养方向的基础上,先剪直立枝、下垂枝,再剪病虫枝、交叉枝、细弱枝、内向枝以及影响交通设施的枝条,最后留 3～4 个强壮主枝。所留主枝应有利于今后整形,长势强壮,开张角度适中。

冬季整形修剪对悬铃木的生长及树形有重要影响,及时合理的修剪,能在短期内使树形雄伟端正、挺拔优美,枝干疏密有致,侧枝多而匀称,叶片浓绿繁茂,树体自然免疫力增强。在秋冬季树叶脱落、土壤结冻、树体休眠至次年春季树液流动前均可施行。对于新栽的幼树,当干高达 2.5～3.0 m 时短截,称为"定干"。对于已成形的悬铃木,每年冬季也应对其进行全面的修剪。注意培养主枝优势,剪除病虫枝、直立枝、重叠枝、过密的丛生枝及侧枝。回缩过长的主枝,刺激主、侧枝基部抽生枝叶,防止光秃,保证较厚的叶幕层。

常见病虫害为白粉病、星天牛、六星黑点蠹蛾和褐边绿刺蛾等。多采用人工捕捉或黑光灯诱杀成虫、杀卵、剪除病虫枝等集中处理方法。

(二)国槐　蝶形花科,槐属

1.生态习性

国槐是华北平原及黄土高原常见的树种。性耐寒,喜阳光,略耐阴,不耐阴湿而抗旱性强,在低洼积水处生长不良。深根性,对土壤要求不严,较耐瘠薄,石灰及轻度盐碱地上也能正常生长。但在湿润、肥沃、深厚、排水良好的沙质土壤上生长最佳。耐烟尘,能适应城市街道环境。病虫害不多。寿命长,耐烟毒能力强。甚至在山区缺水的地方也能成活。

国槐树冠广阔,枝叶繁茂,寿命长,且较耐城市环境,是良好的行道树和庭荫树。花富蜜汁,是重要的蜜源树种,花蕾可作染料,树皮及根有清泻之效。。因其耐毒能力强,又是厂矿区的良好绿化树种。其变种龙爪槐是我国庭院绿化中的传统树种之一,常成对的配植于门前或庭院中,又宜植于建筑物前或草坪边缘。

2.栽培要点

每年在春季生长停止后,一般在 7 月上旬,要适时截干,将顶端弯曲部分剪去,发出新枝后,选择一个垂直向上的枝作新的主干;为了利于树干的加粗生长,加快木质化进程,避免树干弯曲。在不影响主干生长的情况下,尽量多保留一些侧枝。水平枝和接近水平的枝一般不剪,让其自然整枝。影响主头生长的竞争枝要及时剪掉。对不形成竞争生长的其他侧枝控制其生长,当其粗度达到主干粗度的 1/2 时应及时剪除。防止主干尖削度过大,同时提高主干高。若剪除过晚伤口大不利于愈合。

常见病虫害:烂皮病、瘤锈病;刺角天牛、尺蛾、夜蛾、桑白盾蚧、康氏粉蚧、榆线角木蠹蛾、蚜等。

(三)银杏　银杏科,银杏属

1.生态习性

银杏喜光,喜湿润而排水良好的深厚沙质土壤,以中性或微酸性土最适宜。较耐旱,耐寒性强,能在 −32.9 ℃ 的低温下种植成活,但生长不良。深根性,发育较慢,寿命长,可达千年及以上。

银杏是我国古来习用的绿化树种,该树树姿雄伟,叶形秀美,寿命长,少病虫害,是优良的行道树、独赏树、庭荫树,尤其在秋季,树叶一片金黄极为美观。常见于寺庙殿前对植。若选作街道绿化树,宜选择雄株,以免种实污染行人衣物。若大面积用银杏绿化时,可多种雌株,将雄株植于上风带,可利于籽实的收获。江苏如皋九华乡有 1 000 年以上的雄株,胸围 6.96 m,高 30 m,冠幅 30～40 m。雌株一般 20 年左右能开花结实,500 年生的大树仍能正常结实。

2.栽培养护要点

银杏是珍稀名贵树种,又是特种经济果树,近年来白果收购价格也不断提高,但银杏生长缓慢,一般要 20 多年才能结实(雄树开花、雌株结实),且产量低。通过嫁接、选择优良品种、合理密植及加强经营管理,可使银杏早实丰产(嫁接树 3～5 年可结实)。

银杏以秋季带叶栽植及春季萌发前栽植为主,秋季栽植最好,在 10—11 月份进行,可使苗木根系有较长的恢复期,为第二年春地上部发芽做好准备。银杏的移植,直径在 5 cm 以下的裸根种植,6 cm 以上一般要带土球。大树栽植,尽量不要大水漫灌,因为银杏的根系呼吸量大，大水漫灌，使根系缺氧窒息而发不出新根，根系逐渐腐烂。

银杏一般不用修剪，因为银杏新梢抽发量少，即使是苗圃里的苗木，也应尽量地保持多的枝叶，以利其加速增粗。银杏为雌雄异株，异花授粉，所以结果树应配置授粉树，银杏的授粉能力很强，在微风下顺风 25 km 都是有效的授粉区。

常见病虫害　立枯病、小卷叶蛾、天牛。

(四)栾树　无患子科，栾树属

1. 生态习性

栾树原产于我国北部及中部，多见于低山及平原。喜光，稍耐半荫；适应性强，耐寒、耐干旱和瘠薄能力强，喜欢生长于石灰质土壤中，耐盐渍及短期水涝。深根性，萌蘖力强，生长速度中等。有较强的抗烟尘能力。在中原地区多有栽植。

树姿优美端正，枝叶繁茂秀丽，春节嫩叶多红色，入秋叶色变黄，夏季开花，满树金黄，十分美丽，是优良的绿化、观赏树种。宜作行道树、庭荫树及园景树，也是作防护林、水土保持及荒山绿化的树种。

2. 栽培养护要点

栾树属深根性树种；宜多次移植以形成良好的有效根系。播种苗于当年秋季落叶后即可掘起入沟假植；翌春分栽。由于栾树树干不易长直，第一次移植时要平茬截干，春季从基部萌发新枝条，选留通直、健壮者培养成主干。第一次截干达不到要求的，第二年春季可再行截干处理。以后每隔 3 年左右移植一次，移植时要适当剪短主根和粗侧根，以促发新根。

整形修剪：栾树树冠近圆球形，树形端正，一般采用自然式树形。因用途不同，其整形要求也有所差异。行道树用苗要求主干通直，及时剪去过低枝，枝下高要求 2.5～3.5 m，树冠完整丰满，枝条分布均匀、开展。庭荫树要求树冠庞大、密集，第一分枝高度比行道树低。生长期及时去除萌芽枝、萌蘖枝。修剪一般可在冬季或移植时进行。

常见病虫害：栾树流胶病、光肩星天牛、日本双脊长蠹、栾多态毛蚜等。

(五)楝树　楝科，楝属

1. 生态习性

在我国华北南部至华南，西至甘肃、云南均有分布，多生于低山及平原处。喜光，不耐庇荫，喜温暖湿润气候。对土壤要求不严，在酸性、中性、钙质土及盐碱土均可生长，稍耐干旱，也能生于水边，但以深厚、肥沃湿润的壤土或沙壤土最适宜。萌芽力强，抗风，生长快。对二氧化硫抗性较强，对氯气抗性较弱。

楝树的树形优美，叶形秀丽，春夏季开淡紫色的花，很是美丽，且有淡香。楝树是重要的“四旁”绿化及速生用材树种，加之较耐烟尘，抗二氧化硫，是良好的城市及工矿区绿化树种，宜作行道树及庭荫树。在草坪孤植、丛植或配植于路旁、池边、坡地都很合适。

楝树木材轻软，纹理直，易加工，可供建筑、家具、乐器等使用。树皮、叶、果实均可入药，有止痛、驱虫之功效。种子可榨油，制油漆、润滑油等。

2. 栽培养护要点

楝树苗根系不很发达，移栽时不宜对其根部过度修剪，移栽时期宜在春季萌芽前，随起随栽，秋冬季移栽易发生枯梢现象。楝树常分枝低矮，影响主干高度和木材使用价值，可采用“斩梢接干法”，即连续两三年在早春萌芽前，用利刀斩梢1/3～1/2，切口平滑，并在生长季及时摘去侧芽，仅留近切口处1个壮芽作主干培养，可促使主干高而直。

常见病虫害：病虫害常在苗期发生，主要是立枯病、蛴螬和蝼蛄。

(六)合欢　豆科，合欢属

1.生态习性

常见于我国黄河流域及以南各地的生于路旁、林边及山坡上。合欢喜温暖湿润和阳光充足环境，对气候和土壤适应性强，宜在排水良好、肥沃土壤生长，但也耐瘠薄土壤和干旱气候，但不耐水涝。耐寒力略差，华北地区宜选择平原或低山区栽植。生长迅速，分枝点较低。对氯化氢、二氧化硫有一定抗性，适于厂矿、街道绿化种植。合欢树冠开阔，叶形雅致，盛夏时节绒花满树，色香俱全，给人轻柔舒畅的感觉，宜作行道树、庭荫树、“四旁“绿化树种，植于林缘、房前、山坡、草坪、河岸等地。

2.栽培养护要点

合欢育苗主干易倾斜而分枝过低，为使主干通直，分枝点高，育苗期内可合理密植或与高杆作物间作，并及时修剪侧枝和扶直主干。对生长较弱的苗，可在翌年春季发芽前齐地面截干处理，促使发出粗壮通直主干。合欢的移植宜在芽萌动前进行，大树移植后应设支架，以防被风刮倒。作为行道树应注意截干高度，最好能在5 m以上。1～2年生苗，在华北地区需防寒越冬。冬季可于树干周围开沟施肥1次。定植后加强养护管理，5～6年生树开始开花。

做好病虫害防治工作，特别是控制合欢枯萎病的发生。常见虫害有星天牛、合欢吉丁、合欢黄粉蝶、麻皮春、木槺尺蠖等。

(七)紫叶李　蔷薇科，梅属

1.生态习性

华北及以南地区常见彩叶树种。喜光，也稍耐阴，抗寒、适应性强，以温暖湿润的气候环境和排水良好的沙质土壤最优。怕盐碱和涝洼。浅根性，萌蘖性强，对有害气体有一定的抗性。紫叶李树枝广展，红褐色而光滑，叶自春至秋呈红色，尤以春季最为鲜艳，花小，白或粉红色，是优良的园林绿化及观光果园树种。

2.栽培养护要点

紫叶李喜湿润环境，要加强灌水和排水工作，但进入秋季要控制浇水，防止因水大而使枝条徒长，冬季易遭受冻害。施肥要适量，一般每年秋末施一次即可，肥量大或次数多，会使叶片发暗，影响观赏价值。

紫叶李常修剪成疏散分层形，使其树冠开张，主干明显，主枝错落有致。自然开心形的树形也较多应用，树冠通透性好，观赏效果也不错。需注意的是，在对各层主枝进行修剪的时候，应适当保留一定数量的侧枝充实树冠，在树形基本形成后，每年只需要剪除过密枝、枯死枝、下垂枝、重叠枝、交叉枝即可。

常见病虫害：黑斑病、细菌性穿孔病及蚜虫引起的煤污病，红蜘蛛、刺蛾和布袋蛾。

第二课堂活动

近日接到群众反映"陈寨社区3号楼前部分行道树'野蛮生长',影响居民家中采光",通过园林社团活动,根据行道树特征特性、生长实际情况等,再结合行道树的养护技术规程,分组制定一套科学合理的养护方案,还居民一个安全舒心的居住环境。

任务2 独赏树的栽培养护技术

一、独赏树的功能与选择

(一)独赏树的功能

独赏树又称孤植树、赏形树、独植树,要求树体高大、树姿优美、端庄,能表现树木的个体美,既可以独立成景观,在园林景观中往往起到画龙点睛的作用,具有较高的观赏价值、文化价值和经济价值。

1.观赏价值

独赏树常在园林景观中,运用其以少胜多、以小胜大的特质,突出自己的个体美。陈丛周先生的《说园》一书中曾指出"花木重姿态",有树木就必有形,有形就必有态。独赏树的观赏价值也是由不同部分的形态所表现出来的。例如,宽大荫浓的树冠体现出来的体量美(图6-21);树干光滑、斑驳、粗糙嶙峋体现出来的质感美(图6-22);春天桃红柳绿、夏天万绿重重、秋天色彩斑斓、冬天婀娜多姿所体现出来的季相美等(图6-23)。

图6-21 高大的皂荚树

图6-22 桉树光滑的树皮

图6-23 秋季银杏展现出的季相美

2.文化价值

在城市绿地建设中有很多独赏树是在原生地遗留下来的名木古树。名木古树见证着环境与历史的变迁，承载着历史、人文与环境的信息。它联系自然山水与建筑景观时，往往构成独立的景点，在展现地域特色、突出人文、历史价值等诸多方面有着巨大的作用。例如，“扬州八怪”中的李蝉，其名画“五大夫松”是泰山名松的艺术体现。又如，北京故宫御花园清乾隆年间种植的“连理柏”，由两棵古柏组成，双柏的主干相对倾斜生长，上部缠绕在一起，相交的部位已经合为一体形成一棵树，这样“连理”的形态象征着忠贞的爱情。还有嵩阳书院的“将军柏”，苏州拙政园的明代紫藤，潭柘寺内被称为“帝王树”的古银杏等。

3.经济价值

独赏树往往都是大树，加之具有较高的观赏、文化价值，从直接经济价值来讲每一棵树都价值不菲。随着人们生活品质的提高以及对良好生态环境的追求，更是催生着生态旅游的兴起。独赏树在调节局部小气候、美化环境、提升人们幸福感等方面所产生出来的间接经济价值远远超过其本身。

(二)独赏树的选择

独赏树无论什么时候都是整个植物构景的视觉中心和结构主干，可以起到提示景观重点、引导人视线上升、提升环境品质的效果。独赏树重在体现其个体美，所以要求选择体型高大、树姿挺拔、姿态优美、色彩鲜明的乔木，并且要求整棵大树在任意一个方向上都极具观赏性。另外，为了延长独赏树的景观价值，还应选择寿命长、适应能力强的特色树种。因此当地种植历史悠久、观赏性强的乡土树种是较为理想的选择。不同地区常见独赏树种介绍如下。

1.华北地区

油松，松科，树形伞形，常绿乔木，喜阳，耐寒，耐干旱瘠薄土壤，寿命长，树形优雅，挺拔苍劲；罗汉松，罗汉松科，树形圆锥形，常绿乔木，风姿朴雅，观赏效果极高；雪松，松科，树形圆锥形，常绿乔木，树姿雄伟；黄槐，豆科，树形伞形，落叶乔木，偶数羽状复叶，花黄色，树姿优美。

2.华中地区

银杏，银杏科，树形伞形，落叶乔木，树干通直，秋天叶色金黄；悬铃木，悬铃木科，树形卵形，落叶乔木，喜温暖，抗污染，耐修剪，冠大荫浓；枫杨，胡桃科，树形伞形，适应性强，果实有翅，树冠宽圆丰满如元宝状，所以也称之为“元宝枫”“元宝树”；香樟，樟科，树形圆形，常绿乔木，有香气，树皮有纵裂，生长快，寿命长，树形极为美观；鹅掌楸，木兰科，树形伞形，落叶阔叶树，喜温暖湿润气候，抗性强，生长快，叶形似马褂，花黄绿色，大而美丽；合欢，豆科，树形伞形，落叶乔木，花粉红色，树干直。

3.华南地区

榕树，桑科，树形圆形，树冠宽大，常用于遮荫，干枝上有丰富的气生根，生长迅速；广玉兰，木兰科，卵形，常绿乔木，早春先花后叶，花大白色清香，观赏价值极高；酒瓶椰子，棕榈科，树形伞形，树基部椭圆肥大，形似酒瓶，造型奇特；棕榈，棕榈科，树形伞形，干直立，生长强健，树形优美；蒲葵，棕榈科，树形伞形，干直立，叶圆形，叶柄边缘有刺，生长茂盛，姿态别致。

4.东北地区

黑松，松科，塔形，常绿乔木，树皮灰褐色，树形高耸有形；白皮松，松科，宽塔形至伞形，常绿乔木，树姿优美，树干斑驳，苍劲有力；金钱松，松科，塔形，常绿乔木，叶色黄绿，树姿刚劲挺拔；水杉，杉科，塔形，落叶乔木，树干笔直巨大，小枝下垂，叶条状，秋天树叶变黄，极具观赏价值。

二、独赏树栽植与养护

（一）独赏树的栽植

独赏树的栽植技术与一般的树木栽植基本相同，但树体通常较大，多数属于大树移植的范畴，所以必须严格按照大树移植流程，将各种措施落实到位，保证其成活率。

栽植时，需要注意的问题如下。

（1）在实际施工中，应根据造景要求注意调整好树冠朝向，将树体姿态最美丽的一面朝向主要的观赏者。必要时还可以适当调整树形姿态，根据实际情况适当倾斜或者横卧，尽力展现独赏树具备的所有美感。

（2）独赏树的形体、高矮、姿态等都要与空间大小相协调。在宽敞的草坪、高地、山岗或水边栽种，所栽植的树木必须特别巨大，这样才能与广阔的天空、水面、草坪产生较大反差，将独赏树的姿态、体形和色彩突显出来。如在林中草坪，小型滨水景观或庭院之中种植，其体形必须小巧玲珑才能与环境相协调。在山水之中种植独赏树，须与假山石相调和，树姿应选盘曲苍古的，树下还可以配以自然的卧石，以作休息之用。如果是在自然式景观中，应避免独赏树处在场地的正中央，而应该稍微偏向一侧种植，以形成更加协调、动感的景观效果。

图 6-24　宽敞的空间、干净的背景能衬托出大树的苍翠挺秀

（3）独赏树种植的地点，通常要求比较开阔，不仅要保证树冠有足够的空间，而且要有比较合适的观赏视距和观赏点。最好还要有像天空、水面、草地等自然景物作背景衬托，以突出孤植树在形体、姿态等方面的特色（图 6-24）。

（4）为了保证其景观效果，独赏树在栽种时必须要留出适当的视距供游人观赏，一般最适距离为树木高度的 4 倍左右（图 6-25）。

（5）独赏树种植在花坛、桥头、道路交叉口、道路转弯处、建筑的前庭后院以及植物组团之中，将其修剪成各种规则的几何造型，更能引人注目。

（6）由于树体体量较大，所以在实际移植施工中难度很高。除按照常规方法栽植以外，我们有必要根据实际情况实施一些特别措施，以确保大树长势，达到预期效果。比如

图 6-25　独赏树与观赏者之间留有足够距离

种植穴应该挖得更大一些，为根系创造更广阔的生长空间；确保种植土壤肥沃透气；在施工作业中要做到更加严密的保护措施，保证树形完整，树皮不受到伤害；必要时可以使用抗蒸腾剂、土壤保水剂、树冠喷雾等先进手段，竭力维持树体的水分平衡确保栽植成功。

（二）独赏树的养护管理

独赏树往往是植物景观的重心，是人们视线的焦点，移植过后只有做到比一般树木更为细致的管理养护工作，才能一直保持较高的观赏特性。其中区别于一般树木的养护措施如下。

1.独赏树移植完成以后，一定要及时做好支护工作

务必选择长短一致、匀称光滑的木杆支撑，并做好美化工作，不然会影响独赏树的整体美观效果。另外，支撑杆与树皮接触的部位要做好保护工作，避免伤害到树皮影响到大树外观和生长。比较好的一种方式是用绿色的无纺布将支撑杆与树干绑扎的部分包裹起来，这样既保护了树干，又使支撑杆与树体从外观上融为一体，显得不那么突兀（图 6-26）。

图 6-26　绿色无纺布使支撑杆与树体从外观上融为一体

2.不同营养液输入法促进独赏树成活、成景

独赏树因其较高的经济价值和景观作用，使得我们必须花很大力气帮助它尽早恢复树势，尽量百分之百保证其成活、成景。除常规的浇水措施外，还要经常为新移植的独赏树输液，以快速补充水分和营养。在实施过程中，通常选择在树根部以上或根颈部位打孔输液。这种方式输液部位低，液体在向上输送过程中有较长的时间向树体四周扩散，扩散的面积越大，营养液在全株的分布也更均匀，效果更好。而且伤口位置低、愈合也快，便于堆土保护。

但是独赏树通常都很高大，而且多分枝、丛生树种也比较多，如果还按照上述方法输液的话，液体输送路程较远，水分根本运输不到上部枝条去。另外，多分枝的或冠幅较大的大树，树枝多而分散，也无法吸收到水分。因此对于树体高大的独赏树可采取接力输送法，在主干中上部位及主枝上打孔，让药液均匀分布全株；丛生型的独赏树种除在主干上挂袋输液以外，还可将小巧灵活的输液瓶直接插在局部枝条上，营养液会被就近的单枝吸收，有利于整株树都得到充分的水分供给（图 6-27）。

还有些独赏树是年龄比较大的古树名木，树心部分已经出现空洞，这时应该选择在主枝和主根上输液，这样才能保证均匀输导液体。有时我们会在营养液中加入一些促进生根发芽的植物生长调节剂，这就要求输液袋具有一定的避光性，防止调节剂见光失效。

3. 高标准修剪独赏树

独赏树的日常修剪相比其他乔木类型的修剪，要求更高也更难。首先不能实施较重的修剪，不能破坏其树枝、树形结构，只能以疏剪为主。主要是剪掉病虫害枝，内膛枝、反向枝以及树干上的萌蘖枝，务必保持枝干干净、清爽。另外，需要对枝条端部进行一定程度的修剪，目的是为了适当去除顶端优势，促进侧枝萌发，以丰满树形提升观赏品质(图 6-28)。总而言之，独赏树的修剪要做到树冠外密中空、保持树形、促进生长，树体修剪过仿佛就像没有修剪一样。

图 6-27　对丛生型的独赏树实施局部单枝条输液

图 6-28　独赏树的修剪一定要维持其树形

(三)常见独赏树的栽培养护技术

1. 黄连木　漆树科黄连木属

(1)生态习性　落叶乔木。北自黄河流域，南至两广及西南各省平原及低山丘陵常见。喜光，稍耐荫；喜温暖，不耐严寒；耐干旱瘠薄，对土壤要求不严，以肥沃、湿润而排水良好的石灰岩山地生长最好。深根性，主根发达，抗风能力强。萌芽力强。生长较慢，寿命可长达 300 年及以上。对氯化氢、二氧化硫和煤烟的抗性较强。其树冠开阔，叶繁茂而秀丽，早春嫩叶红色，入秋变鲜红色或橙红色，全身香气四溢，红色的雌花序也较美观。宜作庭荫树、行道树、营造风景林，也是重要的“四旁”绿化及低山区造林树种。也可于草坪坡地孤植、丛植、路旁列植、或于亭阁旁配植。

(2)栽培养护要点　幼树修剪要轻剪长放，培养树形。主要以冬剪为主，主枝延长枝适当短截，促进发枝；同时疏除轮生枝、交叉枝、重叠枝、病虫枝。主要树形有自然开心形和自然圆头形。大苗栽植时要随起、随运、随栽，根系舒展，不窝根，以提高栽植成活率。

黄连木病害少、虫害多，苗期病害主要是立枯病，虫害主要有尺蛾、黄连木种子小蜂。

2. 白皮松　松科，松属

常绿乔木。白皮松是我国特产的珍贵树种，自古以来就配植在宫廷、寺院及名园中。其干皮斑驳美观，针叶短粗亮丽，树形多姿，苍翠挺拔，别具特色，早已成为华北地区城市和庭园绿化的优良树种。在园林中常孤植、对植，也可丛植成林或作行道树，均能获得良好的效果。也适于庭院中堂前、亭侧栽植，使苍松奇峰相映成趣，颇为壮观。

木材纹理直，轻软，加工后有光泽和花纹，供细木工用，可供建筑、家具、文具等用。种子可食，可润肺通便。其树姿优美，树皮奇特，可供观赏。

(1)生态习性　白皮松为深根性喜光树种,略耐半阴,能抗风,早期生长较慢,耐干旱,对土壤要求不严,喜生于排水良好而又适当湿润之土壤上。对－30℃的干冷气候,pH7.5～8的土壤仍能适应,能在石灰岩地区生长,而在排水不良或积水地方不能生长。寿命长。对二氧化硫及烟尘有较强抗性。

(2)栽培养护要点　白皮松多采用自然式整形修剪,按照其自然生长特性,仅对树冠的形状作辅助性的调整和促进,对冠内的过密枝、下垂枝、受伤枝、枯腐枝、衰弱枝进行修剪,从而保证树体通风透光状况良好即可。

由于白皮松不耐水湿,如遇强降雨或持续降雨后,应注意及时处理积水。

白皮松病虫害主要有落针病、鼠害等。

3.黄栌　漆树科黄栌属

(1)生态习性　灌木或小乔木。喜光,也耐半阴;耐寒,耐干旱瘠薄和碱性土壤,不耐水湿。以深厚、肥沃而排水良好之沙壤土生长最好。根系发达,萌蘖性强,生长快。对二氧化硫有较强抗性。

黄栌是我国重要的观赏红叶树种,叶秋季变红,色泽鲜艳,开花后淡紫色羽毛状的花梗也非常漂亮,并且能在树梢宿存很久,成片栽植时远望宛如万缕罗纱缭绕林间,故有“烟树”的美誉。宜丛植于草坪、土丘或山坡。在北方由于气候等原因,园林树种相对单调,色彩比较缺乏,黄栌可谓是北方园林绿化或山区绿化的首选树种,也是良好的造林树种。

(2)栽培养护要点　由于黄栌苗木须根较少,不耐移栽,移植时要多枝条进行强修剪,以保持树势,提高成活率。黄栌生长较快,要对其进行整形修剪。春季修剪,剪除过密枝条和影响造型的枝条。

黄栌常见的病虫害有白粉病和毛虫,应及时防治。

4.水杉　杉科,水杉属

(1)生态习性　落叶大乔木。全国各地常用树种。喜光,喜气候温暖湿润,夏季凉爽,冬季有雪而不严寒,年平均温度13 ℃,极端最低温度－8 ℃,年降水量1 500 mm。土壤为酸性山地黄壤、紫色土或冲积土最宜。多生于山谷或山麓附近地势平缓、土层深厚、湿润或稍有积水的地方,耐寒性强,耐水湿能力强。根系发达,生长快。

水杉是古老的稀有树种,被誉为“活化石”。其树干通直挺拔,叶色翠绿,入秋后叶色金黄,是著名的庭院观赏树。可于公园、庭院、草坪、绿地中孤植,列植或群植。也可成片栽植营造风景林,并适配常绿地被植物;还可栽于建筑物前或用作行道树,效果良好。对二氧化硫有一定的抵抗能力,是工矿区绿化的优良树种。

(2)栽培养护要点　水杉生长迅速,顶端优势较强,主干通直,侧枝不过分伸展,造林密度不宜过大。成片造林可采用2 m×3 m的株行距,由于水杉根部萌动较早,栽植时间以地上部分萌动前30～40 d为宜。大苗栽植时间可比小苗略早,切忌在土壤冻结的严寒时节栽植。大苗移植最好能适当带土,侧根尽量保留,栽植时注意根系舒展。

整形修剪　水杉休眠芽的生活力一般仅能保持2～3年,3～4年以上的植株齐主干修枝后往往很难再度萌发,影响树冠的形成,对生长有不利的影响。因此,成林以前一般不必修枝,苗期可适当修剪。

主要病虫害有猝倒病、茎腐病,大袋蛾。

5.柿树　柿树科，柿树属

(1)生态习性　落叶乔木。华北至广东常见。喜温暖湿润气候，也耐干旱。深根性，对土壤要求不严格，在山地、平原、微酸、微碱性的土壤上均能生长，也很耐潮湿土地，但以土层深厚肥沃、排水良好而富含腐殖质的中性壤土或黏质壤土最为理想。寿命较长，结果早且结果期长。对氟化氢有较强的抗性。

柿树栽培历史悠久，其树干直立，树形优美，叶大而有光泽，秋季变成红色，是优良的庭荫树。橙黄色的果实挂满树丛中，也极为美观，且果实不易脱落，至 11 月份落叶后仍能悬于树上，观赏期长，是很好的园林景区和生产用树种，也是我国重要的经济林树种。

柿树木材坚韧，耐腐，可作家具、农具之用，也是做高尔夫球杆坚硬杆头的上好木料。果实营养丰富，有“木本粮食”之称；而且有较高的药用价值，能清热解毒，是降压止血的良药，对治疗高血压、痔疮出血、便秘有良好的疗效。叶可制茶，含有大量人体必需的维生素 C。也可加工成柿饼、柿醋等。

(2)栽培养护要点　柿树的栽植时间对其成活率影响极大，因柿树根系活动要求较高的温度，生长又较晚。因此，秋栽要早，在叶柄产生离层时带叶移植较好。春栽要晚，可在萌芽时进行。

柿树落果现象严重，要加强水肥管理，通过修剪调节树势，花果量大时，营养消耗多，有机物积累少，生长弱，花芽不易形成，因此适当控制花果量，减少消耗，要疏去或回缩不合适的大枝，疏去过密的结果枝组和结果母枝。短截一部分结果母枝，疏花、疏果。而花量少时，在枝条的处理上，应多疏少截。花期采取环剥、摘心、授粉等措施，增加坐果量。

果实易受炭疽病和褐斑病危害，要及时防治。

6.梅　蔷薇科，梅属

(1)生态习性　落叶乔木。梅是中国栽培历史悠久的传统名花，是南京、武汉、无锡等地的市花。

梅喜光，喜温暖略湿润的气候，有一定耐寒力。对土壤要求不严格，较耐瘠薄。忌积水，易烂根，要求排水良好之地。寿命长，发育较快，开花早。在园林应用中，可孤植、丛植、群植等，也可在屋前、坡地、草坪、路边自然配植。常以松、竹、梅配植为“岁寒三友”而成为独特风景。若用常绿乔木或深色建筑作背景，更可衬托出梅花的玉洁冰清之美。另外，梅花可布置成梅岭、梅园、梅峰、梅径、梅坞等，也可作盆景和切花。

梅的树干材质优良，纹理细腻富弹性，是制作手工艺雕刻算珠的重要材料。果可鲜食，生津止渴，但主要加工成各种食品，如乌梅、话梅、梅干等各式蜜饯、梅膏等。果、花、根可入药，果有解热镇咳、驱虫止痢之效；花、根可活血解毒、利肺化痰。另外，果及树皮还可制作染料。

(2)栽培养护要点　梅在南方露地栽植，在黄河流域耐寒品种也可地栽，但在北方寒冷地区一般盆栽室内越冬。落叶后至春季萌芽前均可栽植，为提高成活率，应带土球移栽并避免伤根系。

梅花整形修剪的时间可于花后 20 d 内进行。梅花的花芽，多着生当年生的新枝上的，老的梅枝上常有隐芽，发生为短枝也能开花。梅花的主枝生长旺盛，不易产生花芽，因此宜把长枝短截，促使它当年发生侧短枝，待当年夏秋季的花芽形成。另外，剪除无徒长枝、纤弱枝、病虫枝。梅花是喜光植物，在修剪的同时，尽量剪除互相重叠、遮挡的枝条，让其充分接受光照，这样才能叶茂花繁。此外，花谢后结合松土、追肥 1～2 次，补充营养物质，促生新枝，促进花芽分化。树形以自然开心形为主，盆栽梅花上盆后要进行重剪，为制作盆景打基础。通常以梅桩作景，嫁接各种姿态的梅花。

梅花病害种类很多，常见的有白粉病、缩叶病、炭疽病等。

7.红枫　槭树科，槭树属

(1)生态习性　落叶小乔木。主要分布在我国亚热带地区，特别是长江流域。红枫性喜阳光，幼树喜庇荫环境，在强光高温下，枝叶、树皮易产生“日灼”现象。喜温暖湿润气候，较耐寒，稍耐旱，不耐水涝，适生于肥沃疏松排水良好的土壤。

红枫树姿轻盈潇洒，叶形优美，红色鲜艳持久，枝序整齐，层次分明，错落有致，是目前园林应用很广的一种彩叶类树种。宜植于草坪中央、高大建筑物前后、角隅等地做观赏树，观赏效果佳。也可盆栽，做成露根、倚石、悬崖、枯干等样式，风雅别致，为珍贵的盆景树木。

(2)栽培养护要点　红枫幼苗期生长速度慢，当苗木生长到一定时候，需调整种植密度，使苗木最大限度接受光照。红枫幼苗期很容易被杂草所覆盖，故要求对幼苗周围经常进行人工除草，定植 2 年后的苗木可采用克无踪等药物除草，但药液不能碰到叶片，以防伤苗。

红枫移植时，需对树苗进行修剪，去掉中根，部分过长细根和顶端旺发枝及徒长枝、干粗 2 cm 以上的苗木，一定要带土球移栽。移植时间以 2 月下旬到 3 月上旬最好，新叶萌发后的移植一定要带土球，并将叶子摘去，充分供给水分，以提高成活率。

常见病害有褐斑病、白粉病、锈病等，要及时防治。虫害有蛴螬、蝼蛄等啃咬幼苗和茎基部，易造成苗木枯死；金龟子、刺蛾、蚜虫等常食红枫的叶片，造成苗木生长不良。天牛、蛀心虫等危害红枫枝干，造成红枫大苗枯枝甚至整株死亡。

第二课堂活动

寻找长期无人管理的独赏树，其部分树木的树枝出现垂地、杂乱、虫蛀等现象，既影响独赏树的功能发挥，极端天气下也可能折断发生危险。通过园林社团活动，分组实录独赏树的观赏特性、周边环境等因素，分析讨论与该独赏树对应的修剪等养护技术规范，并实施修剪管理，提高其观赏价值。

任务3　丛植树的栽培养护技术

一、丛植树的分类与功能

在园林绿地建设过程中，乔灌木是最主要的绿化材料，树丛是园林绿地中树木栽植的重要形式。

(一)丛植树的分类

树丛可做为主景也可作配景，若按组成树丛的各类丛植树种的不同，可以分为单纯树丛和混交树丛。单纯树丛是将多株同一种树种的乔木种植在一起形成配景,通常不与其他灌木搭配,作为多形式植物景观的一部分。常位于建筑四周,以柔化建筑坚硬的线条,起到衬托、美化的作用。有时也安排在出入口、道路、水体旁来引导视线,诱导人们按设计安排的路线欣赏园林景观。若多棵树冠开展的树丛植在一起,除了观赏外,还可做为蔽荫之用。当作为园林主景时,树丛主要由针阔树、落叶与常绿树种混合,并与其他灌木相搭配栽植在草坪、坡地、道路交叉口、水岸边等,形成主要的植物观赏景观(图6-29)。

图 6-29 丛植树配置在道路交叉口,形成植物观赏主景

(二)丛植树的功能

1.美学观赏功能

植物因其奇特的形状、丰富的色彩、四季的变化,本身就是一道亮丽的风景。若将树栽植在一起形成植物主景,在强调树体个体美的同时,融合了不同个体、不同树种的形态美、生态美、意境美,彼此互相衬托、互相联系,凸显出整体的美感。

2.柔化功能

植物景观之所以被称为软质景观,主要还是因为在建筑周围、坡地、道路交叉口、水岸边等丛植的树木,从颜色和质感两方面都软化了僵硬的建筑、坡面、道路等的边缘,特别是在阳光的照射下,枝干在地面和墙面上留下斑驳的光影,影与墙、虚与实形成鲜明对比,让整个环境变得柔和、温馨(图6-30)。

3.空间塑造功能

与用建筑材料构成室内空间的道理一样,在园林建设中,不同的植物种类,不同的种植形式,同样也具有空间塑造作用。在一定程度上可以充当地面、天花板、围墙等建筑构件,起到界定空间、围护、延伸和暗示的作用。

将树丛植在一起,利用茂密的树冠构成封闭的顶面,可以创造舒适、凉爽的林下休憩空间(图6-31)。也可利用树干或树冠形成立面上"面"的围合,相对于砖墙,既能界定空间范围,又不完全阻隔视线,保证了视线的通透(图6-32)。

另外,我们常利用丛植树拓展植物空间,例如将树聚集种植到一起,创造一系列前明后暗、一开一合的对比空间,人身在这种环境中通常会有一种心理错觉。比如,先处在树丛植形成的围合空间后,紧接着再进入一个相对开敞的空间,会让人顿时觉得豁然开朗,这就是所谓"欲扬先抑"的栽植手法(图6-33)。再如,在建筑出入口,成列丛植树木,利用树干来形成墙体,利用树冠来构筑"屋顶",使得建筑的室内空间得以延续和拓展,扩大了空间范围。

图 6-30　丛植树柔化建筑线条

图 6-31　树冠构成“天花板”，形成林下憩息空间

图 6-32　丛植的黄金间碧竹形成了一面视线通透的“墙”

图 6-33　应用树丛“欲扬先抑”的栽植手法

二、丛植树的选择

毫无疑问，丛植树强调的是植物群体美，在树种选择方面首先注重的是在形态上、生态上，树与树之间相辅相成的关系。但不容忽视单株树体在整个植物景观构图中所显示的个体美，使个体和群体之间通过多种配置方式，相互衬托、对比，彼此相映生辉。

因此，丛植树的选择条件与孤植树相似，应考虑其树冠大小、树形、色彩、香味等方面的特殊价值，树木彼此之间既有联系，又有各自的变化。

重视美学特性的同时还要兼顾适地适树原则，在符合园林植物配置艺术要求的前提下，树种宜少不宜多。栽培上应满足个体生长所需的环境条件要求，充分考虑树体之间的相互影响因素，使丛植达到预期的效果。

三、丛植树栽植特点与方法

丛植树栽植方法与一般树木栽植技术基本相似，关键点在于施工过程中对树木栽植位置的把握。因为丛植植物讲究的就是植物之间组合搭配的效果，而树木栽植的位置将最终决定丛植效果以及植物景观品质。

在实际施工建设中，虽然我们有植物种植施工图作为依据，但是植物毕竟是有生命的，往往实际拿到手的植物材料与设想中的效果有不小差距。因此就需要现场施工人员根据实际情况，在植物景观立面构图、定点放线、植物结合地形等方面作出细微的调整，在这方面丛植树的栽植显得尤为突出。

通常 3 株树木为一丛，不能栽在一条直线上，也不能成等边三角形栽植；最大的一株和最小的一株最好靠近一些，成为一组；中等的一株要远离一些，成为另外一组，两组在形势上要互相呼应。其余 4 株、5 株、6 株以上等丛植形式都是由 3 株演变而来。例如，4 株丛植则不能两两组合，同样也不要任何 3 株成一条直线，可有 3 株较靠近，另一株远离或者两株成一组，另外两株各为一组，且相互距离均不相等。5 株丛植则是 3 株加 2 株的形式，以此类推(图 6-34)。

丛植的树木在栽植时，务必要注意两棵树之间的距离一般为两树半径之和最为合适(即两树树冠刚好接触多一点)。离得太近则融为一体无法展现各自的特点，相隔太远又破坏了丛植景观的整体性。

树丛可以作为主景，也可作为背景或配景。同独赏树一样在树丛前仍然要留出树高 3～4 倍的观赏视距，如果场地空旷在其主要的观赏面甚至要留出 8～10 倍及以上树高的观赏视距(图 6-35)。

图 6-34　丛植树的位置均不在一条直线上

图 6-35　丛植树作为主景，留有足够的观赏视距

四、丛植树的养护方法

(一)支护措施

丛植树由于很多株树种植在一起，空间非常狭窄不可能每棵树单独支护，只能采取网状支护的的方式，树体彼此之间互相牵拉，以保持树体稳定(图 6-36)。

(二)水分管理

土壤水分是保证新栽丛植树的成活的重要因素。如遇久旱不雨、土壤干燥，必须及时灌溉；如遇久雨不晴、土壤积水，则必须及时排水。由于丛植树种植密度较高，土壤结构破坏严重，很容易造成积水烂根。遇到这种情况必须及时开沟排水，或在栽植时就做好地形，将其种植在高出地面 5～15 cm 的小土包上，以便于利水。也可以在丛植树下的地面上种植耐阴的灌木或地被植物，起到保温保墒的作用，对促进树木生长发育很有好处(图 6-37)。但是最好不要覆盖草坪，因为树下通常隐蔽，草坪草是喜光植物，如果长期光照不足，很容易死亡。

图 6-36　丛植树常进行网状支护

图 6-37　丛植树下种植耐阴的灌木

（三）施肥与松土除草

丛植树施肥常在树丛周围或在其内部依照树种植的方向成排成行地开挖浅沟，再往沟内施用肥料，施后盖土，也可以直接将肥料撒施在树丛四周，盖上一层细土后浇水即可。

在丛植树刚栽植下去的一段时间里，往往树丛稀疏，地面光照充足，杂草很容易滋生，不仅消耗土壤水分和养分，而且会直接阻碍树木生长。所以在树丛郁闭前每年除草松土 1～2 次。在春、夏季杂草生长高峰期，各除 1 次，树丛内的每个角落都要仔细清理，除下的杂草残渣务必用耙子清理干净，以免在高温高湿的环境中腐烂导致病虫害的发生。

（四）整形与修剪

树丛如果不经修剪会不断扩大，相互拥挤在一起，使规整的园林布局变成乱树丛，且影响通风，导致病虫害发生，缩短其观赏寿命。因此，各植株之间应在保持合理间距的情况下维持高低错落、丰富的层次。例如，对迎春、连翘、紫薇、观赏桃等开花的树木按花灌木修剪时期和方法进行修剪；对观枝干的红瑞木、棣棠等可与每年春季新枝萌发前重剪，地上部分保留 15～20 cm；对以观叶为主的宜少量多次修剪，以保持正常高度；对于乔木，按前面项目 4 中的情况修剪。在修剪时还应重点加强对龙柏、月季等嫁接繁殖的树木萌蘖的清除工作，龙柏多采用侧柏、刺柏嫁接，月季多采用野蔷薇嫁接，萌蘖不仅在高度、色彩、观赏品质等方面与目标植物存在很大的差异，而且因萌蘖的竞争还会造成目标植物的死亡。为减少修剪次数，可结合矮壮素、多效唑等植物矮化激素的应用，促其矮化。

对已经进入衰老的植株进行强修剪，剪掉大部分侧枝和衰老的主枝，甚至把主枝也分次锯掉，选留有培养前途的新枝作为主干，用以形成新的树冠。为了达到理想的复壮效果，应该提早做以规划，一般在早春第一次修剪时即留好备用的更新枝，经过多次修剪，通常在一年半至两年的时间内即可完成。

五、常见丛植树的栽培养护技术

（一）柏木　柏科，柏木属

1. 生态习性

柏木又名香扁柏、垂绿柏、柏香树、柏树。我国特有针叶树种。阳性树，略耐侧方遮荫，但需上方光照充足才能生长良好；要求温暖湿润的气候条件；对土壤适应性广，中性、微酸性、微碱性及钙质土均能生长，尤以钙质土生长良好，为钙质土的指示植物。耐干旱、瘠薄，也耐水湿，抗寒能力较强。主根浅细、侧根发达，贯穿能力强，因而适应能力强；生长快、寿命长。具有很强的抗有害气体的能力。

柏木树冠浓密，广卵形，小枝细长下垂，营造出虚怀若谷或垂首哀悼的环境，适宜丛植，形成柏木森森的景观，特别适合陵墓、纪念性建筑物四周使用；若以柏木为背景树，前面配植观叶树种，则会形成俏丽葱绿的景观。

2.栽培养护要点

移植以立春到雨水进行为好；由于根较浅，起苗时应多带根，并带土球。柏木管理粗放，只需修去下部枯枝即可。

(二)南洋杉　南洋杉科，南洋杉属

1.生态习性

南洋杉是我国广东、厦门、海南等地观赏树种，在其他城市也常做盆栽观赏。喜温暖、湿润气候，不耐寒冷与干燥，能耐阴；适生土壤肥沃和排水良好的山峦地，较耐风；生长快，萌蘖力强，再生能力强。

南洋杉树姿优美，高大挺直，冠形匀称，端庄秀美，与雪松、巨杉、金钱松、日本金松同为世界著名五大观赏树种，也是我国南方园林绿化的优良树种。孤植、列植、群植均可，也可盆栽观赏或会场布置用；广州庭园中多见种植。其木材可供建筑及家具制造，树脂可提取松脂。

2.栽培养护要点

春季需带土球移植，栽后经常保持土壤湿润，成活后适当施肥，并经常保持空气湿润；在较寒冷的地区栽植，冬季应注意防寒；栽后不修剪，以保持其端正秀丽的树形。我国中部及北方各城市，多作盆栽观赏，冬季入温室越冬，越冬温度要求在 5 ℃以上。翻盆、换盆宜在春季进行。北方地区气候干燥，夏季置于阴棚架下，并经常喷水增湿。

(三)华山松　松科，松属

1.生态习性

华山松是我国西部和西南部及华北部分地区的树种。喜光，幼苗具一定的耐阴性，喜温和凉爽、湿润气候，耐寒性强，不耐炎热，夏季高温季节生长不良，不耐干旱环境，忌涝。适生于深厚、湿润、排水良好的微酸性土壤，不耐盐碱。根系较浅，主根不明显，须根发达，生长速度较快。具共生菌根菌，对二氧化硫抗性强。华山松树体高大挺拔、雄伟，树干通直，树形优美，针叶苍翠，是优良的绿化观赏树种。

2.栽培养护要点

大树移植必须带土球，移栽时间以新芽萌动前成活率最高，栽植后立支架，勤喷水。用于庭院观赏的华山松，注意保护下枝，不必修剪，修剪易引起剪口流胶，保持其原有的树形。在较暖地带，易遭华山松小蠹虫、欧洲针叶蜂危害，应及时防治。

(四)油松　Carr.松科，松属

1.生态习性

别名短叶马尾松、东北黑松。油松性强健，喜光，耐寒，耐干旱瘠薄土壤，在低湿处及黏重土壤上生长不良；不耐盐碱，在 pH 为 7.5 以上时即生长不良。深根性，生长速度中等，寿命长。

油松树干挺拔苍劲，不畏风霜严寒，树冠青翠浓郁，庄严肃穆，雄伟宏博，百至千年的古树，姿态奇特，枝干斜展婆娑，千姿百态，躯干盘曲，鳞甲灼灼，独具特色，为古典园林的主要景物，是园林中重要观赏树种。

2.栽培养护要点

油松育苗不忌连作，而且连作会使幼苗生长健壮。幼苗怕水涝，注意排水及加强中耕。油松移栽时应带土球，并注意勿伤顶芽。定植后立支架，及时浇水，气候干燥时要注意叶面喷水。成活后要保持土壤疏松，雨季防积水。油松一般粗放管理即可，欲加速生长，应在5月底前注意灌水、施肥。

油松一般采用自然树形，只进行常规修剪即可。在秋至冬季将枯枝、损伤枝、病虫枝及扰乱树形的枝条从基部剪除。

油松幼苗在5—6月份最易得立枯病，每周喷波尔多液1次，连喷4次；油松虫害主要是松毛虫和红蜘蛛，需注意防治。

(五)云杉　松科，云杉属

1.生态习性

我国北方城市目前普遍栽培。云杉有一定耐阴性，耐寒，喜冷凉、湿润气候，但对干燥环境有一定抗性。喜深厚、排水良好的微酸性沙质土壤。浅根性，抗风能力差，生长速度较慢。云杉树冠尖塔形，枝叶茂密，叶色粉蓝，苍翠壮丽，材质优良，是重要的用材林、庭院和风景林树种。另外，群植、列植或对植于景区，可增色不少。

2.栽培养护要点

云杉不耐移植，栽植须带土球。栽植后前2年，炎热干旱季节应浇水4～5次，入冬前浇封冻水。云杉大树下部枝条易干枯，冬季应剪去枯枝。常见虫害有双条杉天牛、吉丁虫、松针毒蛾等，注意及时防治。

(六)柳杉　杉科，柳杉属

1.生态习性

常绿乔木。柳杉于浙江、广东、广西至河南郑州等地生长良好。喜阳光，略耐阴，也略耐寒；喜湿，忌夏季酷热或干旱，在降水量达1 000 mm左右时生长良好。喜生长于肥沃深厚的沙质壤土。浅根性，喜排水良好，在积水处，根易腐烂。枝条柔韧，能抗雪压及冰洼。生长速度中等，寿命很长，常与杉木、榧树、金钱松等混生。

树形圆整而高大，树干粗壮，极为雄伟，最适独植、对植，亦可丛植或群植。在江南习俗中，自古以来常用于墓道树，也可用于风景林栽植。柳杉对二氧化硫、氯气、氟化氢等有害气体抗性较强，为优良的抗污染树种。因此，也可在有污染源的工矿区栽植。

2.栽培管理

在江南，幼苗期常可能发生赤枯病，即先在下部的叶和小枝上发生褐色斑点，逐渐扩大而使枝叶死亡，再由小枝逐渐扩展至主茎形成褐色溃疡状病斑，终至全株死亡，且会传染至全圃。可在发病季节喷洒波尔多液防治，即用1份生石灰、1份硫酸铜、200份水来配制。

柳杉喜湿润空气，畏干燥，故栽植时宜带土球。在园林中平地初栽后，夏季最好设临时性荫棚，以免枝叶枯黄，待充分复原后再行拆除。

(七)青冈栎　壳斗科,青冈属

1.生态习性

青冈栎又名青冈、青栲、花梢树。青冈栎于我国长江流域及其以南各地栽培。幼树稍耐阴,大树喜光,为中性喜光树种;适应性强,对土壤要求不严,在酸性、弱碱性或石灰岩土壤上均能生长,但在肥沃湿润土壤中生长旺盛,在土壤瘠薄处生长不良。幼年生长较慢,5年后生长加快;萌芽力强,耐修剪;深根性,可防风、防火。对氟化氢、氯气、臭氧的抗性强,对二氧化硫的抗性也强,且具吸收能力。

青冈栎树冠扁广椭圆形,树姿优美,叶革质,枝叶茂密,四季常青,是良好的园林观赏树种。耐阴,宜丛植、群植,也可与其他树种混交成林,或为背景树。又因其抗污染、抗风,萌芽力强,也可用于四旁绿化、工厂绿化、防风林及绿篱、绿墙等树种。

2.栽培养护要点

秋季落叶后至春季芽萌动前进行移植,移栽时需带土球,并适当修剪部分枝叶,栽后充分浇水;对大树移植,需采用断根缩坨法,以促使根系发育,有利于成活。

(八)杜英　杜英科,杜英属

1.分布与习性

杜英又名山杜英、山橄榄、青果,常绿乔木。我国现园林中多有种植。性喜阳光,也较耐阴;耐寒,喜温暖湿润环境;在排水良好的酸性土中生长良好。根系发达,萌芽力强,较耐修剪,生长速度较快。

杜英树冠圆整,枝叶稠密,小枝红褐色,秋冬部分叶变红;花下垂,白色花瓣裂为丝状,核果熟时略紫色;红绿相间,引人入胜。在园林中常丛植于草坪、路口、林缘等处;也可列植,起到遮挡及隔声作用,或用于花灌木或雕塑等的背景树,都具有很好的烘托效果。杜英还可用于厂区的绿化树种,也有些地区用于行道树。

2.栽培养护要点

移植以初秋和晚春进行为好,小苗要带宿土,大苗则要带土球;移植时需对部分枝叶修剪,以保证成活。

主要虫害为食叶害虫铜绿金龟子和地下害虫蛴螬、地老虎,防治铜绿金龟子时应掌握成虫盛期,可振落捕杀,亦可用50%敌敌畏乳剂800倍液毒杀。防治蛴螬、地老虎等地下害虫咬食,可用敌敌畏或甲胺磷乳油,用竹签在床面插洞灌浇。

(九)火炬树　漆树科,漆树属

1.生态习性

火炬树又名鹿角漆。性喜光,适应性强,抗寒,抗旱,耐盐碱。根系发达,萌蘖力特强。生长快,但寿命短,约15年后开始衰老。因雌花序和果序均红色且形似火炬而得名,即使在冬季落叶后,在雌株上仍可见到满树"火炬",颇为奇特。秋季叶色红艳或橙黄,是著名的秋色叶树种。宜丛植或群植于园林观赏,或用以点缀山林秋色。

2.栽培养护要点

(1)水肥管理　火炬树在栽植头两年应加强浇水。移栽时要浇好头三水,之后视土壤墒情浇水,使土壤保持在大半墒状态。一般一个月浇一次透水,然后及时松土保墒。秋末浇足浇透防冻水，翌年早春应及时浇解冻水，其余时间可参照头年方法浇水。第三年起可靠自然降水生长。夏季大雨后及时将积水排除，防止因积水而导致根系腐烂。

火炬树耐瘠薄，但栽植的头两年适当施肥利于植株恢复树势，加速生长。栽植时可施入经腐熟发酵的牛马粪做基肥，秋末再施入一些芝麻酱渣，第二年5月中旬追施一次尿素，秋末再施入一些农家肥即可。第三年后可不再施肥。

(2)整形修剪　在园林应用中，火炬树常有两种树形：一是小乔木状；二是灌木状。若要培养小乔木状的火炬树，应在圃内苗期即开始进行修剪。方法是：选择长势健壮、干性强的幼苗，将其侧枝全部疏除，只保留主干。秋末对主干进行短截，翌年在剪口下选择一个长势健壮的新枝作主干延长枝，其余新生枝条全部疏除。生长过程中及时将主干延长枝上的侧枝疏除，秋末再按头年方法对主干进行短截，翌年春天按第二年的方法选留壮枝作主干延长枝。新生枝条的方向与头年方向相反，此后可继续疏除侧枝。待主干长至一定高度时可开始培养主枝，方法是：在对枝顶进行短截后，选留三四个长势健壮、分布均匀的枝作主枝，主枝长到一定长度后，对其进行摘心，促生侧枝。秋末对侧枝进行短截，促生二级侧枝。这样基本树形就形成了，在此后的养护中只需将冗杂枝、干枯枝、下垂枝、干枯枝及时修剪即可。

对于灌木状火炬树的修剪，主要以保持树体通透为原则，在栽培养护过程中，及时将冗杂枝、干枯枝、过密枝、下垂枝疏除即可，还要及时将周围的萌蘖苗剪除。

(3)病虫害防治　危害火炬树常见的害虫有黄褐天幕毛虫和舟形毛虫。有黄褐天幕毛虫危害，可用黑光灯诱杀成虫，幼虫分散危害期可喷洒1 000倍1.2%烟参碱乳油或1 000倍20%除虫脲防治；有舟形毛虫危害，成虫期也可用黑光灯诱杀，幼虫期可用50%杀螟松乳剂1 000倍液或500～600倍Bt乳剂防治。

火炬树常见的病害是白粉病。如果有发生，除加强通风透光和水肥管理外，严重时可喷洒50%退菌特可湿性粉剂800倍液或15%粉锈宁1 000倍液，每7 d 1次，连续喷3～4次，可有效控制住病情。

(十)梧桐　梧桐科，梧桐属

1.生态习性

梧桐又名青桐。华北至华南、西南各省区广泛应用。梧桐性喜光，喜温暖湿润气候，耐寒性不强，通常在平原、丘陵、山沟及山谷生长较好；喜肥沃、湿润、深厚而排水良好的土壤，在酸性、中性及钙质土上均能生长，但不宜在积水洼地或盐碱地栽种，因积水易烂根。对多种有毒气体都有较强抗性，能活百年以上。

梧桐树干端直，树皮青翠，叶大而形美，绿荫浓密，洁净可爱。梧桐很早就被植为庭园观赏树。春季萌发较迟，但秋季落叶很早，故有“梧桐一叶落，天下尽知秋”之说。适于草坪、庭院、宅前、坡地、湖畔孤植或丛植；在园林中与棕榈、修竹、芭蕉等配植尤感和谐，且颇具我国民族风味。梧桐也可栽作行道树及居民区、工厂区绿化树种。

2.栽培养护要点

栽植地点宜选地势高燥处，种植穴内施入基肥，定干后，用蜡封好锯口。注意梧桐木虱、霜天蛾、刺蛾等虫害，可用石油乳剂、敌敌畏、乐果等防治。在北方，冬季对幼树要包扎稻草绳防寒。入冬和早春各施肥一次。梧桐一般不需要特殊修剪。深根性，直根粗壮，萌芽力强，大树易栽，也易成活，但大苗栽后应立支柱。

(十一)枫香　金缕梅科,枫香属

1.生态习性

枫香树又名枫树。枫香是在海拔1 000～1 500 m及以下的丘陵及平原的亚热带树种。性喜光,幼树稍耐阴,喜温暖湿润气候及深厚湿润土壤,也能耐干旱瘠薄,但较不耐水湿。深根性,主根粗长,抗风力强。幼年生长较慢,壮年后生长转快。对二氧化硫、氯气等有较强抗性。

枫香树高干直,气势雄伟,深秋叶色红艳,美丽壮观,是南方著名的秋色叶树种。在我国南方低山、丘陵地区营造风景林很合适。亦可在园林中用作庭荫树,或于草地孤植、丛植,或于山坡、池畔与其他树木混植。若与常绿树丛配合种植,秋季红绿相衬,会显得格外美丽。

2.栽培养护要点

当年生苗即可出圃造林;在城市道路和园区绿化中应用,需分栽培育成大苗。移栽时间在秋季落叶后或春季萌芽前。因枫香主根发达,大树移栽困难,需先断根,否则影响成活。大苗应分次分床移栽,栽植时应带土球。

(十二)白蜡　木樨科,白蜡树属

1.生态习性

白蜡树形优美,树冠较大,叶绿浓荫,秋季叶色变黄,是优良的行道树、河岸护坡树及工厂绿化树种。白蜡以长江流域为中心广泛分布。喜光,稍耐阴,喜温暖、湿润气候,较耐寒,耐干旱,耐涝。对土壤要求不严,在酸性、中性、碱性土上均能生长,但在深厚、肥沃、湿润的土壤中生长最宜。萌蘖力强,耐修剪,生长较快,寿命长,抗烟尘和有害气体。

2.栽培养护要点

一般于早春芽萌动前裸根移植,注意保持根系完整,栽植穴内施足基肥,栽后及时浇水,7 d后再浇1次水。生长季每隔15～20 d浇1次水,并及时松土除草。大苗抹头栽植,所留主干高度根据栽培需要而定。

白蜡树整形可用自然开心形或主干疏层形。自然开心形一般在主干上选留3～5个主枝。主干疏层形是在中心干上方选主枝5～7个,分三层选留,第一层3个,第二层2个,第三层1～2个。新栽的白蜡树,在定植后2～3年内应采取冬季修剪和夏季修剪相结合的方式进行,以便培养主枝,扩大树冠。经过4～5年,主干已高大粗壮时停止修剪。多年生老树要注意回缩更新复壮。

白蜡树在城区栽植发生的病害主要是白蜡流胶病,用50%多菌灵800～1 000倍液或70%甲基托布津800～1 000倍液与20%灭扫利乳油1 000倍液或5%氯氰菊脂乳油1 500倍液混配,进行树干涂药,防治白蜡树流胶病。害虫有水曲柳巢蛾、白蜡梢距甲 、灰盔蜡蚧、四点象天牛、花海小蠹等,于早春白蜡树萌动前喷石硫合剂,每10 d喷1次,连续喷2次,以杀死越冬病菌。

(十三)丁香　木樨科,丁香属

1.生态习性

丁香枝繁叶茂,花序硕大繁茂,花色柔和优雅,花香袭人,树型清雅美观,是我国北方园林中应用最普遍的花木之一。可丛植于路边、草坪、宅前、房后、花坛角隅或向阳坡地,或孤植于窗外,或配置成丁香专类园。也可盆栽,同时还是切花的好材料。

全国各地的变种有白丁香、紫萼丁香和佛手丁香等。喜光，稍耐阴，在荫蔽条件下能生长，但花少或无花。耐寒性强，也能耐旱，对土壤要求不严，能耐瘠薄，除强酸性和低洼积水地外，各类土壤都能正常生长，但以深厚肥沃、湿润、排水良好的中性土壤最适宜丁香生长。萌蘖性强，耐整形修剪。

2.栽培养护要点

丁香树势较强健，幼时要注意浇水施肥，成年树按常规管理即可。

(1)整形方式及方法　在苗圃阶段基本上是任其自然生长，形成自然圆球形。

①单干式　丁香为假二叉分枝，易形成两叉树形，既影响高度生长，又不美观。所以在苗高 10 cm 左右时，选一个健壮的新梢作主干培养，对另一个较弱的新梢进行摘心，抑制其生长，留作辅养枝。

第二年冬剪时，将头一年留作辅养枝的枝条从基部疏除。再根据所留的中干强弱进行短截，剪口下的对生芽要抹掉 1 个，留芽方向注意与上年的相对，这样一左一右地连续生长，便形成直干。其上向四周均匀配置 4～5 个强健的主枝，主枝彼此之间要有一定的间隔。对主枝的延长枝要进行短截，剪口留外芽或侧芽。主枝角度开张留侧芽，主枝角度小留外芽，同时要抹去另一个对生芽。当主枝延伸到一定长度时，可适当选留强壮的分枝作侧枝，侧枝选留要特别注意彼此相互错开，以便有效地利用空间，使植株达到立体开花的效果。

②多干式　丁香易生萌蘖，因此，培养多干式要容易得多，但留干不可过多，干过多，小枝密集，影响成形。因此，一般的多干式，留干 4～6 个为宜。在每个干上适当地选留主枝和侧枝，其方法与单干式基本相似。不管采用单干式还是多干式，最后均形成自然圆球形。

(2)修剪时期　丁香以休眠期修剪和生长期修剪相结合进行。

休眠期修剪：此时主要是疏剪，疏除过密枝、干枯枝、病虫为害枝及干扰树形的枝条。

休眠期除常规疏剪外，还要及时更新修剪，成年植株可每隔 1～3 年修剪衰老的大枝。分两种情况进行：一种在有新的分枝处回缩；另一种自地面平剪，促使基部发生萌蘖，丁香萌生能力很强，视植株具体情况而决定取舍，如果空间很小，留 1～2 条，如果有空间，可多选留几个萌蘖条作更新枝。第二年春季再将留下的更新枝短截，留长度为 60～80 cm，2～4 年可开花。

①花后修剪　丁香一般要进行花后修剪，目的是剪除残花，防止因结实而消耗养分，并促使萌发新的枝条，以利于翌年开花。

②生长季疏除萌蘖　丁香萌蘖性很强，枝条密集，枝叶繁多，如果不注意及时疏除会影响通风透光，造成病虫滋生，也会影响丁香的生长和开花。因此，萌蘖枝除留作更新枝外，应全部自植株基部疏除。

(十四)栀子花　茜草科，栀子花属

1.生态习性

又名栀子、黄栀子，常绿灌木或小乔木。喜光，但忌强光直射；能耐阴，在庇荫条件下叶色浓绿，但开花稍差；喜温暖、湿润气候，能耐热，稍耐寒；喜肥沃、排水好的酸性轻黏壤土，在碱性土中易生黄化病；能耐干旱瘠薄，但植株易衰老；萌芽力、萌蘖力均强，耐修剪。抗二氧化硫、氟化氢、臭氧能力强。

栀子花四季常青，叶色亮绿，花大洁白，芳香馥郁，绿化、美化和香化效果俱佳，抗污能力又强，在园林上广泛应用。可成片丛植或植于林缘、庭院和路旁，作花篱种植也很适宜；也常作阳

台绿化、切花或盆景等。

2. 栽培养护要点

移栽在春季3—4月份进行最佳，苗木需带土球，梅雨季节也可移植。夏季需多浇水；花前施磷肥，可促使开花且花肥大。因栀子花的萌蘖力和萌芽力强，且叶肥花大，为避免降低观赏价值，应适时整形修剪；修剪时，主枝宜少不宜多，及时剪去交叉枝、重叠枝、并生枝；花谢后要及时剪除残花，促使抽生新梢，新梢长至2～3个节时。进行第1次摘心，并适当抹去部分腋芽，8月份对2次枝摘心，以培育树冠。

(十五)凤尾兰　龙舌兰科，丝兰属

1. 生态习性

常绿灌木或小乔木。喜光，也耐阴；耐旱，也耐水湿；耐寒，在－25 ℃低温条件下仍能安全越冬。对土壤要求不高，有粗壮的肉质根，地下块根很容易生长萌蘖，扩展植株，生长强健，更新能力和生命力很强。

凤尾兰叶色终年浓绿，叶片似剑，花茎高耸，花序特大，白花繁多，下垂如铃，花期持久，幽香宜人，为花、叶俱美的庭园观赏植物；可丛植于草坪一隅、花坛中央、建筑物进出口两旁，可利用其叶端之尖刺栽作保护性绿篱，也可盆栽观赏。凤尾兰抗二氧化硫、氟化氢、氯化氢的能力较强，可在厂矿污染区作为绿化材料。

2. 栽培养护要点

栽培宜选择沙质土壤和雨季不积水之处，华北地区在避风向阳处可露地越冬。凤尾兰生长健壮，管理粗放，将下部叶片剪除，仅栽其茎干，很易成活；栽植第二年不需经常浇水、施肥，也能生长良好；花后要及时从花序基部剪除残梗，剪除茎下部干枯的叶片；生长多年的茎干过高并歪斜时，可截干更新。开花时金龟子等常咬食花瓣，要注意防治。

(十六)杜鹃花　杜鹃花科，杜鹃花属

1. 生态习性

杜鹃花又名映山红、照山红，半常绿或落叶灌木。喜半阴，忌烈日曝晒；喜温暖、凉爽、湿润气候；喜酸性土壤，在碱性和黏重土壤上不能生长或生长不良；有一定耐寒性，但应防冻，忌干燥。对二氧化硫、二氧化氮、一氧化氮的抗性强。

杜鹃花最适宜群植于湿润而有庇荫的林下、岩际，园林中宜配植于树丛、林下、溪边、池畔以及草坪边缘；在建筑物的背阴面可作花篱、花丛配植。杜鹃花类有些可作盆景材料，盆栽则更为普遍，尤其是比利时四季杜鹃，更是深受消费者欢迎，市场前景广阔。

2. 栽培养护要点

春秋两季移栽必须带土球，栽培土壤应疏松、排水性能良好，施肥应薄肥勤施，忌碱性肥料，常用肥料有草汁水、鱼腥水、菜籽饼等。叶面喷肥对杜鹃花的生长有非常好的作用，一般可每2周喷1次。种植在深根性的乔木下最相宜，有利于庇荫，防强烈阳光直射。幼苗在2～4年内，为加速形成骨架，常摘去花蕾，并经常摘心，促使侧枝萌发；长成大株后，主要是剪除病枝、弱枝，以疏剪为主；对老龄枯株应在春季萌芽前进行修剪复壮，每年剪去1/3枝条；花谢后应及时剪去残花，以减少养分消耗。

(十七)牡丹　毛茛科,芍药属

1.生态习性

喜光,但忌夏季曝晒,尤花期阳光不能太强,以在弱阴下生长最好。喜温暖凉爽气候,较耐寒,不耐温热。喜深厚肥沃、排水良好、略带湿润沙质土壤,在黏土及低洼积水地上生长不良。在微酸、中性或微碱的土壤上均能生长,但以中性土壤最佳。

牡丹花大色艳,富丽堂皇,有"国色天香"之美称,更被赏花者评为"花中之王"。色、姿、香、韵俱佳,在园林中的应用十分广泛。除营建牡丹专类园外,可植于庭院、草坪、花坛,孤植、丛植或群植均可,也可制作盆景供室内观赏,还是切花的上等材料。

2.栽培养护要点

选择肥沃、深厚而排水良好的壤土或沙质壤土和地下水位较低而略有倾斜的向阳、背风地区栽植牡丹最为理想。株行距一般 80～100 cm。定植前应先整地和施肥,植穴大小和深度 30～50 cm,栽植深度以根颈部平于或略低于地面为准,栽后应及时灌水和封土。以后的管理,主要包括以下几个方面:

(1)一般管理　经常保持土壤疏松、不生杂草。一般 1 年中锄地 4～8 次,以增加土壤通气和保水能力。牡丹的生长和开花都集中在春季,此时对水分和养分的消耗很大,故花期前后的水肥充分供应是很重要的。每次灌水量不宜过大,灌后及时中耕。施肥通常 1 年 3 次:秋季落叶后施基肥;早春萌芽后施腐熟的粪肥和饼肥;在花期后再追施 1 次磷肥和饼肥。

(2)整形和修剪　由于牡丹植株基部芽远较上部芽萌发力强,尤其在土表以下的根颈处,每年春季都要萌发许多蘖芽,生长极快,消耗大量养分,应适时摘除,以促进植株顶部花芽的发育。一般在 3—4 月份,当芽已萌发生长至 3～6 cm 时,刨开植株根部表土 1 次摘除。此外,为使牡丹树形美观和花大,还应适当进行花枝短剪或疏剪,每 1 花枝保留 1～2 个花芽即可。

(3)病虫害防治　主要病害有黑斑病、腐朽病、根腐病,以及茎腐病、锈霉病等。这些病害的防治方法主要是及时挖除病株和剪除患病部分,并用火烧毁;或喷洒波尔多液预防,并在栽植前用 1%硫酸铜溶液消毒,以及进行园地清扫、更换新土等措施。虫害有地蚕、天牛幼虫等,也应及时防治。

(4)促成栽培　在预定开花日期(如春节)的前 2 个月将植株挖起,放在室内温暖处裸根晾晒 2 d,使根略变软,然后上盆,浇透水,置于温室内。每天向枝上喷水,在 4～5 d 内混合芽就逐渐膨大,此时使室温保持在 15～20 ℃。当新枝长出三四枚叶,花蕾如拇指大小时,应视生长速度来增减温度和酌定浇水量,勿使形成"叶里藏花"现象。根据经验,当浇水较多及温度较低时,叶子生长速度较快,当温度较高(高于 20 ℃)而减少浇水量时,则花蕾生长较快。当花蕾达正常大小时,可将温度升至 28～30 ℃,室内应适当通气及喷水,至蕾显色时即可转入冷凉处准备展出观赏。

(十八)木槿　锦葵科,木槿属

1.生态习性

木槿长江流域多见,常见变种有重瓣白木槿、重瓣红木槿、斑叶木槿、大花木槿等。喜光,耐半阴;喜温暖、湿润气候,较耐寒,不耐旱而耐瘠薄,不耐积水。喜疏松、肥沃、排水良好的沙壤土,在 pH 5.0～8.5 的土壤中能正常生长,在含盐 0.3%的盐碱地也能生存,但有黄化现象,开花较小。萌蘖性强,耐修剪,对二氧化硫、氯气等有毒气体抗性较强。

木槿枝繁叶茂，栽培容易，夏季炎热时节开花，花朵硕大，花期达 4 个月之久，且有多种花色，是难得的观花花木，可作为庭院中的花篱、绿篱，或丛植于绿地、草坪之中，点缀于建筑物旁。

2. 栽培养护要点

木槿栽植在休眠期进行，小苗可裸根，大苗需带土球。栽植穴。施足腐熟厩肥，以后一般不再追肥。从春季萌动到开花前至少浇 3 次透水，秋季少浇或不浇水，以利于枝条成熟，安全越冬，入冬前结合施肥浇足冻水。苗期适当防寒。木槿可培养有中央领导干的树形，上部保留一定的主枝，也可培养多干树形。木槿当年生枝形成花芽开花，所以，木槿一般在早春进行修剪。修剪时主要是疏除枯枝、病虫枝、细弱小枝，以利通风透光，老树注意复壮，可用回缩和短截的方法。木槿常遭棉蚜、卷叶蛾、尺蠖、刺蛾的危害，应及时进行防治。

(十九)锦带花　忍冬科，锦带花属

1. 生态习性

锦带花别名五色海棠。喜光，耐阴；耐寒，耐干旱瘠薄，怕涝。喜深厚、肥沃、湿润、富含腐殖质而又排水良好的土壤。萌蘖力、萌芽力强，耐修剪，生长迅速；对氯化氢抗性较强。

锦带花枝繁叶茂，花色鲜艳，花期长达 2 个月，为东北、华北地区园林中主要的观花灌木。宜庭院墙隅、湖畔群植；也可在树丛林缘作花篱、丛植配植；点缀于假山、坡地。

2. 栽培养护要点

锦带花栽植在春秋两季进行，小苗带宿土，大苗带土球。栽植穴内施基肥，植株生长旺盛。栽后每年早春萌芽前施 1 次腐熟堆肥，修剪枯弱枝，利于 1～2 年生枝形成花芽。为使花朵繁茂，在花前 1 个月进行适量灌水。花期可灌水 2～3 次，并进行少量的根外追肥。花谢后应及时摘去残花，促进新枝生长。由于花芽主要着生在 1～2 年生枝条上，早春修剪要特别注意，一般只剪去枯枝、病弱枝、老枝。2～3 年进行 1 次更新修剪，冬季去除 3 年以上老枝。锦带花有刺蛾、蚜虫危害，注意防治。

(二十)金银木　忍冬科，忍冬属

1. 生态习性

金银木别名金银忍冬、马氏忍冬，多生长在林缘、沟谷地带及山坡、半山坡的灌木丛中。喜光也耐阴，喜温暖湿润气候和深厚肥沃的沙质壤土。性强健，病虫害少，适应性强，耐寒力和耐旱力强，对土壤的酸碱性要求不严，在钙质土中生长良好。

金银木枝繁叶茂，春夏开花，花朵清香，先白后黄，黄白相映，十分美丽；秋果红色，果实满枝，状如珊瑚，晶莹可爱。金银木是华北地区著名的观花、观果园林树种之一，适于在林缘、草坪、水边等处孤植或丛植。

2. 栽培养护要点

金银木移栽可在春季 3 月上中旬或秋季落叶后进行，定植前施充分腐熟堆肥，并连灌 3 次透水。成活后，每年适时灌水、疏除过密枝，根据长势可 2～3 年施基肥 1 次。从春季萌动至开花可灌水 3～4 次，虽然金银木耐旱，但在夏季干旱时也要灌水 2～3 次，入冬前灌冻水 1 次。

栽植成活后进行 1 次整形修剪。花后短剪开花枝，使其促发新枝及花芽分化，来年开花繁盛。如枝条生长过密，可在秋季落叶后或春季萌发前适当疏剪整形，同时疏去枯枝、徒长枝，使枝条分布均匀，以促进第二年多发芽，多开花结果。经 3～5 年后，可利用徒长枝或萌蘖枝进行重短剪，长出新枝代替衰老枝，将衰老枝、病虫枝、细弱枝疏掉，以更新复壮。

金银木病虫害较少，初夏主要有蚜虫，可用 6%吡虫啉乳油 3 000～4 000 倍液，或 1.2%苦·烟乳油 800～1 000 倍液防治。有时也有桑刺尺蛾发生，可喷施含量为 16 000 IU/mg 的 Bt 可湿性粉剂 500～700 倍液，或 25%灭幼脲悬浮剂 1 500～2 000 倍液，或 20%米满悬浮剂 1 500～2 000 倍液等无公害农药，既不污染环境，也能取得良好防治效果。

(二十一)棕榈　棕榈科，棕榈属

1.生态习性

棕榈又名棕树，常绿乔木。北自秦岭以南，直至华南沿海都有栽培，是棕榈科中最耐寒的植物，成年树可耐 −7 ℃ 低温，但在北方地区露地栽植的前几年，冬季需采取防寒措施，随着树龄的增长及抗寒锻炼，以后可转入正常生长。

棕榈喜温暖湿润，有较强的耐阴能力，喜排水良好、湿润肥沃的中性、石灰性或微酸性黏质壤土，也能耐一定的干旱和水湿。根系浅，须根发达，生长缓慢，易被风吹倒，自播繁衍能力强。耐烟尘，抗二氧化硫及氟化物污染，有吸收有害气体的能力。

棕榈树干挺拔，株型丰满，叶形如扇，翠影婆娑，颇具南国风光特色。园林中可作行道树，也可丛植或对植、孤植或群植于窗前、池边、林缘及草地，或与其他树种搭配作为林下树种，均郁郁葱葱，别具韵味；另外，还可盆栽，布置会场。棕榈对多种有害气体有抵抗和吸收能力，也是工矿企业绿化的优良树种。

2.栽培养护要点

(1)栽植季节与栽植地的要求　棕榈一般在春季和梅雨季节栽植。除低湿、黏土和风口等处外均可以栽植棕榈，但以湿润、肥沃深厚、中性、石灰性、微酸性黏质壤土为好，并要注意排水。

(2)植株的选择与栽植　棕榈属于浅根性树种，无主根，但肉质根系发达，起苗时应多留须根，小苗可以裸根，大苗需带土球。园林中开始栽植的苗木以生长旺盛的、高度为 2.5 m 的健壮树为好。棕榈无主根，根系分布范围为 30～50 cm，有的可扩展到 1.0～1.5 m，爪状根分布紧密，深为 30～40 cm，最深可达 1.5 m。根密集，根系互相盘结带土容易，土球大小多为 40～60 cm，深度视根系密集层决定。植株起好后运输的距离较远，应进行包扎，运输的距离较近，一般不包扎，但要注意保湿。

棕榈栽种不宜过深，否则易引起烂心，栽后浇透水，保持土壤湿润。棕榈叶大柄长，所以成片栽植时株行距不应小于 3 m。特别注意栽植不能过深，也不要过浅，更不能积水，否则容易烂根，影响成活。注意在栽棕榈时可先在穴底放几片瓦，以便于排水，促进根系的生长发育，有利于成活生长。移栽棕榈时留叶片的多少，应根据不同种类、移栽时的气候、移植及养护条件等综合因素决定。一般应以保留原叶片数的 30%～60%为宜。栽后除剪去开始下垂变黄的叶片外，不要重剪。

(3)养护管理　棕榈栽植后除进行常规养护管理外，新叶发出后，要及时剪去下部干枯的老叶，待干径长到 10 cm 左右时，要注意剥除外面的棕皮，以免棕丝缠紧树干影响加粗生长。群众有“一年两剥其皮，每次剥五六片”的经验。第一次剥棕片在 3—4 月份，第二次剥棕片在 9—10 月份，但要特别注意“三伏不剥”和“三九不剥”，以免发生日灼和冻害。剥棕片时应以不伤树干，茎不露白为度。

总之,棕榈科树种移植要注意5个方面:选择壮苗;起好土球,运苗、栽植要精心;适当修剪叶片;栽植地土壤通气、排水良好;栽植后注意保湿和防晒。

第二课堂活动

为深入贯彻落实习近平生态文明思想,以"党建红"引领"生态绿",积极响应校团委的号召,齐聚社区开展"学雷锋,添绿护绿"树木养护志愿活动,选取社区中心花园丛植的树木,根据丛植树特点、养护方法、园林用途,科学合理的制定丛植树每月技术养护方案。通过公众号展示成果,选出"添绿护绿小达人"。

任务4 植篱类的栽培养护技术

一、植篱的功能与分类

植篱,又称为树篱或绿篱,是将树木密植成行,按照一定的规格修剪或不修剪,形成的绿色墙垣。

(一)植篱的功能

1.范围与围护作用

园林中常以植篱作防范的边界,可用刺篱、高篱或绿篱内加铁刺丝。植篱可以引领游人的游览路线,按照所指的范围参观游览,不希望游人通过的可用植篱围起来(图6-38)。

图6-38 为安全起见,不希望游人进入灌木丛

2.分隔空间和屏障视线

园林中常用植篱或绿墙进行分区和屏障视线,分隔不同功能的空间。这种植篱最好用常绿树组成高于视线的绿墙。如把儿童游戏场、露天剧场、运动场与安静休息区分隔开来,减少

互相干扰。在自然式布局中，有局部规则式的空间，也可用绿墙隔离，使强烈对比、风格不同的布局形式得到缓和。

3.规则式园林的区划线

以中篱作分界线，以矮篱作为花境的边缘、花坛和观赏草坪的图案花纹，采取特殊的种植方式构成专门的景区。近代又有“植篱造景”，是结合园景主题，运用灵活的种植方式和整形修剪技巧，构成有如奇岩巨石般绵延起伏的园林景观(图 6-39)。

图 6-39　植篱做规则式园林分界线

4.花境、喷泉、雕像的背景

园林中常用常绿树修剪成各种形式的绿墙，作为喷泉和雕像的背景，其高度一般要与喷泉和雕像的高度相称，色彩以选用没有反光的暗绿色树种为宜，作为花境背景的绿篱，一般均为常绿的高篱及中篱。

5.美化围墙

在各种绿地中，不同高度的两块地之间的围墙，为避免立面上的枯燥，常在围墙的前方栽植绿篱，把围墙的立面美化起来(图 6-40)。

图 6-40　美化围墙

(二)植篱分类

1.按植篱高度分类

(1)矮篱　篱高0.5 m以内,在花坛、花镜镶边、水池边起装饰作用,也可做草坪图案花纹,应选用高度在60 cm以下的苗木,进行强度修剪。常用树种小檗、紫叶小檗、黄杨、金叶女贞、金森女贞、红叶石楠、雀舌黄杨等。

(2)中篱　篱高1 m左右,配植在建筑物旁和路边,起联系与分割作用;应选用高度在80~150 cm的苗木,进行轻度修剪。常用树种有冬青、枸骨、小叶女贞、侧柏、大叶黄杨、海桐、含笑、金叶女贞、七里香等。

(3)高篱　篱高1.5 m左右,起围墙作用,人的视线可以通过,但人不能跨越而过,多用于绿地的防范、屏障视线、分隔空间、其他景物的背景;应选用高度在130~160 cm的苗木,多不修剪。常用的树种有楮树、法国冬青、大叶女贞、桧柏、紫穗槐、侧柏、石楠、珊瑚树、罗汉松以及丛生竹类等。

(4)绿墙　篱高2.0 m以上,又称绿色围墙,是一种利用植物代替砖、石或钢筋水泥砌墙的现代围墙,既可以用大灌木做植物材料,也可以进行爬藤式墙体绿化、骨架+花盆绿化、模块化墙体绿化、铺贴式墙体绿化等种植设计。应选用高度或蔓长在180~200 cm的苗木,多不修剪。常用的树种有丛生竹类、龙柏、红叶石楠、石楠、桂花、珊瑚树、爬山虎、常春藤、凌霄、金银花、扶芳藤、蔷薇、藤本月季等。

2.以观赏特性及材料分类

(1)花篱　用花色鲜艳或繁花似锦的树木种植而成的绿篱,常用树种有金丝桃、紫荆、瑞香、杜鹃、迎春、连翘、观赏石榴、玫瑰、月季、三角梅等。

(2)果篱　用果实鲜艳、果实累累的植物种植而成的绿篱,常用树种有南天竹、火棘、枸子、枸骨等。

(3)刺篱　用枝干或叶片具钩刺或尖刺的植物种植而成的绿篱,常用树种有小檗、紫叶小檗、枸骨、火棘、花椒、枸橘等。

(4)蔓篱　用藤本植物种植而成的绿篱,常用树种有葡萄、蔷薇、金银花、爬山虎、炮仗花、叶子花等。

(5)竹篱　用各种竹类种植而成的绿篱,如菲白竹、翠竹、鹅毛竹等。

3.以配置及管理分类

(1)规则式绿篱(整形篱)　根据不同的设计要求,进行定期的整形修剪,以形成形态各异的绿篱造景。

(2)自然式绿篱　自然式是以自然生长为主,一般只施加少量的调节生长势的修剪。

在同一景区,自然式绿篱和规则式绿篱可以形成完全不同风格的景观。

二、植篱的应用与种植设计

植篱可根据绿地的大小、绿化效果、功能作用的不同配置方式也不同,常见有以下几种方式:

(一)用一种植物密植成行而形成的植篱

这一类植篱植物的栽植通常有单行式和双行式,也有多行式。常用作于阻隔视线、分割地带、艺术设施景物的背景等。在运用中根据植株高矮不同可设计为二层式或多层式植篱;也可将植篱进行有节奏的上下波浪式的修剪，这种植篱既具有一定的防护作用，又在纵向上产生了有节奏的变化，在视觉上形成了跳动起伏的韵律。适合的品种如：珊瑚树、红花檵木、大叶黄杨等。

（二）用两种植物密植成行而形成的植篱

可以将两种不同颜色、不同形状的植物组合在一起，还可平顶与尖顶、圆顶相间修剪，显得植篱灵巧、活泼、奔放。常用于阻隔视线，分割地带，其配置方式有高中型如法国冬青＋红花檵木；高低型如法国冬青＋小叶女贞；中低型如海桐＋金叶女贞等。

（三）用两种以上植物密植成行而形成的植篱

这一类植篱植物的栽植通常是多行式，其配置方式有：绿墙与色块结合、植篱造景、与挡土墙结合的植篱。

三、植篱的栽培养护措施

（一）种植方案设计与植篱种植苗木的选择

植篱一般两行或三行栽植，每两行间三角形错位栽植，株距 15～20 cm，行距 15 cm。不过，株行距还取决于所选择植篱的高度和冠幅，最好咨询苗圃或者绿化公司。

栽植植篱时，应选择两年生以上树龄、无病虫害、容易成活、耐修剪的树木苗木，同时还要达到不同植篱高度的苗木高度要求。

（二）定点划线

栽植前工程技术人员应按照绿化图纸的设计进行实地测量，确定具体栽植地点、树种或品种，而后再根据施工图和苗木种类、标出植篱的长度和宽度开始施工。

（三）施肥整地

当栽植面积较大时，先用大型机械将土壤进行深翻疏松、平整地块，并施上基肥。一般每亩施腐殖质有机肥 3 000～4 000 kg 为宜，同时根据树种的习性要求调节土壤酸碱度。将腐殖质有机肥均匀地撒在土壤表面，而后进行一次旋耕，进一步打碎土壤、平整地块，并将腐殖质有机肥与土壤充分混合。最后用耙子仔细地整平耙细，并拣出石块碎砖等杂物。

（四）种植方法

具体栽植时要严格按照预先设计好的方案进行栽植。先栽植外围的苗木，后栽植中间的苗木，株距、行距要求基本一致。当栽植宽度在 3 行以上植篱时，植株应呈品字形交叉，相邻的 3 株苗木之间应呈一个等边三角形，这样能最大限度地提高空间利用率，有利于通风透光，均衡生长。栽植时先挖一个深度略大于苗木根部的坑，而后将苗木放入坑中，用土埋好压实就可以了。所用苗木的高度也要尽量一致，以方便后期造型、修剪。

（五）种植后的养护管理

1.种后的整形修剪

栽植完毕要进行一次初步修剪，这样做除了能起到美化外观，均衡长势的作用外，还可以达到减少水分蒸腾，提高苗木成活率的目的。修剪后应及时清理现场的垃圾和剪下的枝叶。

2.浇定根水

修剪完毕用土围好堰，并用脚踏实，以防浇水时漏水。浇水时应缓慢浇灌、浇足浇透。浇水后 3～5 d 视土壤干湿情况再浇灌 1 次，以提高新栽苗木的成活率。

(六)植篱常规养护

1.修剪的质量要求

(1)植篱生长前期未成形之前,以密枝修剪为主,成型后以造型修剪为主 修剪后的篱面要平整圆滑顺直,植篱造型植物造型优美、丰富,轮廓清晰圆润,自然流畅,高低错落有致;自然式植篱及时去除病虫枝、干枯枝、乱枝等。修剪下的枝叶要立刻清除。造型后,对生长超过篱面的枝条要及时剪除,超出篱面的枝条长度应控制在 10 cm 内。

(2)每年开春将高度压至一定的高度重剪一次;春夏生长季应平均每 15 d 修剪 1 次,每次修剪原则上应向上超过上一次剪口,已定型的植篱新枝留高不超过 3～4 cm;平时对个别长枝进行局部修整。冬季应彻底清剪一次枯枝、弱枝。

(3)片植植篱修剪应有坡度变化,但坡面应平滑,不能有明显交接口。

(4)保苗率 95%,残缺或死亡部分要在一个月内补种好;植篱内生出的杂生植物、爬藤等应及时予以连根清除。

(5)生长不良或遭受病虫害严重变形的植株应及时用大小相当的同类植株予以更换。

(6)小区内的植篱养护应视天气情况每 2～3 d 淋 1 次水,每半个月用水冲洗 1 次叶面。

2.施肥

(1)植篱应每年 2 月底施 1 次花生麸或其他有机肥,用量平均每棵 30 g,施后用土将肥覆盖。

(2)植篱用肥要求每年的 3—8 月份,约 50 d 施 1 次氮肥,9—11 月份 40 d 施 1 次复合肥,每亩每次施肥量为 7 kg。施肥时应严防肥料粘在枝叶上或撒落路边,肥料不能成堆贴近植物根部,应该均匀撒落。

3.病虫害防治

应每月喷广谱性杀虫药及杀菌药一次进行预防;喷药时用高压喷雾机喷枪伸入植篱内从叶背面喷,然后是植株外边的两侧进行均匀的喷洒。

平时注意观察,病虫害发生时应先诊断属于哪种病虫害,及时对症用药治疗。

第二课堂活动

贯彻习近平总书记“绿水青山就是金山银山”的发展理念,参与园林志愿活动,选取园林绿地中的植篱,思考运用不同的养护技术规范提高植篱树观赏价值需要哪些技术方法,用抖音等网络平台展示成果,同学间相互评论打分,选出“任务之星”。

任务5　花灌木的栽培养护技术

一、花灌木在园林绿化中的功能

花灌木是指树身矮小,没有明显主干,近地面处就生出许多枝条或为丛生状态,以观花为主的灌木类树木,色彩鲜艳,造型多样具有观赏性。常见树种有红色类的龙船花、朱缨花、扶桑、悬铃花、紫薇、凌霄等；黄色类的黄花夹竹桃、双荚决明、黄蝉等；芳香类的含笑，九里香、月桂，山指甲、狗牙花、栀子花、桂花、月季、二色茉莉等；植篱或造型类的三角梅(叶子花)、海桐、朱缨花(红绒球)、黄金榕、七彩大红花、金叶假连翘、扶桑、双荚决明、九里香、驳骨丹、山指甲、海桐花等。

花灌木联系乔木与地面，建筑物与地面，与人的水平视线高度一致，很容易形成视觉焦点，在园林绿化中发挥着举足轻重的作用，主要表现在以下几个方面：

(一)与其他园林植物配置

1.与乔木树种的配置

花灌木与乔木树种配置能丰富园林景观的层次感，创造优美的林缘线，同时还能提高植物群体的生态效益。例如，不同花色的杜鹃花与乔木、灌木的搭配(图 6-41)。

2.与草坪或地被树木的配置

以草坪地被植物为背景，上面配置贴梗海棠、杜鹃花、紫薇、月季等红色系花灌木或迎春等黄色系灌木以及紫叶李等常色叶灌木，既能引起地形的起伏变化，丰富地表的层次感，又克服了色彩上的单调感，还能起到相互衬托的作用(图 6-42)。

图 6-41　毛杜鹃大色块与大灌木、乔木搭配

图 6-42　牡丹与草坪搭配

(二)配合和烘托景物氛围

灌木通过点缀、烘托，可以使主景的特色更加突出，假山、建筑、雕塑、凉亭等都可以通过灌木的配置而显得更加生动(图 6-43)。同时，景物与景物之间或景物与地面之间，由于形状、色彩、地位和功能上的差异，彼此孤立，缺乏联系。而灌木做基础种植，既可遮挡建筑物墙基生硬的建筑材料，又能对建筑物和小品雕塑起到装饰和点缀作用，可使它们之间产生联系，获得协调感。例如，在建筑物垂直的墙面与水平的地面之间用灌木转接和过

图 6-43　杭州岳王庙影壁前种植红花杜鹃

渡，利用它们的形态和结构，缓和了建筑物和地面之间机械、生硬的对比，对硬质空间起到软化作用。作为植篱的灌木对观景赏物还有组织空间和引导视线的作用，可以把游人的视线集中引导到景物上。

（三）布置花境，构成鸟语花香景物图

灌木既可因自身生物学习性，又可因生长年限长，维护管理简单，单株栽植或群植就可以形成整体景观效果。花灌木开花时能吸引蜜蜂、蝴蝶等昆虫飞翔其间，果实成熟时又招来各种鸟类前来啄食，丰富了园林景观的内容，创造出鸟语花香的意境。

（四）布置专类园

花灌木中很多种类品种多，应用广泛，深受人们的喜爱。例如，月季品种已达 2 万多种，有藤本的、灌木的、树状的、微型的等，花色更是十分丰富。这类花灌木常常布置成专类园供人们集中观赏。适合布置专类园的花灌木还有牡丹、碧桃、杜鹃、梅花、山茶花、海棠、紫薇等。另外，花朵芳香的花灌木还可以布置成芳香园供人们闻赏花香。

（五）分隔空间，阻挡视线

在道路上多应用于分车带或人行道绿带（车行道的边缘与建筑红线之间的绿化带），可遮挡视线、减弱噪声等。

二、花灌木应用选择要求

（1）花灌木会选择枝叶丰满、株型完美，花期长，花多而显露，同时要防止萌蘖枝过长妨碍交通；

（2）植株通常会选择无刺或少刺，花色、叶色有变，耐修剪，在一定年限内人工修剪可控制它的树形和高矮。这样的花灌木既美观也不会因为植株上的刺伤及到路过的行人。

三、花灌木的栽培养护

（一）花灌木的修剪方式

花灌木修剪不得法，会使它们不成形，或不开花，甚至枯枝干枝。修剪时必须针对不同的观赏目的，分别采用不同的方法。修剪以观花为主的灌木，首先要熟悉不同开花灌木的开花习性、生态习性，按照项目 4 花灌木的修剪原则与方法进行。

（二）花灌木常见树种的栽培养护

因花灌木种类间生态习性差异明显，管理要求就有很多不同。所以，分别介绍常见花灌木管理养护措施如下：

1.蜡梅　蜡梅科蜡梅属

（1）生态习性　蜡梅又称黄梅花、香梅。喜光，略耐阴，较耐寒，耐旱不耐涝，最宜选深厚、肥沃、排水良好的中性或微酸性沙壤土。发枝力强，耐修剪，抗二氧化硫、氯气等有毒气体，病虫害少。蜡梅花开于寒月早春，花黄如蜡，清香四溢，为冬季观赏佳品。

（2）栽培管理　栽植宜选背风向阳高燥地或筑台，秋后或春季进行，小苗裸根蘸泥浆，大苗带土球移植。栽前施基肥，栽后浇足水，定植不宜过深。5—6 月份追施 1～2 次有机肥，促使蕾多花大。雨季注意排水。秋季施一次基肥，入冬前浇封冻水。栽后及时整形修剪，主干保留 20～30 cm，促发侧枝。当侧枝长到 3～5 节后，摘心一次，防徒长。每年修剪在 3—6 月份进行。春季新枝长出2～3对芽后去顶梢，既保持良好树形，又利于花芽分化。培养较高大的蜡梅，长到一定高度时再摘心促分枝。盛花后，将凋谢的花朵及早摘去，以免结果消耗养分。剪去纤弱枝、病枝及重叠枝，并短截上年的伸长枝，以促使多萌新侧枝。盆栽蜡梅，用疏松、肥沃、富含腐殖质的沙壤土。平时盆土稍偏干一些，秋后施干饼肥作基肥，开花期不再施肥，冬季勿浇肥水，否则会缩短花期。每隔2～3年换大一号盆，换盆时将根部旧土去掉1/3，换新培养土，剪去过长老枝，促使新根生长、枝多花繁。

2.迎春　木樨科，茉莉属

(1)生态习性　迎春又称迎春花、金腰带。性喜光，稍耐荫，较耐寒，喜湿润，耐干旱，怕涝。对土壤要求不严，耐碱，在疏松、肥沃、湿润而排水良好的土壤生长良好。根部萌发力强，枝端着地部分也极易生根。迎春植株铺散，枝条鲜绿，冬季绿枝婆娑，早春繁花金黄，先叶开放，是园林和庭院栽培的绝佳观花赏叶树种。

(2)栽培管理　迎春适应性强，栽培管理较为简便。定植时应施入适量腐熟的有机肥作基肥，以后每年秋季落叶后增施1次有机肥。早春至开花前浇水2～3次，夏季不旱不浇，秋季浇封冻水。迎春枝端着地易生根，造成株型散乱，可在雨季多次挑动着地的枝条，以免其生根。迎春生长较强，每年可于5月份剪去强枝、杂乱枝，6月份剪去新梢，留枝的基部2～3节，以集中养分供花芽分化。对过老枝条应重剪更新；若基部萌蘖过多，应适当拔除，使养分集中，并可保持株型整齐。为得到独立直立株型，可设立支柱支撑主干，并使其直立向上生长；摘去基部的芽，待长到所需高度时，摘去顶芽，并对侧枝经常摘心，使之形成伞形或拱形的树冠。迎春在春、秋季节易遭受蚜虫危害，注意及时防治。

3.碧桃　蔷薇科，李属

(1)生态习性　碧桃又称花桃、看桃。喜光、耐旱，要求土壤肥沃、排水良好土壤。不耐水湿，耐寒能力较强。碧桃树姿清丽雅秀，花色娇艳，适合于湖滨、溪流、道路两侧和公园布置，也适合小庭院点缀和盆栽观赏，孤植、群植、建筑附近均较适宜。

(2)栽培管理　碧桃宜安放于背风向阳处，切实避免安摆放置在风口。7—8月份花芽分化期要适度控水，以增进花芽分化。施肥避免过多氮肥，免得枝叶徒长，不形成花芽。开花前可增加磷、钾肥含量。寒冬或开花后直到坐果期，不适宜施过多肥料，免得导致落花落果。碧桃成长期，要对过密枝疏剪，旺期可做1～2次摘心。开花前和6月份前后对长枝短剪，促生花枝。

4.榆叶梅　蔷薇科，梅属

(1)生态习性　榆叶梅又称榆梅、小桃红、莺枝。性喜光，稍耐阴，耐寒，耐干旱，不耐水涝。对土壤要求不严，喜深厚、肥沃、疏松而排水良好的中性至微碱性沙壤土，稍耐盐碱。根系发达，萌芽力强，耐修剪。榆叶梅叶似榆、花如梅，枝叶繁茂、花团锦簇花色艳丽，先花后叶，果实满枝，宛如悬珠，别具风格，为北方地区春天优良的观赏花灌木。

(2)栽培管理　栽植在秋季落叶后或春季萌芽前进行，移植大苗需带土球。栽植地要求光照充足、排水良好。定植前穴施基肥，花后追施液肥，以利于花芽分化。从春季萌动到开花期间，浇水2～3次，雨季排涝，入冬前浇封冻水。大树移栽前需断根，一般春季移栽成活率高。榆叶梅生长旺盛，枝条密集，幼龄阶段修剪时，花谢后适当短截花枝，保留3～5个芽，同时疏剪枯枝、病虫枝、弱枝等，促使腋芽萌发前多形成侧枝；植株进入中龄后，停止短截，疏剪内膛过密枝条；多年生老植株要更新复壮。常见虫害有蚜虫和红蜘蛛等，注意防治。

5.金银木　忍冬科,忍冬属

(1)生态习性　金银木又称金银忍冬、马氏忍冬。性喜光,耐阴,耐寒性强,耐干旱,忌水涝。喜深厚、肥沃及湿润的土壤。适应性强,根系发达,萌蘖性强。金银木树势旺盛,枝繁叶茂,初夏花朵清香,黄白相映,秋季红果缀枝头,是良好的观赏灌木。

(2)栽培管理　移栽一般在3月上中旬,栽后注意浇水。成活后,每年落叶至发芽前适当修剪整形,促进次年多发芽,多开花。天旱时要浇水。其管理简易,病虫害较少,初夏时有蚜虫危害。金银木栽植成活后进行一次整形修剪。花后短截花枝,促其发新枝,以利于来年开花繁盛。秋季落叶后春季萌芽前适当疏剪整形,同时疏去徒长枝、枯死枝,使枝条分布均匀。对于道路旁的金银木,为了不影响游人行走,应修剪呈拱形。

6.紫荆　豆科,紫荆属

(1)生态习性　紫荆又称满条红、满枝红、荆树。性喜光,喜温暖、湿润环境,稍耐寒,不耐涝。对土壤要求不严,在肥沃、排水良好的土壤上生长发育好。萌蘖力强,耐修剪。紫荆早春叶前开花,枝干布满紫花,艳丽可爱,叶片心形,圆整有光泽,是应用较广泛的观花赏叶树木。

(2)栽培管理　移栽于春季萌芽前进行,定植前施基肥,以后可不再施肥。每年春季萌芽前至开花期间,浇水2～3次,天气干旱时及时浇水,雨季注意排水防涝,秋季忌浇水过多,霜冻前浇越冬水。紫荆常用灌丛树形。栽植当年只作轻度短截,促使多发分枝。第二年早春,进行重短截,促发从地面多生分枝。生长季内进行摘心或剪梢,以调节枝间平衡生长。若萌蘖过多,可适度疏除过密、过细的枝条,利于通风透光。紫荆易患枯萎病,虫害有大蓑蛾、褐边绿刺蛾,应注意防治。

7.紫丁香　木樨科,丁香属

(1)生态习性　紫丁香又称丁香、华北紫丁香。性喜光,稍耐阴,耐寒,耐干旱瘠薄。喜湿润,忌积水,对土壤要求不严,但在疏松肥沃、湿润及排水良好的沙壤土中生长良好。萌蘖力强,耐修剪。紫丁香具有独特的芳香硕大繁茂的花序、优雅而调和的花色、丰满而秀丽的姿态,在观赏花木中享有盛名,已成为国内外园林中不可缺少的春季观赏花木之一。

(2)栽培管理　宜栽在向阳、肥沃、土层深厚的地方。栽植时,需带土球,并适当剪去部分枝条,栽后浇足水。以后每年春季天气干旱时,当芽萌动、开花前后需各浇1次透水。丁香不喜大肥,切忌施肥过多,否则易引起徒长,影响开花。一般每年或隔年入冬前施1次腐熟的堆肥,即可补足土壤中的养分。花谢以后如不留种,可将残花连同花穗下部两个芽剪掉,同时疏除部分内膛过密枝条,有利于通风透光和树形美观,也有利于促进萌发新枝和形成花芽。落叶后可把病虫枝、枯枝、纤细枝剪去,并对交叉枝、徒长枝、重叠枝和过密枝进行适当短截,使枝条分布匀称,保持树冠圆整,利于翌年生长和开花。地栽丁香,雨季要特别注意排水防涝,因为积水过久,丁香易落叶死亡。

8.棣棠　蔷薇科,棣棠属

(1)生态习性　棣棠又称地棠、黄棣棠、棣棠花。喜温暖湿润气候,稍耐阴,耐寒性较差,对土壤要求不严,以肥沃、疏松的沙壤土生长最好。

(2)栽培管理　选地应选择温暖湿润的、土壤要求松软、排水良好的、非碱性土壤。移栽露地时,可施入基肥、堆肥、厩肥、腐熟人粪尿等,混拌均匀,整平,春季发芽前或10月间移栽露地或上盆。5—6月份进行除草,一般不需要经常浇水,盆栽要在午后浇肥水,不易多浇。在整个生长期视苗势酌量追施1～2次液肥。当发现有退枝时，立即剪掉枯死枝，否则蔓延到根部，导致全株死亡。在开花后留50 cm高，剪去上部的枝，促使地下芽萌生。棣棠落叶后，还会出现枯枝，第二年春天剪枝，使当年枝开花旺盛，如要想多的分枝，仅留7 cm左右把其余部分剪去。在寒冷地区盆栽，3年左右换一次盆，结合修根、分株、更新老弱枝。

9.石榴　石榴科，石榴属

(1)生态习性　石榴又称安石榴、海榴。喜阳光充足和温暖气候，有一定耐寒能力，较耐瘠薄和干旱，不耐水湿，喜肥沃湿润排水良好的石灰质土壤。寿命长，萌蘖力强。

(2)栽培管理　秋季落叶后至翌年春季萌芽前均可栽植或换盆。地栽应选向阳、背风、略高的地方，土壤要疏松、肥沃、排水良好。盆栽选用腐叶土、同土和河沙混合的培养土，并加入适量腐熟的有机肥。栽植时要带土团，地上部分适当短截修剪，栽后浇透水，放背阴处养护，待发芽成活后移至通风、阳光充足的地方。石榴地栽每年须重施一次有机肥料，盆栽1～2年需换盆加肥。在生长季节，还应追肥3～5次，并注意松土除草，经常保持盆土湿润，严防干旱积涝。石榴需年年修剪，可整成单干圆头形，或多干丛成形，也可强修剪整成矮化平头型树冠。在进入结果期，对徒长枝要进行夏季摘心和秋后短截，避免顶部发生二次枝和三次枝，使其贮存养分，以便形成翌年结果母枝，同时还要及时剪掉根际发生的萌蘖。

10.珍珠梅　蔷薇科，珍珠梅属

(1)生态习性　珍珠梅又称吉氏珍珠梅。性喜光，耐阴，耐寒、性强健，对土壤要求不严。生长迅速，耐修剪。珍珠梅枝叶清秀，花期较长，宜在各类园林绿地中栽植，特别是各类建筑物北侧绿化，效果尤佳。

(2)栽培管理　珍珠梅适应性强，对肥料要求不高，除新栽植株需施少量底肥外，以后不需再施肥，但需浇水，一般在叶芽萌动至开花期间浇2～3次透水，立秋后至霜冻前浇2～3次水，其中包括1次防冻水，夏季视干旱情况浇水，雨多时不必浇水。花谢后花序枯黄，影响美观，因此，应剪去残花序，使植株干净整齐，并且避免残花序与植株争夺养分与水分。秋后或春初还应剪除病虫枝和老弱枝，对1年生枝条可进行强修剪，促使枝条更新与花繁叶茂。

11.紫薇　千屈菜，科紫薇属

(1)生态习性　紫薇又称痒痒树、百日红、满堂红等。性喜光，稍耐阴，喜温暖、湿润气候，较耐寒性，耐干旱不耐水涝。喜深厚、肥沃、排水良好的沙壤土和石灰性土，抗性强，生长较慢，萌蘖性强，寿命长。对二氧化硫、氯气等抗性较强。紫薇树姿优美，树干光滑洁净，枝干扭曲，花色艳丽，花期长，是园林常用的观赏花灌木。

(2)栽培管理　紫薇萌芽较晚，移栽以3—4月初为宜。大苗带土球栽植。北方宜选背风向阳处栽植。栽前施足基肥，栽后及时浇水。成活后，生长期15～20 d宜浇水1次，入冬前浇封冻水。幼树越冬要包草防寒。紫薇病虫害主要有煤烟病、白粉病、介壳虫、蚜虫、大袋蛾等，应及时防治。

紫薇修剪以休眠季为主，生长季修剪为辅，华北地区宜在萌芽前进行。紫薇有两种整形方式，即多主干形和有中干疏散形。多主干形整形在苗圃阶段进行，选3～4个大枝为主干培养，以后在每个主干上选1～2个分枝作为主枝。每年修剪时选角度较大的上部枝作延长枝，对其进行中度短截，以逐步扩大树冠。有中干疏散形，具有明显的主干和中干，在中干上选留3～5个生枝，每个主枝上选留1～2个侧枝，注意同级侧枝留在同方向，以免产生交叉枝。幼树定植后，除主枝和侧枝外，其余的枝全部疏除，以减少营养消耗。对选留的主枝进行中度短截，剪口芽留外芽，以利于萌生壮枝和扩大树冠。第二年修剪时在萌生的3～4个枝条中选一个角度好、方向合适、长势壮的作为枝头，并进行中度短截。疏除背上直立的壮枝，其余枝条轻截。第三年修剪时除继续保持主枝的优势外，侧枝的培养注意选留生长势稍弱的枝条作侧枝的延长枝，以防止与主枝竞争，保证主次分明。休眠季修剪侧枝时，一般留两个比较合适的枝条，其余的均疏除。对所留的两个枝条，一行中截，另一行短截，萌芽后选留 1～2 个方向合适的枝条使之开花，多余的嫩枝自基部剪除。紫薇花期的修剪，开花后结实会消耗大量营养，枝条上着生的芽当年不能萌发，形成冬芽，第二年才能萌发抽生新枝。在花后形成种子之前，将枝条顶端带 4～5 片小叶的残花剪除，并加强肥水管理，剪口下 3～4 个芽当年可形成花芽而再次开花，如此反复进行，花期可达百日之久，即为"百日红"的由来。

12.锦带花　忍冬科，锦带花属

(1)生态习性　锦带花又称五色海棠、红花橘子。性喜光，耐荫，耐寒，耐旱，耐瘠薄，耐强光，怕涝，喜深厚、肥沃、湿润、富含腐殖质而又排水良好的土壤。萌蘖力、萌芽力强，耐修剪，生长迅速。锦带花枝繁叶茂，花色鲜艳，花期长达 2 个月，为东北、华北地区园林中主要的观花灌木。

(2)栽培管理　栽植在春秋两季进行，小苗带宿土，大苗带土球。栽植穴内施基肥，栽后每年早春萌芽前施一次腐熟堆肥，修剪枯弱枝，有利于 1～2 年生枝形成花芽。锦带花适应性较强，栽培简便，一般不需要特殊的养护措施。为使花朵繁茂，在花前一个月适量浇水。在花期，可浇水 2～3 次，并进行少量的根外追肥。花谢后应及时摘去残花，促进新枝生长。由于花芽主要着生在 1～2 年生枝条上，早春修剪要特别注意，一般只剪去枯枝、病弱枝和老枝。2～3 年进行 1 次更新修剪，冬季去除 3 年以上老枝。锦带花有刺蛾、蚜虫危害，应注意防治。

13.月季　蔷薇科，蔷薇属

(1)生态习性　月季又称月月红、四季红、长春花。耐高温，较耐寒，耐旱，不耐涝。喜光照充足、空气流通、温暖且排水良好的环境。对土壤要求不严，但以疏松、肥沃、富含有机质的微酸性沙壤土为宜。月季花大色丰，花期长，是备受人们喜爱的观赏花木，也是园林布置的好材料。适宜作花坛、花境及基础栽培用。

(2)栽培管理　移栽一般在春季 3 月份芽萌动前进行。栽植时，穴施基肥，栽前进行强修剪，留枝条 3～5 根，长 40 cm 左右。栽后及时灌水。春季及生长季，每 5～10 d 浇 1 次水，雨季要防涝。春季叶芽萌动展叶后，施适量叶肥，促使枝叶生长。生长期多施追肥，每月 2 次，以满足多次开花的需要，晚秋时应节制施肥，以免新梢过旺而遭冻害。修剪主要在冬季进行，剪枝强度视所需树形而定。低干的在离地 30～40 cm 处重剪，保留 3～5 个分枝；高干的适当轻剪，疏除树冠内部侧枝及病虫枝、枯枝等。花谢后及时剪除花梗，以节约营养，促发新梢。月季主要病害有白粉病、黑斑病，虫害有蚜虫、红蜘蛛、介壳虫等，应注意防治。

第二课堂活动

为深入贯彻落实劳动育人理念，落实职业院校"理论联系实际，教学结合生产"的教学方针，提高同学们的社会实践能力与志愿服务精神，园林社团前往福利院等社会公益机构，开展"花灌木养护"志愿活动，思考哪些养护技术规程规范可以提高花灌木的观赏价值，制定科学合理的日常养护方案，提高花灌木观赏性，并进行操作，给机构一个美化、绿化、香化的聚居环境。

任务6 木本地被植物的栽培养护技术

一、木本地被植物的分类和功能

木本地被植物是指那些株丛密集、低矮，经简单管理即可用于代替草坪，覆盖在地表、防止水土流失，能吸附尘土、净化空气、减弱噪声、消除污染并具有一定观赏和经济价值的木本植物，具体指一些适应性较强的低矮、匍匐型的灌木、藤木和竹类，常用于复层结构种植。

（一）木本地被植物的种类

1.藤木地被植物类

美国地锦、小叶扶芳藤、常春藤、爬山虎、络石、金银花、辟荔、白粉藤、三叶木通、凌霄等，根系发达、枝叶严密、观赏性强，在坡地、河岸、池塘边种植，不仅能保持水土、防止雨水冲刷，而且丰富了坡地景观。

2.矮竹地被植物类

菲白竹、凤尾竹、箬竹、鹅毛竹、花叶芦竹、阔叶箬竹、倭竹等。如箬竹，匍匐性强、叶大、耐荫；还有倭竹，枝叶细长、生长低矮，用于绿地假山园、岩石园中地被配置，别有一番风味。

3.矮灌木地被植物类

平枝栒子、沙地柏、偃柏、金山绣线菊、十大功劳、香桃木、桃叶珊瑚、爬地龙柏、南天竹、栀子花、海桐、铺地柏、黄杨、假连翘、狗牙花、红纸扇、小叶女贞等，植株低矮、分枝众多且枝叶平展，枝叶的形状与色彩富有变化，有的还具有鲜艳果实，且耐修剪易于修剪造型。通过人为干预，可以将高度控制在 1 m 以下。

（二）木本地被植物不同于草坪的特点

(1)种类繁多、品种丰富，枝、叶、花、果富有变化，色彩万紫千红，季相纷繁多样，营造出多种生态景观。

(2)地被植物适应性强，生长速度快，可以在阴、阳、干、湿多种不同的环境条件下生长，弥补了乔木生长缓慢、下层空隙大的不足，在短时间内可以收到较好的观赏效果。

(3)有高低、层次上的变化，而且易于造型修饰成模纹图案。

(4)繁殖简单，一次种下，多年受益。在后期养护管理上，病虫害少，不易滋生杂草，养护管理粗放，不需要经常修剪和精心护理，减少了人工养护花费的精力。

（三）木本地被植物的园林功能

(1)按一定比例植入木本地被植物可组成稳定性好、外观优美、季相丰富的植物群落，可以提高城市的生态效益。

(2)许多木本地被植物有艳丽的花果、色彩丰富的叶片，可观花、观叶、观果，它们为城市建设营造了多层次、多季相、多色彩、多质感的立体景观，在植物配置中起到了锦上添花的作用，明显提高了绿化效果。

二、木本地被植物的栽培养护

（一）木本地被植物的养护难点

1.人为破坏多

大型绿地、公园草坪、城市道路上常常会被人反复踩踏。

2.种植较困难

城市道路车流量、人流量大，白天种植木本地被植物会影响正常的交通。因此，挖土、种植等一般安排在夜间施工。然而，夜间作业时间有限，能见度较差，工人们在车道两侧种植也非常危险，肯定会影响种植的质量。

3.浇水难度大

种植时一般会带 8～10 cm 的土团，2 次更换下来，土厚就高过路边石了，一浇水就会与土一起流下来，留不住水，植物根部依然缺水。而有些养护公司在完工后洒水车跑一趟，路边植物一起浇，导致刚栽的地被常被冲倒，甚至断枝或死亡。这样的浇水方式，看似水量大，其实大量流失，到夏季高温干旱时，浇水时间、浇水方式、浇水量，无论哪个因素掌握不好，都会影响植物的表现和寿命。

（二）常见木本地被植物的栽培养护

1.沙地柏　柏科，圆柏属

(1)生态习性　沙地柏又称叉子圆柏、爬地柏。性强健，喜光，稍耐阴，耐旱性强，耐寒，耐修剪，管理粗放。沙地柏可做园林绿化中的植物，能忍受风蚀沙埋，长期适应干旱的沙漠环境，是干旱、半干旱地区防风固沙和水土护坡、地被用的优良树种。

(2)栽培管理　小苗移栽时，先挖好种植穴，在种植穴底部撒上一层有机肥料作为底肥，厚度约为 4～6 cm，再覆上一层土放入苗木，肥料与根系分开，避免烧根。放入苗木后，回填土壤，踩实，浇一次透水。对于地栽的植株，春夏两季根据干旱情况，施用 2～4 次肥水。先在根颈部以外 30～100 cm 范围开一圈小沟，沟宽、深均为 20 cm，沟内撒有机肥或复合肥，然后浇上透水。入冬后开春前，照上述方法再施肥一次，但不用浇水。在冬季植株进入休眠或半休眠期后，要把瘦弱、病虫、枯死、过密等枝条剪掉。

2.平枝栒子　蔷薇科，栒子属

(1)生态习性　平枝栒子又称铺地蜈蚣。喜温暖湿润的半荫环境，耐干燥瘠薄，不耐湿热，稍耐寒，怕积水。平枝栒子枝叶横展，叶小而稠密，花密集枝头，晚秋时叶色红色，红果累累，是布置岩石园、庭院、绿地和墙沿、角隅的优良材料。

(2)栽培管理　一般在早春移栽，移栽大苗时需带一定大小的土团，栽后浇透水，但不要积水。平枝栒子在半荫的环境中生长良好，如果光照不足会引起植株旺长，虽然枝叶繁茂，但开花结果少。平时注意控制浇水，以免因积水造成烂根，但空气湿度可稍大点，这样可使叶色浓绿光亮，有效的避免下部叶子脱落。为了提高观赏效果，可在每年冬季施入腐熟的有机肥做基肥，8—9 月份追施磷钾肥，以促使植株生长健壮，在北方地区可适当推迟落叶时间，并提高果实鲜亮度和均匀性。平枝栒子一般不作重度修剪，可在春季萌芽前剪去枯死枝、病虫枝、细弱枝、交叉重叠枝，以保持株型的美观。为增加花、果量，可在夏、秋季节适当摘心、除去萌发枝，培养结果短枝。

3.绣球绣线菊　蔷薇科，绣线菊属

(1)生长习性　绣球绣线菊又称珍珠绣线菊、补氏绣线菊。喜光，稍耐阴，耐寒，耐旱，耐盐碱，不耐涝。耐瘠薄，对土壤要求不严，但在土壤深厚腐殖质中生长良好。分蘖性强，耐修剪，栽培容易，易管理。

(2)栽培管理　移植宜在早春或晚秋休眠期进行，树坑挖成宽 40～50 cm，深 60～80 cm；栽植行距 80 cm，株距 60 cm。小苗一般需带宿土，大苗宜带土球，以提高成活率。植株定植时，每株可施腐熟的有机肥 3～5 kg 和磷酸二铵 1 kg 作底肥，种植后盖一层细土，踩实并浇透定根水，以后 7～10 d 浇水 1 次，连续浇 3 次水，确保移植成活。生长期间土壤不宜过湿，雨季需要注意排水。每年花后要及时剪除残花，落叶后疏除过密枝，病虫枝等。

4.十大功劳　小檗科，十大功劳属

(1)生长习性　十大功劳又称狭叶十大功劳、细叶十大功劳、黄天竹、猫儿刺、土黄连、八角刺、土黄柏、刺黄柏、刺黄芩等。耐阴、耐寒，不耐暑热，喜温暖湿润的气候，性强健、抗干旱，喜排水良好的酸性腐殖土，极不耐碱，怕水涝。由于十大功劳的叶形奇特黄花似锦典雅美观，在江南园林常丛植于假山一侧或定植在假山中。

(2)栽培管理　一般在早春萌动时移栽。栽植时施足底肥，栽植后压实土，浇透水。干旱时注意浇水，可采用沟灌、喷灌、浇灌等方式。每年入冬前浇一次腐熟饼肥或禽畜粪肥，就能健壮生长。生长季节每 20 d 施 1 次腐熟的稀薄液肥，每年追肥 2～3 次即可，早春适量施入饼肥。

5.铺地柏　柏科，圆柏属

(1)生态习性　铺地柏属匍匐灌木。喜光，稍耐阴，适生于滨海湿润气候，对土质要求不严，耐寒力、萌生力均较强。能在干燥的砂地上生长良好，喜石灰质的肥沃土壤，忌低湿地点。

树冠平横伸展，层次分明，枝叶茂密，葱郁丰满，叶细小翠绿，具有独特的自然风姿。既可点缀假山、山石盆景，种植在石隙间，充满生机，加强山石盆景的真实感和美感，又可平铺在庭园路隅成片配植于地面，亦可悬垂倒挂，古雅别致。

(2)栽培管理　移植于 11 月上旬至 12 月中旬或 2 月中旬至 3 月下旬进行，需带泥球。

第二课堂活动

对所在社区园林绿地木本地被植物养护存在的问题进行拍摄，看是否存在管理混乱、技术手段单一、树种选择不科学、种植规模不合理等问题分类拍摄，从而精准地为小区的绿化养护管理提出合理建议。

任务7　垂直绿化类树木的栽培养护技术

一、垂直绿化的功能与分类

即利用攀缘或悬垂植物装饰建筑物墙面、栏杆、棚架、杆柱及陡直的山坡等立体空间的一种绿化形式。垂直绿化不仅能够弥补平地绿化之不足，丰富绿化层次，有助于恢复，而且可以“连线、连片、成景、多样化”，增加城市及园林建筑的艺术效果，常用的树种包括一些藤木、攀缘状灌木等。

(一)室外垂直绿化的功能

(1)占地少的垂直绿化，通过美化光秃的墙面、土坡、立柱等，充分运用了空间，使城市绿量、覆盖率大大的提高了，加强了绿化的立体效果，并且软化了建筑的生硬轮廓，和城市绿化融为一体，提高了环境质量。

(2)经过植物叶面的蒸腾作用与庇荫效果，阳光对建筑的直射能得到缓和，大大降低了夏季墙面温度。冬季落叶后，既不影响墙面获得太阳的辐射热，其附着在墙面上的枝茎又变成了一层保温层，起到了调节室内气温的功能，减少热岛效应。

(3)垂直绿化还能够使墙面对噪声的反射减低，并在一定程度上吸收浮尘和有害气体，滞留雨水，缓解城市下水、排水压力。

(二)垂直绿化的分类

目前，常用的垂直绿化主要归纳为以下几类：

1.附壁式(墙面、崖壁、桥梁、楼房等的绿化(图6-44)

通常只有一个观赏面，让垂直植物的形态、色彩、质感，可以和墙体互相协调、互相融合，其功能除具有生态功能外，也是一种建筑装饰艺术。常用树种以茎节有气生根或吸盘的吸附类攀缘植物为主，如常春藤、爬山虎、络石、凌霄、扶芳藤等通过地栽(一般沿墙面种植，带宽50～100 cm，土层厚50 cm，植物根系距墙体15 cm左右，苗稍向外倾斜)或种植槽或容器栽植(一般种植槽或容器高度为50～60 cm，宽50 cm，长度视地点而定)能够不通过牵引物或支架达到相对高的绿化高度。

图6-44　附壁式

2.篱垣式(栏杆、栅栏、矮墙、篱架、铁丝网的绿化)

其景观两面均可观赏，景观效果常常表现为绿色的围墙或围篱。其功能除了造景外，还有分割空间和防护作用。各种攀缘植物有很多，如凌霄、络石、蔷薇、千金藤、金银花、藤本月季等。

3.棚架式(棚架、凉廊、拱门等的绿化)(图6-45)

棚架式造景是攀缘植物在有限区域内，通过各种方式的构造物(如花门、绿亭、花榭等)攀缘生长，从而产生层次丰富、形式多样的绿化景观，具有观赏、休闲和分隔空间三重功能。其休闲功能是上述两类藤蔓植物景观所不具备的。棚架式藤蔓植物主要选择卷须类和缠绕类，或者选取月季、木香等适宜的长蔓性藤本植物，在和墙面保持合理距离并在牵引的扶持下，装点庭院、公园等场所设置的花架。常见的有葡萄、紫藤、常春油麻藤、中华猕猴桃、西番莲、葛藤、炮仗花等。

4.立柱式（灯柱、立交桥和高架桥立柱、电线杆、枯木等的绿化）

高架桥通常处于废气、严重的粉尘污染、交通繁忙、土壤贫瘠的部位，用于高架桥立柱绿化的植物多选取适应性相对强、可以抗污染，降噪声与耐阴的藤本植物，像爬山虎、五叶地锦、常春藤、常春油麻藤等。古藤盘柱的绿化更接近自然。用于柱体绿化的藤蔓植物主要为吸附类和缠绕类，如络石、爬山虎、常春藤等。

图 6-45　棚架式

二、常用垂直绿化类树木的栽培养护

（一）垂直绿化树种选择依据

1.依据不同习性的攀缘植物对环境条件的不同需要和攀缘植物的观赏效果和功能要求

（1）缠绕类　适用于栏杆、棚架等，如紫藤、金银花等。

（2）攀缘类　适用于篱墙、棚架和垂挂等，如葡萄、铁线莲、三角梅、枸杞等。

（3）钩刺类　适用于栏杆、篱墙和棚架等，如蔷薇、爬蔓月季、木香等。

（4）攀附类　适用于墙面等，如爬山虎、扶芳藤、常春藤、凌霄等。

2.依据种植地的朝向

东南向的墙面或构筑物前应种植以喜阳的攀缘植物为主；北向墙面或构筑物前，应栽植耐阴或半耐阴的攀缘植物；在高大建筑物北面或高大乔木下面，遮荫程度较大的地方种植攀缘植物，也应在耐阴植物中选择。

3.依据墙面或构筑物的高度

（1）高度在 2 m 以上，可种植蔓性月季、扶芳藤、铁线莲、常春藤、猕猴桃等。

（2）高度在 5 m 左右，可种植葡萄、杠柳、紫藤、金银花、木香等。

（3）高度在 5 m 以上，可种植中国地锦、美国地锦、美国凌霄、山葡萄等。

（二）常用垂直绿化类树木的栽培养护

应尽量采用地栽形式。种植带宽度 50～100 cm，土层厚 50 cm，根系距墙 15 cm，株距 50～100 cm 为宜。容器（种植槽或盆）栽植时，高度应为 60 cm，宽度为 50 cm，株距为 2 m。容器底部应有排水孔。

1.炮仗花　紫葳科，炮仗藤属

（1）生态习性　炮仗花又称炮仗藤、火焰藤，金珊瑚等。性喜光、喜湿润，不耐寒。适应性较强，在土层深厚、肥沃的微酸性土壤中长势旺盛。炮仗花蔓延扩展力强，茎附生三叉状卷须，能攀附在其他物体生长，花盛开时花多叶少，累累成串，状如炮仗，花期长，是垂直绿化的优良树种，多植于建筑物旁或棚架上，遮荫、观赏均适宜。

(2)栽培管理　地面栽培多在春末至夏初或秋季进行，一般栽植于建筑物、棚架或立柱旁。选地势较高、阳光较好的位置栽植，最好东南方向，尽量避开风口。栽植穴直径和沟深60～80 cm，穴底施基肥。炮仗花扦插苗根系较弱，一般用袋装带土苗栽植，保留枝蔓3～5枝，长15～30 cm，可提高栽植成活率。通常每穴放3年生苗一株，2年生苗2株，栽后浇透水。栽植初期需用绳索牵引，使枝蔓攀附在支柱或支架等攀附物上，以后凭其卷须攀缘于支撑物上。生长期间忌翻蔓，以免折断卷须，对生长造成不利影响。炮仗花的枝蔓长，在植株成形后，支架负重增加，必须有坚固物体支撑，确保安全。在生长迅速阶段，随时剪去走向不理想的下垂枝、枯枝、病虫枝、横向枝等枝条，以保证主蔓的正常分布。炮仗花最佳观赏时段自成形后可达20多年，若树势衰退，开花少，要进行回缩更新，促进新枝萌发。栽植时应保证充足的水分供应，保持土壤湿润，满足幼苗生长需要，待枝蔓上架后，可减少浇水次数。生长季节每月施1～2次腐熟的有机肥，以满足植株旺盛生长。对开花的炮仗花，9—10月份要多施磷、钾肥，同时适当控水，促进花芽分化。

2.扶芳藤　卫矛科，卫矛属

(1)生态习性　扶芳藤又称爬行卫矛。性喜光，稍耐阴，稍耐寒，耐干旱瘠薄。喜温暖、湿润气候。对土壤要求不严，但最适宜在湿润、肥沃的土壤中生长。扶芳藤攀缘能力较强，生长繁茂，叶色油绿光亮，秋叶红艳可爱，在园林中用以掩覆墙面、坛缘、山石或攀缘于老树上，极具优美。

(2)栽培管理　扶芳藤栽培容易，管理粗放，但在春季移栽定植时必须浇透水。在平时的管理过程中，适时浇水、施肥、除草。扶芳藤茎枝纤细，在地面上匍匐或攀缘于假山、坡地、墙面等处，均具有较自然的形状，一般较少修剪。

3.常春藤　五加科，常春藤属

(1)生态习性　常春藤又称中华常春藤。极耐阴，稍耐寒，喜温暖、湿润气候及阴湿环境，对土壤和水分要求不严，但以深厚、湿润、肥沃的中性或微酸性土壤为佳。常春藤是典型的耐阴藤本植物，枝蔓叶密，是最理想的室内外壁面垂直绿化材料，又是极好的地被植物。

(2)栽培管理　常春藤栽培管理简单粗放。常栽植在建筑物的阴面或半阴面，移植在初秋或晚春季节带土球进行，定植后对主蔓适当短截或摘心，促使萌发大量侧枝，尽快爬满墙面。生长季疏剪密生枝，保持均匀的覆盖度，适当施肥浇水，同时应控制枝条长度，防止翻越屋檐，避免穿入屋瓦，造成漏雨。

4.络石　夹竹桃科，络石属

(1)生态习性　络石又称白花藤、石龙藤、万字茉莉。性喜光，耐阴，耐干旱，不耐寒。喜温暖、湿润气候，怕水淹。对土壤要求不严，在阴湿且排水良好的酸性、中性土壤生长旺盛。萌蘖性较强。络石叶色浓绿，四季常青，花白繁茂芳香，耐阴性极强，是优美的攀缘树种，也是树下较好的常青地被。但乳汁有毒，对心脏有毒害作用，应用时要注意。

(2)栽培管理　移栽在春季进行，3～4年生苗要带宿土，大苗需带土球，栽后应立即支架攀缘。对老枝进行适当的更新修剪，促生新枝。

5.紫藤　豆科，紫藤属

(1)生态习性　紫藤又称朱藤、藤萝。性喜光，稍耐阴，耐寒，耐干旱、水湿、瘠薄能力强，喜温暖、湿润气候。对土壤适应性强，在土层深厚、肥沃、疏松，排水良好的向阳避风处生长最好。主根深，侧根少，不耐移植。生长快，寿命长。对二氧化硫、氯气、氟化氢等有毒气体抗性强。紫藤藤蔓粗壮，攀缘力强，枝叶茂密，遮荫性强，春天先叶开花，穗大而美，有芳香，是优良的棚架、门廊、山面等绿化材料。

(2)栽培管理　紫藤为直根性树种，侧根较少，不耐移植，栽植时多带侧根。栽植地选排水良好的高燥处，防积水烂根。移植在春季 3 月份进行，施基肥，栽前剪除部分枝条，养分集中根部促成活，栽后及时浇水。每年秋季施一定量的有机肥和草木灰。早春萌芽期要勤浇水，入冬前浇封冻水。紫藤在定植后，选健壮枝作主枝培养，并将主枝缠绕在支柱上。第二年冬季，将架面上的中心主枝短截至壮芽处，促来年发出强健主枝。骨架定型后，在每年冬季或早春疏剪枯死枝、病虫枝、过密枝、细弱枝等，使支架上的枝蔓分布均匀，并保持合理的密度。生长期间，在花期可剪去残花，防止果实耗养；开花后夏季剪除过密枝，新枝打顶或摘心，促进花芽形成。紫藤进行灌木状栽培时，主蔓达到一定高度后培养 3～4 个侧蔓。对每年抽生的新梢，留 15～20 cm 进行短截，开花后再摘心，连续 2～3 年，形成均衡的广卵形树形。

6.凌霄　紫葳科，凌霄属

(1)生态习性　凌霄又称凌霄花、紫葳。喜光，稍耐阴，不耐寒，耐干旱，忌积水，在强光下生长旺盛。喜温暖、湿润气候。对土壤要求不严，但以肥沃、湿润、排水良好微酸性和中性土为宜。根系发达，萌芽力、萌蘖力均强。花粉有毒，能伤眼。凌霄干枝虬曲多姿，翠叶团团如盖，花大色艳，花枝从高处悬挂，柔条纤蔓，碧叶绛花，花期长，是棚架、花门、假山、墙垣良好的绿化材料，也是夏季著名的藤本观赏花木。

(2)栽培管理　栽植宜选择背风向阳处，在早春萌动前定植。定植前要设立支架，使枝条攀缘其上。栽植时施基肥，栽后浇足水。成活后的植株在萌芽前进行疏剪，剪去细弱枝、过密枝、交叉重叠枝、干枯枝，使枝条分布匀称。开花前，在植株根部挖孔施腐熟有机肥，并浇足水，开花时会生长旺盛。以后每年冬春萌芽前进行一次修剪，理顺枝蔓，使枝叶分布均匀，通风透光，利于多开花。主要虫害是蚜虫，应及时防治。

7.爬山虎　葡萄科，爬山虎属

(1)生态习性　爬山虎又称地锦、爬墙虎。喜阴，耐高温，耐寒，耐旱。适应性强，不畏强烈阳光直射，在一般土壤上均能生长，但在阴凉、湿润、肥沃的土壤中生长最好，生长速度快，攀缘力强。对二氧化硫、氯气等有毒气体的抗性较强。爬山虎是一种极为优美的藤木类树种。生长强健，茎蔓纵横，吸盘密布，翠叶遮盖如屏，入秋后叶色红艳，格外美观，是各种壁面垂直绿化的优良树种。

(2)栽培管理　爬山虎栽培容易，管理粗放。在早春萌芽前可裸根栽植，最好带宿土，栽时施基肥，剪去过长藤蔓，株距 60～80 cm。初期每年追肥 1～2 次，并注意浇水，使之尽快沿墙吸附而上，2～3 年后可逐渐将墙面布满，以后可任其自然生长。初栽时重剪短截，以后每年及时剪除过密枝、干枯枝、病枝，使其分布均匀。

8.金银花　忍冬科，忍冬属

(1)生态习性　金银花又称忍冬、金银藤、二色花藤。性喜光，耐阴，耐寒性强，耐旱，耐水湿，忌水涝。适应性强，对土壤要求不严，酸性、碱性土均能生长。根系发达，萌蘖力强，茎蔓着地能生根。对二氧化硫有较强抗性。金银花植株轻盈，藤蔓缭绕，冬叶微红，春季开花，花先白后黄，繁花密布，清香宜人，是色香具备的藤本植物。

（2）栽培管理　金银花生长强壮，管理简便。一般春季裸根栽植，栽植地选土壤肥沃、地势较高且背风向阳的地方。栽时要搭设棚架或种植在篱笆、透孔墙垣地，以便攀缘生长，否则萌蘖就地丛生，彼此缠绕，不能形成良好的株型，开花也少。由于灌木栽培时，可设置直立柱，引藤蔓缠绕，长壮可直立时，将立柱撤除。在春季萌动时，浇水 1～2 次，秋后浇封冻水。除定植时施基肥外，一般不再施肥。金银花一般一年开花两次，当第一次花谢后对新梢进行适当摘心，以促进第二批花芽的萌发。栽植 3～4 年后的老株，休眠期要疏除枯老枝、细弱枝、交叉枝及过密、过长和衰老枝，使枝条分布均匀，通风透光。保留的枝条适当短截，促发新枝，利于多开花。作灌木栽培时，将茎部小枝适当修剪，长到需要高度时，剪掉基部和下部萌蘖枝，只留梢部枝条，披散下垂。如果用于篱垣，只将枝蔓牵引至架上，每年对侧枝进行短截，疏除互相缠绕枝条，使其均匀分布在篱架上。

9.蔷薇　蔷薇科，蔷薇属

（1）生态习性　蔷薇又称多花蔷薇、野蔷薇。性喜光，耐半阴，耐寒，耐旱，不耐积水。对土壤适应性强，但在深厚、肥沃、疏松土壤生长最好。蔷薇枝繁叶茂，初夏开花，花团锦簇，芳香清雅，花期持久，红果累累，鲜艳夺目，是一种优良的垂直绿化和装饰树种。

（2）栽培管理　蔷薇怕湿忌涝，不管是地种还是盆栽，从早春萌芽开始至开花期间可根据天气情况酌情浇水 3～4 次，保持土壤湿润，有良好的排水系统。夏季干旱时需再浇水 2～3 次。雨季要注意及时排水防涝。秋季再酌情浇 2～3 次水。全年浇水都要注意勿使植株根部积水。孕蕾期施 1～2 次稀薄饼肥水，则花色好，花期持久。一般成株于每年春季萌动前进行一次修剪。修剪量要适中，一般可将主枝（主蔓）保留在 1.5m 以内的长度，其余部分剪除。每个侧枝保留基部 3～5 个芽便可。同时，将枯枝、细弱枝及病虫枝疏除并将过老过密的枝条剪掉，促使萌发新枝，不断更新老株，则可年年开花繁盛。培育用于盆花时，更应注意修枝整形。

10.葡萄　葡萄科，葡萄属

（1）生态习性　葡萄性喜光，抗寒力较差，耐旱，怕涝。喜干燥及夏季高温的大陆性气候，要求通风和排水良好，冬季需要一定的低温休眠，－16℃即出现冻害，因而冬季需埋土防寒。对土壤要求不严，但重黏土、盐碱土会导致生长发育不良，在疏松、肥沃及 pH 5.0～7.5 的沙壤土上生长良好。具有深根性，生长快，寿命长。葡萄硕果晶莹剔透，绿叶满架，品种丰富，果实甜美，是良好的垂直绿化树种和经济树种。

（2）栽培管理　栽植在早春或秋天落叶后进行，一般在早春栽植。栽植穴一般深 80 cm，穴底施足底肥，栽后浇透水，每隔 1 周浇水 1 次，连浇 3 次。栽培过程中要注意肥水管理，早春萌芽前、新梢迅速生长期、果实膨大期等都要浇水。秋季施基肥，萌芽前和新梢迅速生长期要施速效氮肥，花前 5～10 d 喷施 0.3％的硼砂，开花后 10～15 d 追施磷、钾肥，开花后每隔 10～15 d 结合喷药，叶面喷施 0.3％的磷酸二氢钾加 0.2％的尿素。葡萄在园林绿化栽培中一般培育成棚架形。栽植后，根据架面大小，选 4～5 个主蔓，均匀引缚在架面上。修剪分冬剪和夏剪。冬剪在落叶后进行，主要是对枝梢短截、回缩和疏除。短截分为长梢修剪（保留 9 节）、中梢修剪（保留 5～8 节）、短梢修剪（保留 2～4 节）和极短梢修剪（保留 1～2 节）。回缩衰弱的部分。疏除病虫枝、过密枝，使架面通风透光。夏剪主要是抹芽、摘心、除卷须、新梢引缚等工作。葡萄易感病虫害，应注意防治。

第二课堂活动

近日，园林学院开展第七届垂直绿化类树木的栽培养护技术竞赛，现场比武，以小组形式组队。要求各小组选取校园及周边绿地内的垂直绿化树，结合绿化工国家职业标准，讨论分析提高垂直绿化树木的观赏性相对应的栽培养护技术方法有哪些。师生间、同学间评论打分，选出“技术达人”。

项目拓展

竹类植物的栽培养护技术

（一）竹类植物的分布

竹类植物属禾本科竹亚科。竹亚科是一类再生性很强的植物，是重要的造园材料，是构成中国园林的重要元素。中国是竹类植物分布的中心地区之一，除黑龙江、吉林、内蒙古、新疆外，全国均有分布。中国是世界上研究、培育和利用竹类植物最早的国家。

（二）竹类植物的功能

（1）在农业方面，竹类可编制各种农具，如罗筛、簸箕、扫帚、晒垫等。

将竹子的竹节打通当作水管，供农田灌溉和引水之用。在水利工程上，劈竹成篾，编成石笼，内装石块，围在岸边用来防止河岸冲刷，巩固堤坝，修建水库，在都江堰等全国著名水利工程上被广泛使用。在渔业生产中，水产养殖的固定支架和漂浮物均要用竹子制成，渔船的网架、桅杆、船篷、船篙也都离不开竹子。

（2）在园林绿化观赏上，竹的高节心虚，竹影婆娑，惹人喜爱，受人赞颂。

所谓“松、竹、梅”岁寒三友，“梅、兰、菊、竹”四君子，构成中国园林的特色。人们喜欢在房屋周围、庭园、公园里种植竹子。园艺爱好者还用竹子制作盆景。

（3）竹笋是我国人民传统的素食品种之一。

竹笋中含有多种氨基酸和微量元素，营养学家认为竹笋是天然的保健食品，纤维含量高，脂肪含量低，能促进肠胃消化和排泄。人们常食竹笋可减少有害物质在体内的滞留和吸收，具有防癌和减肥的功效。竹竿光滑坚强，纹理通直，也是制造乐器、文化体育用品、家具以及工艺美术品等的重要材料。

（三）竹类植物的分类

识别竹子的种类，主要是根据它的生长特点，如繁殖类型、竹秆外形和竹箨的形状特征来识别。按繁殖类型，竹分为三大类：丛生型、散生型和混生型。

（1）丛生型　即母竹基部的芽繁殖新竹。民间称“竹兜生笋子”。如慈竹、硬头簧、麻竹、单竹等。

（2）散生型　即由鞭根（俗称马鞭子）上的芽繁殖新竹。如毛竹、斑竹、水竹、紫竹等。

（3）混生型　即由母竹基部的芽繁殖，又能以竹鞭根上的芽繁殖。如箭竹、苦竹、棕竹、方竹等。

(四)常见竹类植物的栽培养护

1.紫竹　禾本科,刚竹属

(1)生态习性　紫竹又称黑竹、乌竹。阳性树种,喜温暖湿润气候,较耐寒,耐荫、对气候适应性强,忌积水、对土壤的要求不严,以土层深厚、肥沃、湿润而排水良好的酸性土壤最宜,过于干燥的沙荒石砾地、盐碱土或积水的洼地不能适应。竹鞭的寿命可达10年以上,1～6年为幼龄、壮龄阶段,以后逐渐失去萌发力。紫竹秆紫黑,叶绿色,颇具特色,常植于庭院观赏,与黄槽竹、金镶玉竹、斑竹等秆具色彩的竹种同栽于园中,增添色彩变化。

(2)栽培管理　选择秆形较小、分枝低、竹鞭粗壮的二年生竹为竹种,挖掘时按竹鞭行走方向找鞭,一般留来鞭20～30 cm长,去鞭40～50 cm长,宿土20～30 kg,留枝3～5盘,削去顶梢。种竹要深挖穴,浅栽,务使鞭根舒展,不强求竹秆直立,竹下部垫土密接,分次回土踏实,浇足定根水,设置支架。初期抚育着重除草松土、施肥、灌溉,成林后进行护笋养竹、间伐及病虫害防治。

2.早园竹　禾本科,刚竹属

(1)生态习性　早园竹又称早竹、雷竹、燕竹。河南、江苏、安徽、浙江、贵州、广西、湖北等省较常见。喜温暖湿润气候,生长强壮,耐旱,抗寒性强,适应性强,轻碱地、沙土及低洼地均能生长。

(2)栽培管理　园地选择要求土壤疏松、透气,光照充足的东南坡、南坡,以土层深厚、透气、保水性能良好的乌沙土、沙质壤土为好,盐碱土、石灰性土不适宜栽培。土壤深度要求50 cm以上,pH 4.5～7.0,以微酸性或中性为宜,地下水位应在1m以上为宜。坡度在20°以下,海拔250 m以下为好。母竹选择1～2年生,侧芽饱满,根系发达,不宜过粗或过细,一般胸径在8 cm左右为宜,每墩1株,少数2株,带宿土8～10 kg。定植密度一般每亩70～90株。种竹宜浅不宜深,一般以竹鞭在土中20～24 cm为好。造林后前一、二年,要留笋养竹为主,一般每条鞭留种笋1株,1株母竹留种笋2～3株,第三年后,可先挖一部分笋,后再留养比母竹多2～3倍的粗壮种笋,以促使郁闭成林。同时,对新竹要进行适当钩梢,留枝10～15枝,以提高抗风雪灾害能力。新造林前2～3年,可在母竹和新竹周围块状施肥,每墩施腐熟过的畜肥10～15 kg。新造林鞭根较少,竹秆较嫩,抗旱能力较差,造林后当年夏秋季要注意保护竹秆,浇水抗旱,以提高新造林的成活率。到了春雨连绵季节,竹地积水过多,又要注意开沟排水,防止地下竹笋和鞭、根腐烂。

3.毛竹　禾本科,刚竹属

(1)生态习性　毛竹又称楠竹、孟宗竹,生长在我国400～800 m的丘陵、低山山麓地带,喜温暖湿润气候,耐低温、喜湿,喜肥沃、深厚、排水良好的酸性沙壤土。

(2)栽培管理　毛竹栽培易成活,采用竹苗栽培、母竹栽培、竹鞭栽培均可,但竹苗栽培成林较慢,竹鞭栽培要求技术程度较高,故而生产上大面积发展毛竹,一般都采用母竹移栽法造林。移竹造林,选择生长健壮,节密,叶深绿,分枝低,无病虫害,胸径2～4 cm,2～3年生的母竹。竹鞭应选绿黄色,扁平粗壮,根多,芽肥根健。挖掘母竹,一般竹竿基部弯曲的内侧是竹鞭所在,分枝方向与竹鞭走向大致平行。根据竹鞭的位置和走向,离母竹30 cm左右找鞭,按来鞭20～30 cm,去鞭40～50 cm的长度截断。母竹挖起后,留枝3～5盘,削去竹梢。每亩栽植20～35株,栽后设立支柱。移兜造林,栽植方法和选择母竹都与移造造林相同,只是截去竹竿,用兜栽植。实生分蘖苗(小母竹)造林,从圃地将分蘖苗整丛挖起,带土,留根3～4盘,剪去梢部，适当疏叶。在已整好的造林地上，按每亩40～60丛的造林密度开穴，穴长、宽、深各30 cm。将竹苗分为3～4株一丛栽植，壅土踏实，浇足定根水，栽植深度比苗根际约低3 cm，并壅土成馒头形，以防止积水。

4.箭竹　禾本科，箭竹属

(1)生态习性　箭竹多产于湖北西部和四川东部。喜光，稍耐阴。喜温暖、湿润环境，不甚耐寒。喜深厚肥沃、排水良好的土壤。

(2)栽培管理　种植时间以春季竹笋出土前的2、3月份和秋季9、10月份为佳，2～3株一丛挖取。挖时要多带宿土，保证鞭芽及鞭根完整。挖起后立即运到阴凉处，对叶面喷水。挖运竹子不要摇晃竹秆，以免损伤"螺丝钉"，影响成活。如竹子太高，应剪除梢头，竹叶太多，可摘除部分叶片。同时，病虫防治要加强管理，及时修剪病株。竹子喜湿怕积水，种植后第一次水要浇透。竹子成活后适当追肥，在春、夏季水施0.5%尿素或1.0%的复合肥。箭竹的虫害主要有蚜虫、介壳虫等，其防治方法可用80%敌敌畏乳剂或40%乐果乳剂1 000倍液喷洒。

5.孝顺竹　禾木科，刺竹属

(1)生态习性　孝顺竹又称凤尾竹、凤凰竹等。广东、广西、福建、西南等省区常见。喜光，稍耐阴。喜温暖、湿润环境，不甚耐寒。喜深厚肥沃、排水良好的土壤。

(2)栽培管理　种植宜在3月份进行。挖掘时要连蔸带土3～5株成丛挖起，母株留枝2～3盘，其余截去。也可移蔸栽植，即削去竹竿，只栽竹蔸。栽后踩实，若土壤干旱，天气干燥，应浇足水，盖草保湿。

实训与知识巩固

实训1　榆叶梅的泥浆栽植

一、实训内容分析

榆叶梅的生长季节栽培管理至关重要，影响到榆叶梅的生长、开花。本次实训通过实际操作掌握树木的泥浆栽植；掌握泥浆栽植技术指导生产，提高沙壤土树木的成活率。

二、实训材料

榆叶梅植株(高1.5 m 4个分枝)、水、有机肥。

三、工具与用品

铁锹、筐、塑料水桶、修枝剪。

四、实训内容

(1)挖坑　用铁锹挖深40 cm×40 cm的直筒坑，将表土、底土分开放，向坑里施入适量的有机肥，再加入两锹土，与有机肥混合，然后将坑内肥土混合物做成丘状。

(2)修剪根系　将植株根系的破损部分、过长根系进行修剪，将植株根系舒展摆放在树坑内。

(3)浇水培土　大水浇灌,以不溢出树坑为标准,待水下沉树坑的 1/2 处或浇水过后即培土,培土后轻轻踩并将植株轻轻上提,使根系在坑内舒展。培土先回填表土,再回填底土,待土沉后,2 次培土,培土厚度高出根痕 1～2 cm,或相平,表土用细干土。

(4)围水盘　沿树坑外沿培土,培土高度为高出水平地面 10 cm 为宜,水盆边缘圆润、光滑。

(5)现场清理　操作后将工具、材料归位,垃圾清理干净。

五、实训效果评价

评价项目	分值	评价标准	得分
分组的科学性	15	1.组员搭配合理; 2.组长有感召力,能调动大家的积极性; 3.组代表总结发言思路清晰,重点突出,详略得当。	
挖坑	20	1.栽植榆叶梅植株坑洞的深度; 2.坑内肥土混合物做成丘状。	
修整根系	25	榆叶梅的根系舒展在坑内。	
浇水培土	25	1.大水浇灌; 2.培土先回填表土,再回填底土,待土沉后,二次培土; 3.小组成员干活积极,体现团队智慧。	
现场清理	15	1.工具、材料归位,垃圾清理干净; 2.现场剪掉的枝条与工具处理合理; 3.工作效率高。	
总分			

实训 2　丁香的修剪

一、实训内容分析

在园林植物修剪过程中,掌握正确的修剪方法,通过合理的修剪,可以培养出丁香优美的树形。通过修剪进一步调节营养物质的合理分配,抑制徒长,促进花芽分化,达到幼树提早开花结果,又能延长盛花期、盛果期,也能使老树复壮。本次实训通过实际修剪技术的操作,掌握丁香修剪的主要原则。

二、实训材料

丁香 1 丛,调制好的油漆 1 瓶。

三、工具与用品

修枝剪、小刷子。

四、实训内容

(1)灌木丛定型　根据树木的自然冠幅进行定型后定干,树型为圆球形,定中心高度,中心轻剪,周边重些,内膛枝多些,形成内高外低。修剪时剪口平滑,不留桩。

(2)内剪将灌丛内多余的内膛枝修剪;病枝,枯枝、老枝短截,去老留新,有利于新枝萌发,形成内疏外密。

(3)对折枝、影响造型的长枝、残枝修剪,在不影响造型的情况下生长旺盛的枝条进行重剪,去直留斜,保留斜向枝芽。

(4)伤口涂抹　用油漆刷进行伤口涂抹,伤口全部涂抹上。

(5)现场清理　操作后将工具、材料归位,垃圾清理干净。

五、实训效果评价

评价项目	分值	评价标准	得分
分组的科学性	15	1.组员搭配合理; 2.组长有感召力,能调动大家积极性; 3.组代表总结发言思路清晰,重点突出,详略得当。	
灌木丛定型	15	1.对树木自然冠幅定型定干规范; 2.剪口平滑,不留桩。	
修剪、整形	25	修剪多余的内膛枝、折枝、影响造型的长枝、残枝。	
处理伤口	25	1.用油漆刷对伤口进行全部涂抹; 2.小组成员干活积极,体现团队智慧。	
现场清理	20	工具、材料归位,垃圾清理干净。	
总分			

知识巩固

一、选择题

1.下列不属于行道树所具备的功能是(　　)。

A.吸附灰尘　B.引导视线　C.提供木材　D.城市历史文化的象征

2.下列哪一项不是常用的行道树施肥方法?(　　)

A.挖沟　B.输液　C.撒施覆土　D.打孔塞施棒肥

3.下列树种中不适合在东北地区作为独赏树的是(　　)。

A.油松　B.五角枫　C.云杉　D.橡皮树

4.下列树种中不适合在华南地区作为独赏树的是(　　)。

A.白蜡　B.凤凰木　C.菩提树　D.小叶榕

5.下列行道树树盘覆盖方式不正确的是(　　)。

A.树皮　B.大理石　C.麦冬　D.卵石

6. 栽植竹子的土壤，一般应选择（　　）的土壤。

A. 肥沃、湿润　　B. 深厚、肥沃、湿润、排水良好

C. 深厚、肥沃　　D. 深厚、肥力中等

7. 生长期栽植月季，一般不宜采取（　　）方式栽植。

A. 带土球　　B. 多带宿土　　C. 裸根　　D. 带土坨

8. 棚架式的整形方式适用于（　　）的藤木。

A. 卷须类和缠绕类　　B. 卷须类和吸附类

C. 缠绕类和吸附类　　D. 吸附类和蔓条类

9. 下列选项不是屋顶绿化植物选择的标准是（　　）。

A. 耐水湿　　B. 阳性树　　C. 耐干旱　　D. 抗风

10. 不属于天然激素的是（　　）。

A. 生长素　　B. 赤霉素　　C. 细胞分裂素　　D. 萘乙酸

11. 能够延缓叶片衰老的条件是（　　）。

A. 减少光照　　B. 营养充足　　C. 水分匮乏　　D. 高温

12. 黏土、壤土、沙土的保肥性从高到低顺序为（　　）。

A. 沙土＞黏土＞壤土　　B. 壤土＞沙土＞黏土

C. 黏土＞壤土＞沙土　　D. 黏土＝壤土＝沙土

13. 下列哪类植物是观花类（　　）

A. 月季、牡丹　　B. 佛手、火棘、金橘

C. 龟背竹、橡皮树　　D. 佛肚竹、光棍树

14. 花灌木可利用喷灌、人工灌溉等方法浇水，水分渗透深度为（　　）。

A. 30～35 cm　　B. 35～40 cm　　C. 40～45 cm　　D. 45～50 cm

15. 园林植物如遇永久性干旱，不仅叶片萎蔫不能恢复，甚至会变黄（　　）。

A. 下垂　　B. 腐烂　　C. 出现红斑　　D. 枯死

16. 大多数树木生长期间最适宜的水分为田间持水量的（　　），一般前期少，中期多，后期又少。

A. 20%～30%　　B. 30%～50%　　C. 50%～80%　　D. 40%～70%

17. 用桧柏、大叶黄杨等常绿树种营建的绿篱称为（　　）。

A. 常绿篱　　B. 落叶篱　　C. 彩叶篱　　D. 花篱

18. 下列树种中，适于作绿篱的树种是（　　）。

A. 凌霄、美国地锦　　B. 美国凌霄、雪松

C. 沙地柏、杨树　　D. 侧柏、南迎春

19. 月季（　　）主要危害的部位是叶、嫩茎。

A. 根朽病　　B. 白粉病　　C. 根癌病　　D. 紫纹羽病

20. 树木能提高空气中的湿度，一般树林中的空气湿度要比空旷地的空气湿度高（　　）。

A. 60%～70%　　B. 50%～60%　　C. 0～40%　　D. 7%～14%

二、填空题

1. 从植树的常见功能有__________、__________、__________。

2. 独赏树一般种植在__________、__________、__________、__________等地方。

3. 行道树的种植形式有__________、__________。

4. 城市行道树具备__________、__________、__________、__________功能。

5. 行道树的树盘覆盖主要有__________、__________、__________、__________等形式。

三、判断题

(　　)1. 行道树的定干高度不应小于 1 m。

(　　)2. 行道树的定植株距，高大乔木一般为 5～8 m，中小乔木 3～5 m。

(　　)3. 行道树的树池大小做到 1.5 m×1.5 m 最为合适，特殊情况可以缩小到 1 m^2 以下。

(　　)4. 丛植的树木在栽植时，两棵树之间的距离通常不超过两树冠的 1/2。

(　　)5. 凡能覆盖地面的植被均称地被植物。

四、问题与案例分析

1. 简述竹类植物的移栽养护技术。

案例分析：有时候我们在路边、广场、公园等地方，不时会看到在树干周边 2 倍地径范围内地面有明显隆起，树干周围原先做好的铺装或金属篦子遭到损坏。这种现象是什么原因引起的？我们应该怎么做？

项目六知识巩固参考答案

参考文献

[1] 余远国.园林植物栽培与养护管理[M]. 2 版.北京:机械工业出版社,2021.

[2] 祝志勇,韩丽文. 园林植物造型技术[M]. 2 版.北京:中国林业出版社,2015.

[3] 李蒙杉,杨明.园林工程设计与施工[M].北京:中国农业大学出版社,2021.

[4] 罗镪,黄红艳. 园林植物栽培与养护[M]. 5 版.重庆:重庆大学出版社,2022.

[5] 丁世民,杨兴芳.园林绿地养护技术[M]. 3 版. 北京:中国农业大学出版社,2020.

[6] 叶要妹,包满珠.园林树木栽植养护学[M]. 4 版. 北京:中国林业出版社,2017.

[7] 王国东,周兴元.园林植物栽培[M].3 版.北京:高等教育出版社,2020.

[8] 杨杰峰,蔡绍平,何利华.园林植物栽培养护[M]. 2 版.武汉:华中科技大学出版社,2019.

[9] 庞丽萍,苏小惠.园林植物栽培与养护[M].郑州:黄河水利出版社,2012.

[10] 吴泽民,何小弟.园林树木栽培学[M].北京:中国农业出版社,2009.

[11] 张秀英.园林树木栽培养护学 [M]. 2 版.北京:高等教育出版社,2013.

[12] 段勇权,刘丽丽,朱运才,等. 吉林市常见观赏树木物候特征初步研究[J].吉林林业科技,2016 ,45 (04):9-14.

[13] 徐云荣,石慧芬.大树移植提倡服务寿命[J].园林,2002,(12):12-14.

[14] 郑万钧.中国树木志.北京:中国林业出版社,1998.

[15] 陈有民.园林树木学.北京:中国林业出版社, 1988.

[16] 柴梦颖.园林树木栽培与养护 [M]. 2 版 北京:中国农业大学出版社,2021.

[17] 陈有民.园林树木学 [M]. 2 版.北京:中国林业出版社,2011.

[18] 王玉凤. 园林树木栽培与养护 [M]. 2 版.北京:机械工业出版社,2019.

[19] 刘冰.园林树木生长发育习性及园林应用特点[J].园艺与种苗,2022 ,42 (03):24-25.

[20] 李彦连,张爱民.植物营养生长与生殖生长辩证关系解析[J].中国园艺文摘,2012,28(2):36-37.

[21] 邱恒,崔雨暾,刘羽.园林绿化施工中大树移栽技术的实践应用[J].园艺与种苗,2024 ,44(02):53-54+94.

[22] 河南农业职业学院校园绿地管理方案.2023.

[23] 许昌市园林精细化管理实施方案.2017.

[24] 国家林业草原古树健康与古树文化工程技术研究中心.《城市古树名木养护和复壮工程技术规范》(GB/T 51168—2016).https://athcc.bua.edu.cn/info/1032/1310.htm

[25] 中国园林博物馆. 陈俊愉院士诞辰 105 周年 珍贵手稿入藏园博馆 https://baijiahao.baidu.com/s? id=1744646096927987459&wfr=spider&for=pc

[26] 张天来. 中国科学家博物馆. 梅花大师陈俊愉的 70 年. http://www.mmcs.org.cn/gz/1224/2530/2535/2016-03/133747.shtml

[27] 福州市城市关林委员会. 以案释法——某公司因移植造成树木死亡行为被罚. http://zfj.fuzhou.gov.cn/zz/zwgk/zcfg/pfzl/202207/t20220718_4399662.htm

[28] 中国青年网. 上海市民修剪自家的香樟被罚 14 万元? 网友炸锅! https://baijiahao.baidu.com/s?id=1708340204704195339&wfr=spider&for=pc